Python 3 高级教程

(第 3 版)

[美]
J. 伯顿·布朗宁(J. Burton Browning)
马蒂·阿尔金(Marty Alchin)
著

杨庆麟
译

清华大学出版社

北　京

北京市版权局著作权合同登记号　图字：01-2019-3434

J. Burton Browning, Marty Alchin

Pro Python 3：Features and Tools for Professional Development, Third Edition

EISBN: 978-1-4842-4385-5

Original English language edition published by Apress Media. Copyright © 2019 by Apress Media. Simplified Chinese-Language edition copyright © 2020 by Tsinghua University Press. All rights reserved.

图书在版编目(CIP)数据

Python 3 高级教程：第 3 版 / (美) J. 伯顿·布朗宁 (J. Burton Browning)，(美) 马蒂·阿尔金 (Marty Alchin) 著；杨庆麟译. —北京：清华大学出版社，2020.10 (2024.3 重印)

书名原文：Pro Python 3：Features and Tools for Professional Development, Third Edition

ISBN 978-7-302-56355-6

Ⅰ.①P…　Ⅱ.①J…②马…③杨…　Ⅲ.①软件工具-程序设计-教材　Ⅳ.①TP311.561

中国版本图书馆 CIP 数据核字(2020)第 167318 号

责任编辑：王　军
封面设计：孔祥峰
版式设计：思创景点
责任校对：成风进
责任印制：沈　露

出版发行：清华大学出版社
　　　　　网　　　址：https://www.tup.com.cn, https://www.wqxuetang.com
　　　　　地　　　址：北京清华大学学研大厦 A 座　　　　邮　　编：100084
　　　　　社 总 机：010-83470000　　　　　　　　　　　邮　　购：010-62786544
　　　　　投稿与读者服务：010-62776969，c-service@tup.tsinghua.edu.cn
　　　　　质 量 反 馈：010-62772015，zhiliang@tup.tsinghua.edu.cn
印 装 者：三河市龙大印装有限公司
经　　销：全国新华书店
开　　本：170mm×240mm　　印　　张：22　　　　字　　数：419 千字
版　　次：2020 年 10 月第 1 版　　印　　次：2024 年 3 月第 4 次印刷
定　　价：89.00 元

产品编号：084541-01

本书赞誉

"Python 语言历史悠久，并且因独有的特色而从众多编程语言中脱颖而出，Python 在各种知名编程语言排行榜上一直排名靠前，深受大家喜爱。《Python 3 高级教程(第3 版)》是近年来市场上难得的好书，英文原著在 Python 圈也广受好评。该书从实战出发，在照顾初学者的学习能力和水平的同时毫无保留地突出知识重点，能帮助初学者合理地构建一套知识体系，可以作为广大 Python 爱好者的案头工具书，推荐大家学习。

——梁勇，天善智能创始人、Python 爱好者社区号主

"本书通过大量示例讲解了 Python 相关的一些更实用、更优雅的写法，是一本不可多得的 Python 进阶书籍。"

——崔庆才，微软小冰工程师、《Python 3 网络爬虫开发实战》作者

"Python 是一把利器，驾驭 Python 需要具备颇高的技术素养！对于想要扩充技术深度的 Python 爱好者而言，本书是充满实用编程技巧的宝藏，可以帮助你成为更高效且富有创造力的 Python 程序员，值得认真研读。"

——黄小伟，有赞数据分析团队负责人

"Python 作为 AI 和大数据时代编程语言头牌的位置已基本确立。如今，IT 技术人若再不学习 Python，感觉就要被时代抛弃了。想要掌握 Python，一本好书足矣，《Python 3 高级教程(第 3 版)》就是这样一本好书。"

——stormzhang，前程序员&产品人，现为自由职业者、创业者

"阅读本书后，你将了解软件是如何工作的、出色的程序看起来是什么样子的，如何阅读、编写和思考代码，以及如何使用专业程序员的技巧找出并修正错误。"

——易洋，土豆教育 CTO

译者序

  Python 是一种简洁的面向对象的计算机编程语言。简洁指的是代码风格。Python 的设计哲学是优雅、明确和简单，最好只用一种方法做一件事，从而使代码具有更好的可读性。面向对象指的是 Python 在设计时是以对象为核心的，其中的函数、模块、数字、字符串都是对象，这有益于增强源代码的复用性。

- Python 易于上手，通过执行一些简单的操作就能让代码运行。Python 非常适合用来执行原型开发或其他特殊的编码任务，同时编程人员又不用为了维护代码而烦恼。

- Python 拥有大量的标准库来支持普通的编程任务，例如连接网络服务器、使用正则表达式搜索文字、读取和修改文件等。

- Python 的交互模式可以很方便地用来检测代码片段。Python 还自带名为 IDLE 的集成开发环境，可以用来方便地创建、运行、测试和调试 Python 程序。

- Python 通过添加新的模块可以很容易地进行扩展，这些模块可通过类似 C 或 C++的编译型语言来执行。注意，Python 是解释型脚本语言。

- Python 可以在任何环境中运行，包括 Mac OS X、Windows、Linux 和 UNIX，通过进行非官方构建，也可以在 Android 和 iOS 上运行。

  作为一名 Python 初学者，你是不是还在犹豫是学习 Python 3 还是 Python 2？毕竟网络上有不少资料都是面向 Python 2 的，学习 Python 3 会不会不好呢？你多虑了。Python 3 和 Python 2 是不兼容的，而且从 2020 年起，官方已不再支持对 Python 2 的维护。因此，强烈建议你直接开始学习 Python 3。

  本书从基础知识开始讲起，由浅入深，逐步介绍了函数、类、内置对象、对象管理、字符串、文档使用、测试等内容。Python 3 终于把 Python 2 中让人诟病的字节和字符串区分开了，因此本书用一整章的内容详细阐述 Python 3 中的字符串及相关新特性。不得不说，Python 3 在处理字符串时相比其他语言要好很多。

  在介绍函数和类时，本书引入了大量你在实际项目中可能会用到的实战小技巧，你可以参考项目的案例代码，以便理解用法。本书原著被奉为"Python 进阶神作"。对于有一定 Python 经验的程序员，本书将能够帮助你更好地理解 Python 的运作原理，从而在工作中编写出更好的代码。

　　在这里要特别感谢清华大学出版社的编辑，他们为本书的翻译投入了巨大的热情并付出了很多心血。没有他们的帮助和鼓励，本书不可能顺利付梓。

　　本书由杨庆麟翻译，对于这本经典之作，译者本着"诚惶诚恐"的态度，在翻译过程中力求"信、达、雅"，但是鉴于译者水平有限，错误和失误在所难免，如有任何意见和建议，请不吝指正，我们将感激不尽。

　　最后，希望读者通过阅读本书能早日步入 Python 语言编程殿堂，领略 Python 语言之美！

作者简介

J. Burton Browning 在北卡罗来纳州立大学获得博士学位。他的研究领域包括远程学习、编程技术和教学。作为一位终生学习者，他涉猎广泛，对编程、摄影、机器人技术、汽车修复、木工、狩猎、阅读、钓鱼和射箭等话题都很感兴趣。Browning博士之前的著作所涉及的内容包括跨职能学习团队(Cross-Functional Learning Teams，CFLT)、乌托邦学校(教师主导的学校模式)、计算机编程(多种语言)、开源软件、医疗统计和数据挖掘、数控等离子切割机操作、教育、传记、移动学习、在线教学等。

Marty Alchin 的本职工作是在 Heroku 担任高级软件工程师，他在闲暇时间热衷于为社区编写代码，在其他许多以 Gulopine 为名的服务中都有关于他的简介。特别是，他编写的代码可以在 GitHub 上找到，他的一些随机想法也可以在 Twitter 上找到。

技术审校者简介

 **Michael Thomas** 作为个人贡献者、团队负责人、项目经理和工程副总裁,从事软件开发工作已有 20 多年。Michael 拥有超过 10 年的移动设备工作经验。他目前的研究重点是医疗领域,他希望利用移动设备加速患者和医疗服务提供者之间的信息传递。

致　　谢

《Python 3 高级教程(第 3 版)》涵盖了 Python 3 语言提供的一些令人兴奋的库的特性。尝试使用你学到的内容扩展自己的项目。不要害怕尝试，请享受乐趣！

——J. Burton Browning

如果没有妻子 Angel 长期的鼓励，我甚至不会开始本书的写作。她一直是我的参谋、任务经理、副手和私人拉拉队长。没有她的帮助和支持，我无法顺利完成本书。

我还要感谢技术审校者 George，感谢他为我所做的一切。他所做的已超出自己的职责范围，从代码到语法甚至是一些写作风格，他都提供了力所能及的帮助。在享受了他为写作 *Pro Django* 一书提供的帮助之后，如果没有他在我的身边，我甚至不会再写另外一本书。

最后，如果不是大量的 Python 优秀社区，我绝不会考虑写这样一本书。我相信，Python 程序员开放思想和编写代码的意愿在同行中是无与伦比的。正是这种开放的精神每天在激励着我，引导我去发现新的事物，推动自己超越认知的极限。

通过实践和了解其他人所做的事情，我们可以学到更多的知识。我希望你能够认真阅读本书的内容，并且比我更努力。对于我所做的所有这些努力，更好的回报就是看到更出色的程序员写出更优秀的代码。

——Marty Alchin

前　言

《Python 3 高级教程(第 3 版)》的每一章中都有一些有用的库，任何 Python 程序员都会发现它们的价值。将你学到的知识运用于自己的项目中，享受它们！

——J. Burton Browning

当我编写自己的第一本书 *Pro Django* 时，我并不知道读者会对什么感兴趣。我获得很多我认为对他人学习有用的信息，但我并不知道他们能学到的最有价值的东西是什么。事实证明，在这本书中，最受欢迎的一章几乎没有提到 Django，内容都是关于 Python 的。

反馈是非常强烈的，很明显，读者希望更多地了解如何从简单的 Python 应用程序过渡到 Django 这样的框架。所有这些都是纯 Python 代码，但即使对 Python 语言有相当全面的理解，也很难理解里面所涉及的工具和技术，需要一些你在一般情况下可能不会遇到的额外知识。

这让我在撰写本书时有了如下新的目标：让读者从精通变得专业。成为一名真正的专业人士所需要的经验远胜于从书本上学到的内容，但我想至少为读者提供一些所需的工具。结合 Python 社区的丰富理念，读者将找到大量信息，从而将代码提升到新的水平。

——Marty Alchin

本书读者对象

我们的目标是使中级程序员达到更高的水平，在学习本书前我们希望你已经对 Python 有了基本的了解。你应该能够轻松地使用交互式解释器、编写控制结构和掌握基本的面向对象方法。

以上并不是什么困难的先决条件。如果已经尝试编写过 Python 应用程序(即使还没有发布到环境中，甚至还没有完成)，那么你可能已经掌握了编写 Python 应用程序所需的所有入门知识。本书将向你介绍编写 Python 应用程序所需要的其他信息。

目　　录

第1章　原理与哲学 ················ 1

1.1　Python 之禅 ··············· 1

1.1.1　优美胜于丑陋 ········· 3

1.1.2　明了胜于晦涩 ········· 3

1.1.3　简洁胜于复杂 ········· 4

1.1.4　复杂胜于难以理解 ····· 5

1.1.5　扁平胜于嵌套 ········· 5

1.1.6　宽松胜于紧凑 ········· 6

1.1.7　可读性很重要 ········· 7

1.1.8　即便是特例，也不可
违背这些规则 ········· 8

1.1.9　实用性胜于纯粹性 ······· 8

1.1.10　错误永远不应该悄无
声息地过去 ········· 9

1.1.11　除非明确地沉默 ····· 10

1.1.12　面对模棱两可的情况，
拒绝猜测的诱惑 ····· 11

1.1.13　应该有一种(最好只有
一种)显而易见的
方法 ··········· 12

1.1.14　尽管这种方式起初
可能并不明显，除非
你是荷兰人 ····· 13

1.1.15　做比不做要好 ······· 13

1.1.16　不假思索就动手还
不如不做 ········· 14

1.1.17　如果实现难以解释，
那就是一个糟糕的
想法 ··········· 14

1.1.18　如果实现容易解释，则
可能是一个好主意 ······· 14

1.1.19　命名空间是一个很棒的
想法，让我们做更多
这样的事情吧 ··········· 15

1.2　不要重复自己 ············· 15

1.3　松耦合 ················· 16

1.4　武士原则 ··············· 16

1.5　帕累托原则 ············· 17

1.6　稳健性原则 ············· 17

1.7　向后兼容性 ············· 19

1.8　小结 ················· 19

第2章　基础知识 ················ 20

2.1　总体概念 ··············· 20

2.1.1　迭代 ··············· 20

2.1.2　缓存 ··············· 22

2.1.3　透明度 ············· 23

2.2　流程控制 ··············· 23

2.2.1　捕获异常 ··········· 24

2.2.2　异常链 ··········· 27

2.2.3　当一切顺利的时候 ······· 29

2.2.4　继续执行，无论异常
如何 ··········· 31

2.2.5　优化循环 ··········· 32

2.2.6　with 语句 ········· 33

2.2.7　条件表达式 ········· 34

2.3　迭代 ················· 36

2.3.1　序列解包 ········· 37

2.3.2　列表解析式 ················ 39

2.3.3　生成器表达式 ············ 40

2.3.4　集合解析式 ················ 41

2.3.5　字典解析式 ················ 41

2.3.6　将迭代器链接在一起···· 42

2.3.7　将迭代器压缩在一起···· 42

2.4　容器数据类型 ···················· 43

2.4.1　集合 ···························· 43

2.4.2　命名元组 ···················· 48

2.4.3　有序字典 ···················· 48

2.4.4　带有默认值的字典 ······ 49

2.5　导入代码 ·························· 50

2.5.1　回退(备用)导入 ········· 50

2.5.2　从即将发布的版本中

导入 ·························· 51

2.5.3　使用__all__进行自定义

导入 ·························· 52

2.5.4　相对导入 ···················· 54

2.5.5　__import__()函数 ········· 54

2.5.6　importlib 模块 ·········· 57

2.6　令人兴奋的 Python 扩展：

NIST 的随机数信标 ········· 57

2.6.1　如何安装 NIST

信标库 ······················ 58

2.6.2　示例：获取值 ············ 58

2.6.3　示例：模拟抛硬币并

记录每次正反面的

结果 ·························· 59

2.7　小结 ································ 59

第 3 章　函数 ······················ 60

3.1　参数 ······························ 61

3.1.1　规划时的灵活性 ········· 61

3.1.2　可变位置参数 ············ 62

3.1.3　可变关键字参数 ········· 63

3.1.4　组合不同类型的参数 ···64

3.1.5　调用具有可变参数的

函数 ·························· 67

3.1.6　传递参数 ···················· 67

3.1.7　自省 ···························· 69

3.1.8　示例：标识参数值 ······ 70

3.1.9　示例：一个更简洁的

版本 ·························· 72

3.1.10　示例：验证参数 ········ 75

3.2　装饰器 ···························· 76

3.2.1　闭包 ···························· 78

3.2.2　包装器 ························ 80

3.2.3　带参数的装饰器 ········· 81

3.2.4　带参数或不带参数的

装饰器 ······················ 83

3.2.5　示例：记忆化 ············ 85

3.2.6　示例：用于创建装饰器

的装饰器 ·················· 86

3.3　函数注解 ·························· 88

3.3.1　示例：类型安全 ········· 89

3.3.2　提取样板 ···················· 97

3.3.3　示例：类型强制

转换 ························ 100

3.3.4　用装饰器进行注解 ···· 102

3.3.5　示例：将类型安全作为

装饰器 ···················· 102

3.4　生成器 ·························· 107

3.5　lambda ························· 109

3.6　自省 ······························ 110

3.6.1　标识对象类型 ·········· 111

3.6.2　模块和软件包 ·········· 112

3.6.3　文档字符串 ·············· 112

3.7　令人兴奋的 Python 扩展：

统计 ······························ 115

3.7.1　安装 Pandas 和

matplotlib ············· 115

3.7.2　创建文本文件 ·········· 115

3.7.3　使用 Pandas 显示
数据 ················· 116

3.7.4　进行一些数据分析 ····116

3.7.5　使用 matplotlib 进行
绘图 ················· 117

3.7.6　图表的类型 ·········· 117

3.7.7　将 matplotlib 与 Pandas
结合起来 ········· 118

3.8　小结 ························· 118

第 4 章　类 ·················· 119

4.1　继承 ························· 119

4.1.1　多重继承 ············ 122

4.1.2　方法解析顺序 ········ 123

4.1.3　示例：C3 算法 ······ 127

4.1.4　使用 super()函数将
控制权传递给其他类····134

4.1.5　自省 ·················· 137

4.2　如何创建类 ·············· 139

4.2.1　在运行时创建类 ······ 140

4.2.2　元类 ·················· 141

4.2.3　示例：插件框架 ······ 142

4.2.4　控制命名空间 ········ 145

4.3　成员变量 ·················· 147

4.3.1　属性 ·················· 147

4.3.2　描述器 ··············· 149

4.4　方法 ························· 152

4.4.1　非绑定方法 ·········· 152

4.4.2　绑定方法 ············ 153

4.5　魔术方法 ·················· 156

4.5.1　创建实例 ············ 157

4.5.2　示例：自动化子类 ··· 158

4.5.3　处理成员变量 ········ 159

4.5.4　字符串表示 ·········· 162

4.6　令人兴奋的 Python 扩展：
迭代器 ··············· 164

4.7　小结 ························· 166

第 5 章　通用协议 ········· 167

5.1　基本运算 ·················· 167

5.1.1　数学运算 ············ 169

5.1.2　按位运算 ············ 173

5.1.3　运算符的变体 ········ 175

5.2　数字 ························· 177

5.2.1　符号运算 ············ 180

5.2.2　比较运算 ············ 180

5.3　可迭代对象 ·············· 181

5.4　序列 ························· 186

5.5　映射 ························· 191

5.6　_call_()方法 ············· 192

5.7　上下文管理器 ············ 193

5.8　令人兴奋的 Python 扩展：
Scrapy ··············· 195

5.8.1　安装 Scrapy ········· 196

5.8.2　运行 Scrapy ········· 196

5.8.3　项目设置 ············ 196

5.8.4　使用 Scrapy 获取 Web
数据 ················· 197

5.8.5　通过 Scrapy 浏览
网页 ················· 198

5.8.6　shell 选项 ··········· 198

5.9　小结 ························· 199

第 6 章　对象管理 ········· 200

6.1　命名空间字典 ············ 201

6.1.1　示例：Borg 模式 ····· 201

6.1.2　示例：自缓存属性 ··· 205

6.2　垃圾回收 ·················· 209

6.2.1　引用计数 ············ 210

6.2.2　循环引用 ············ 211

6.2.3　弱引用 ··············· 214

6.3　Python 对象的序列化 ··· 216

6.4　复制 ························· 221

6.4.1　浅层复制 ⋯⋯⋯⋯ 222

6.4.2　深层复制 ⋯⋯⋯⋯ 224

6.5　令人兴奋的 Python 扩展：
Beautiful Soup ⋯⋯⋯⋯⋯ 226

6.5.1　安装 Beautiful Soup ⋯⋯ 226

6.5.2　使用 Beautiful Soup ⋯⋯ 226

6.6　小结 ⋯⋯⋯⋯⋯⋯⋯ 227

第 7 章　字符串 ⋯⋯⋯⋯⋯ 228

7.1　字节字符串 ⋯⋯⋯⋯ 228

7.1.1　借助 chr()和 ord()进行
简单的转换 ⋯⋯⋯⋯ 229

7.1.2　借助 struct 模块进行
复杂的转换 ⋯⋯⋯⋯ 230

7.2　文本 ⋯⋯⋯⋯⋯⋯⋯ 233

7.2.1　Unicode ⋯⋯⋯⋯ 234

7.2.2　编码 ⋯⋯⋯⋯⋯ 234

7.3　简单的替换 ⋯⋯⋯⋯ 236

7.4　格式化 ⋯⋯⋯⋯⋯⋯ 238

7.4.1　在对象中查找值 ⋯⋯ 240

7.4.2　区分字符串类型 ⋯⋯ 240

7.4.3　标准格式规范 ⋯⋯ 240

7.4.4　为文本文档制作
目录 ⋯⋯⋯⋯⋯⋯ 242

7.4.5　自定义格式规范 ⋯⋯ 244

7.5　令人兴奋的 Python 扩展：
feedparser 库 ⋯⋯⋯⋯ 245

7.5.1　如何安装
feedparser 库 ⋯⋯⋯ 245

7.5.2　如何使用
feedparser 库 ⋯⋯⋯ 245

7.6　小结 ⋯⋯⋯⋯⋯⋯⋯ 246

第 8 章　文档的编写 ⋯⋯⋯ 247

8.1　恰当地命名 ⋯⋯⋯⋯ 247

8.2　注释 ⋯⋯⋯⋯⋯⋯⋯ 248

8.3　文档字符串 ⋯⋯⋯⋯ 249

8.3.1　描述函数的作用 ⋯⋯ 250

8.3.2　解释参数 ⋯⋯⋯⋯ 250

8.3.3　返回值 ⋯⋯⋯⋯⋯ 250

8.3.4　包含预期的异常 ⋯⋯ 251

8.4　代码之外的文档 ⋯⋯ 251

8.4.1　安装与配置 ⋯⋯⋯ 251

8.4.2　教程 ⋯⋯⋯⋯⋯⋯ 251

8.4.3　参考文档 ⋯⋯⋯⋯ 252

8.5　用于编写文档的实用
工具 ⋯⋯⋯⋯⋯⋯⋯⋯ 252

8.5.1　格式化 ⋯⋯⋯⋯⋯ 253

8.5.2　链接 ⋯⋯⋯⋯⋯⋯ 254

8.5.3　Sphinx ⋯⋯⋯⋯⋯ 256

8.6　令人兴奋的 Python 扩展：
NumPy ⋯⋯⋯⋯⋯⋯⋯ 256

8.6.1　安装 NumPy ⋯⋯⋯ 256

8.6.2　使用 NumPy ⋯⋯⋯ 257

8.6.3　使用 NumPy 数组 ⋯ 258

8.6.4　统计度量 ⋯⋯⋯⋯ 258

8.7　小结 ⋯⋯⋯⋯⋯⋯⋯ 259

第 9 章　测试 ⋯⋯⋯⋯⋯⋯ 260

9.1　测试驱动开发 ⋯⋯⋯ 260

9.2　doctest ⋯⋯⋯⋯⋯⋯ 261

9.2.1　格式化代码 ⋯⋯⋯ 261

9.2.2　呈现输出 ⋯⋯⋯⋯ 262

9.2.3　与文档集成 ⋯⋯⋯ 263

9.2.4　运行测试 ⋯⋯⋯⋯ 263

9.3　unittest 模块 ⋯⋯⋯⋯ 265

9.3.1　初始化配置 ⋯⋯⋯ 265

9.3.2　编写测试 ⋯⋯⋯⋯ 266

9.3.3　其他比较 ⋯⋯⋯⋯ 270

9.3.4　测试字符串和其他序列
内容 ⋯⋯⋯⋯⋯⋯ 270

9.3.5　测试异常 ⋯⋯⋯⋯ 271

9.3.6　测试对象标识 ⋯⋯ 273

9.3.7　释放资源 ⋯⋯⋯⋯ 273

9.4　提供自定义的测试类┈┈┈274

9.5　令人兴奋的 Python 扩展：
　　　Pillow 库┈┈┈┈┈┈┈274

　9.5.1　如何安装 Pillow 库┈┈275

　9.5.2　图像显示：确定文件
　　　　　的大小和类型并显示┈┈275

　9.5.3　图像处理：裁剪图像
　　　　　的一部分 ┈┈┈┈┈275

　9.5.4　图像处理：改变图像
　　　　　的方向 ┈┈┈┈┈┈276

　9.5.5　图像处理：滤镜┈┈┈276

9.6　小结┈┈┈┈┈┈┈┈┈276

第 10 章　发布┈┈┈┈┈┈┈277

10.1　许可证┈┈┈┈┈┈┈┈277

　10.1.1　GNU 通用公共
　　　　　许可证┈┈┈┈┈┈277

　10.1.2　Affero 通用公共
　　　　　许可证┈┈┈┈┈┈279

　10.1.3　GNU 宽通用公共
　　　　　许可证┈┈┈┈┈┈279

　10.1.4　伯克利软件发行
　　　　　许可证┈┈┈┈┈┈280

　10.1.5　其他许可证 ┈┈┈┈280

10.2　打包┈┈┈┈┈┈┈┈┈281

　10.2.1　setup.py┈┈┈┈┈282

　10.2.2　MANIFEST.in ┈┈┈284

　10.2.3　sdist 命令┈┈┈┈285

10.3　发布┈┈┈┈┈┈┈┈┈286

10.4　令人兴奋的 Python 扩展：
　　　secrets 模块┈┈┈┈┈288

　10.4.1　随机数 ┈┈┈┈┈┈288

　10.4.2　密码生成器 ┈┈┈┈288

10.5　小结┈┈┈┈┈┈┈┈┈289

第 11 章　构建 CSV 框架 sheets┈290

11.1　构建声明性框架┈┈┈┈291

　11.1.1　声明性编程简介 ┈┈291

　11.1.2　是否构建声明性
　　　　　框架┈┈┈┈┈┈┈292

11.2　构建框架┈┈┈┈┈┈┈293

　11.2.1　管理选项┈┈┈┈┈294

　11.2.2　定义字段┈┈┈┈┈297

　11.2.3　将字段附加到类┈┈298

　11.2.4　添加元类┈┈┈┈┈300

　11.2.5　整合┈┈┈┈┈┈┈303

11.3　字段排序┈┈┈┈┈┈┈304

　11.3.1　DeclarativeMeta.__
　　　　　prepare__()┈┈┈305

　11.3.2　Column.__init__()┈┈307

　11.3.3　Column.__new__()┈┈310

　11.3.4　CounterMeta.__
　　　　　call__()┈┈┈┈┈311

　11.3.5　挑选选项┈┈┈┈┈313

11.4　构建字段库┈┈┈┈┈┈313

　11.4.1　StringField(字符串
　　　　　字段)┈┈┈┈┈┈315

　11.4.2　IntegerColumn
　　　　　(整数列)┈┈┈┈┈315

　11.4.3　FloatColumn
　　　　　(浮点数列)┈┈┈┈316

　11.4.4　DecimalColumn
　　　　　(小数列)┈┈┈┈┈316

　11.4.5　DateColumn
　　　　　(日期列)┈┈┈┈┈317

11.5　回到 CSV┈┈┈┈┈┈321

　11.5.1　检查参数┈┈┈┈┈322

　11.5.2　填充值┈┈┈┈┈┈324

　11.5.3　读取器┈┈┈┈┈┈327

　11.5.4　写入器┈┈┈┈┈┈331

11.6　小结┈┈┈┈┈┈┈┈┈334

第 1 章

原理与哲学

370 多年前，日本著名剑客宫本武藏撰写了《五轮书》，讲述了自己从 13 岁到 29 岁所经历的 60 多场决斗以及从中学到的东西。在最初由他创立的武术学校写给学生的五封信中，宫本武藏概述了总体思想、理念和哲学原则，以引导学生取得成功。

以关于哲学的内容作为一本编程书籍的开篇似乎有些奇怪，但这实际上就是为什么本章如此重要的原因。与宫本武藏的方法类似，Python 的创建是为了体现和鼓励一些特定的理念，这些理念帮助指导 Python 维护者及 Python 社区已经近 20 年。理解这些理念将能帮助你更好地使用 Python 语言及 Python 社区提供的内容。

当然，我们在这里讨论的不是柏拉图或尼采。用 Python 处理编程问题的理念旨在帮助构建可靠、可维护的解决方案。一部分哲学理念已被正式移植到 Python 领域中，而另一部分则是 Python 程序员普遍接受的指导原则，但所有这些理念都将用于帮助你编写功能强大、易于维护且能为其他程序员所理解的代码。

本章所列的哲学贯穿每个章节，但不要指望通读一遍就能把它们全部记住。本书后面在说明哪些概念在不同场景下发挥作用时，还会回顾本章的内容。毕竟，哲学的真正价值在于理解如何在最恰当的时候加以应用。

1.1　Python 之禅

也许最著名的 Python 哲学集合"Python 之禅"是由 Tim Peters 编写的，他是 Python 语言及新闻组 comp.lang.python 的长期撰稿人。Python 之禅将一些最常见的哲学问题压缩到一个简短的列表中，这个列表被视为 Python 增强解决方案(PEP)

和 Python 本身。就像复活节的彩蛋一样，Python 包含一个名为 this 的模块。

```
>>> import this
The Zen of Python, by Tim Peters
Beautiful is better than ugly.
Explicit is better than implicit.
Simple is better than complex.
Complex is better than complicated.
Flat is better than nested.
Sparse is better than dense.
Readability counts.
Special cases aren't special enough to break the rules.
Although practicality beats purity.
Errors should never pass silently.
Unless explicitly silenced.
In the face of ambiguity, refuse the temptation to guess.
There should be one -- and preferably only one -- obvious way to do it.
Although that way may not be obvious at first unless you're Dutch.
Now is better than never.
Although never is often better than *right* now.
If the implementation is hard to explain, it's a bad idea.
If the implementation is easy to explain, it may be a good idea.
Namespaces are one honking great idea -- let's do more of those!
```

以下是译文：

优美胜于丑陋。

明了胜于晦涩。

简洁胜于复杂。

复杂胜于难以理解。

扁平胜于嵌套。

宽松胜于紧凑。

可读性很重要。

即便是特例，也不可违背这些规则。

实用性胜于纯粹性。

错误永远不应该悄无声息地过去。

除非明确地沉默。

面对模棱两可的情况，拒绝猜测的诱惑。

应该有一种(最好只有一种)显而易见的方法。

尽管这种方式起初可能并不明显，除非你是荷兰人。

做比不做要好。

不假思索就动手还不如不做。

如果实现难以解释，那就是一个糟糕的想法。

如果实现容易解释，则可能是一个好主意。

命名空间是一个很棒的想法，让我们做更多这样的事情吧。

以上列表可作为 Python 哲学的幽默说明，但多年来许多 Python 应用程序都使用这些指导原则来极大地提高代码的质量、可读性和可维护性。然而，仅仅列出"Python 之禅"并没有什么价值，下面将更详细地解释每种习惯用法。

1.1.1　优美胜于丑陋

第一条指导原则可以说是所有指导原则中最主观的一条，这么说或许很恰当。毕竟，"情人眼里出西施"是一个讨论了二千多年的事实。它有力地提醒我们——哲学远非绝对。

这种哲学的一个明显的应用是在 Python 自己的语言结构中，最大限度地减少标点符号的使用，并在适当的地方更多地使用英文单词。Python 的另一个优点是专注于关键字参数，这有助于澄清本来难以理解的函数调用。请看以下用两种不同方法编写的相同代码，思考哪一种看起来更漂亮：

```
is_valid = form != null && form.is_valid(true)
is_valid = form is not None and form.is_valid(include_hidden_
fields=True)
```

第二个示例读起来更像自然英语，并且明确地包含了参数的名称，从而可以更深入地了解参数的用途。除了语言方面的考虑，编码风格也会受到类似的美感观念的影响。例如，方法 is_valid 提出了一个简单的问题，然后可以期望该方法用它的返回值来回答这个问题。像 validate 这样的命名是不明确的，因为即使根本没有返回值，它也是一个准确的名称。

然而，过分依赖美感作为设计决策的标准是危险的。如果已经充分考虑了其他的理念，那么仍然有两个可行的选择，当然可以考虑将美感纳入其中，但是首先要确保考虑到其他方面。在到达这一步之前，你可能会发现使用一些其他标准是更好的选择。

1.1.2　明了胜于晦涩

虽然这条指导原则看起来更容易理解，但它实际上是要遵循的更为复杂的指导原则之一。从表面上看，这似乎很简单：不要做程序员没有明确指示的任何事情。除了 Python 本身，框架和库也有类似的责任，因为它们的代码将被其他程序员访问，而这些程序员往往各有所需。

遗憾的是，真正的显式代码必须考虑到程序执行的每个细微差别，从内存管理到显示例程。有些编程语言确实希望程序员提供这方面的详细信息，但 Python 没有。为了使程序员的工作更容易，Python 做了一些权衡和让步，允许你集中精力处理手头的问题。

通常，Python 要求显式地声明意图，而不是发出实现意图的所有命令。例如，当为变量赋值时，你无须担心预留必要的内存、给指针赋值以及在变量不再使用时清理内存。内存管理是变量赋值的必要部分，因此 Python 会在后台加以处理。赋值足以显式地声明意图，以证明隐式行为的合理性。

相比之下，Perl 编程语言中的正则表达式会在发现匹配项时自动为特殊变量赋值。不熟悉 Perl 处理这种情况的方式的人不会理解依赖于它的代码段，因为变量似乎是凭空而来的，并没有相关的赋值。Python 程序员试图避免这种类型的隐式行为，而倾向于使用更易读的代码。

由于不同的应用程序有不同的声明意图的方法，因此没有通用的解释适用于所有情况。相反，这条指导原则将在整本书中频繁出现，阐明它将如何应用于各种情况。

```
tax = .07 #make a variable named tax that is floating point
print (id(tax)) #shows identity number of tax
print("Tax now changing value and identity number")
tax = .08 #create a new variable, in a different location in memory
          # and mask the first one we created
print (id(tax)) # shows identity of tax
print("Now we switch tax back...")
tax = .07 #change tax back to .07 (mask the second one and reuse first
print (id(tax)) #now we see the original identity of tax
```

1.1.3 简洁胜于复杂

这是一条相当具体的指导原则，主要涉及框架和库中接口的设计。这里的目标是尽可能简化接口，尽可能利用程序员对现有接口的了解。例如，缓存框架可以使用与标准字典相同的接口，而不是创建一组全新的方法进行调用。

当然，这条指导原则还有许多其他的应用，比如有这样一个事实：大多数表达式都可以在没有显式测试的情况下计算为 true 或 false。例如，下面的两行代码在功能上是相同的字符串，但请注意它们之间存在的复杂性差异。

```
if value is not None and value != ":
if value:
```

如你所见，第二个示例更易于阅读和理解。第一个示例中涉及的所有情况都将被视为 false，因此更简单的第二个示例也同样有效。另外，第二个示例还有两个优点：运行得更快，需要执行的测试更少；而且在更多的情况下也能起作用，因为单个对象可以定义自己的方法来确定它们的计算结果是 true 还是 false。

看起来这似乎是一个复杂的例子，但它确实经常出现。通过依赖更简单的接口，就可以利用优化和更强的灵活性，生成更易读的代码。

1.1.4　复杂胜于难以理解

然而，有时需要一定程度的复杂性才能完成工作。例如，数据库适配器不能使用简单的字典样式接口，而是需要一组广泛的对象和方法来覆盖它们的所有特性。在这些情况下，重要的是要记住，复杂性并不一定代表难以理解。

面对需要跟踪大量内容的接口，保持尽可能简单显得更为重要。保持简单有多种方法，例如将方法合并到较少数量的对象，尽可能将对象分组为更合理的排列，有时甚至只需要确保使用有意义的名称，程序员就可以不必深入研究代码就能理解它们。

1.1.5　扁平胜于嵌套

这条指导原则一开始看起来似乎没有意义，但它事关结构如何布局。讨论的结构可以是对象及其属性、包及其包含的模块，甚至是函数中的代码块。我们的目标是尽可能保持同级关系而不是父子关系。例如下面的代码片段：

```
if x > 0:
    if y > 100:
        raise ValueError("Value for y is too large.")
    else:
        return y
else:
    if x == 0:
        return False
else:
    raise ValueError("Value for x cannot be negative.")
```

在这个示例中，我们很难了解实际发生了什么，因为代码块的嵌套特性要求你跟踪多个级别的条件。请考虑使用以下替代方法来编写相同的代码，并将其展开：

```
x=1
y=399 # change to 39 and run a second time

def checker(x,y):
    if x > 0 and y > 100:
        raise ValueError("Value for y is too large.")
    elif x > 0:
        return y
    elif x == 0:
        return False
    else:
        raise ValueError("Value for x cannot be negative.")

print(checker(x,y))
```

放入一个函数，将其展开，你就可以看到遵循以上示例中的逻辑要容易得多，因为所有条件都在同一级别，甚至还节省了几行代码，因为避免了不必要的else 代码块。虽然这种思想在编程中很常见，但这实际上也是存在 elif 关键字的主要原因；在 Python 中使用缩进意味着，若不使用缩进，复杂的 if 代码块可能很快失控。为了处理需要多分支的问题，Python 根据情况需要使用一系列的 if、elif、elif 和 else。一些 PEP 建议 Python 包含 switch-type 结构，但都没有成功。

注意　可能不太明显的是，这个例子的重构版本最终会测试 x > 0 两次，而之前只测试一次。如果这项测试的代价十分昂贵，例如数据库查询，那么以这种方式进行重构会降低程序的性能，所以不值得这么做。

在 package 布局的情况下，平面结构通常允许单个导入，以使整个包在单个命名空间中可用。否则，程序员需要知道完整的结构才能找到所需的特定类或函数。有些包非常复杂，嵌套结构有助于减少命名空间的混乱，但是最好从平面开始，只在出现问题时才转为嵌套。

1.1.6　宽松胜于紧凑

这一指导原则在很大程度上与 Python 源代码的视觉效果有关，它支持使用空格来区分代码块。目的是将强相关的代码放在一起，同时将它们与后续代码或不相关的代码分开，而不是为了节省磁盘空间而简单地让所有代码一起运行。熟悉Java、C++和其他使用{}表示语句块的语言的人都知道，空格或缩进只具有可读性，只要语句块位于大括号内，对代码的执行就没有影响。

在现实世界中，有很多具体的问题需要解决，比如如何分离模块级别的类或处理单行 if 块。尽管没有一组规则可以适用于所有项目，但 PEP 8[1]中确实指定了有关源代码布局的诸多方面，提供了一些关于如何格式化 import 语句、类、函数甚至许多类型的表达式的提示。

值得注意的是，PEP 8 包含了许多关于表达式的规则，这些规则特别鼓励避免使用额外的空格。以下示例直接来自 PEP 8：

```
Yes: spam(ham[1], {eggs: 2})
No:  spam( ham[ 1 ], { eggs: 2 } )

Yes: if x == 4: print x, y; x, y = y, x
No:  if x == 4 : print x , y ; x , y = y , x

Yes: spam(1)
No:  spam (1)

Yes: dict['key'] = list[index]
No:  dict ['key'] = list [index]
```

产生这种明显差异的关键在于空格是一种有价值的资源，应该负责任地进行分配。毕竟，如果每件事都试图以一种特定的方式脱颖而出，那就没有什么能真正脱颖而出。如果使用空格分隔强相关的代码段(如前面的表达式)，那么真正不相关的代码与其他代码将没有任何不同。

这可能是这一指导原则中最重要的部分，也是将其应用于代码设计的其他方面的关键。在编写库或框架时，通常更好的做法是定义一组唯一类型的可在整个应用程序中重复使用的对象和接口，并在适当的地方保持相似性，用于区分其他对象和接口。

1.1.7　可读性很重要

我们有一条 Python 世界中每个人都能理解的指导原则，这主要是因为它是整个系列中最模糊的指导原则之一。在某种程度上，它以一种巧妙的笔法对整个 Python 哲学做了总结，但它也留下了太多的未知数，值得进一步探究。

可读性涵盖十分广泛的问题，比如模块、类、函数和变量的名称，还包括单独代码块的样式和它们之间的空格，甚至涉及多个函数或类之间的职责分离(特指为了让人更容易理解代码的职责分离)。

但真正的意义在于，代码不仅被计算机读取，而且被维护代码的人阅读。这些人阅读现有代码的概率远远高于编写新代码的概率，而且通常是由其他人编写

1　参见 http://propython.com/pep-8。

的代码。可读性的作用就在于积极促进人类对代码的理解。

从长远看，当相关人员都可以简单地打开一个文件并理解其中的内容时，开发就会容易得多。这个道理在人员流动频繁的组织中很容易理解——新入职的程序员必须定期阅读他人的代码。同理，对于那些必须在数周、数月甚至数年后阅读自己编写的代码的人来说也是如此。一旦我们失去最初的思路，就只有代码本身可以提醒我们，所以下功夫让它们易于阅读是很有价值的。另外一个好的方法是在代码中添加注释和笔记。这不仅没有坏处，反而在很久后能帮助程序员弄清代码最初的意图。

更棒的是，这通常只需要很少的额外时间。可以简单到在两个函数之间添加空行，或者用名词和动词命名变量和函数。然而与其说这是一套规则，不如说这是一种思维框架。必须注重可读性，你要始终从人的角度看待代码，而不是仅仅从计算机的角度。记住：己所不欲，勿施于人。可读性是一种散布在整段代码中的善意行为。

1.1.8　即便是特例，也不可违背这些规则

在大多数情况下都能正确地处理是很好，但是，只需要一个糟糕的代码块就可以断送所有为之付出的努力。

不过这条指导原则最有趣的地方，可能在于并不只涉及可读性或代码的任何其他方面。无论所做的决定是什么，都要有坚定的信念来支持。如果致力于向后兼容、国际化、可读性或其他任何东西，就不要因为出现了新的并且便捷的特性就违背这些承诺。

1.1.9　实用性胜于纯粹性

这就是事情变得棘手的地方。前面的指导原则鼓励你无论情况多么特殊，总是要做正确的事情。本节的指导原则主张当正确的事情变得难以达成时，似乎允许出现例外。然而，现实情况要复杂一些，需要进行一些讨论。

速度最快、效率最高的代码可能并不总是最易读的，因此需要不得不接受低于标准的性能，以获得更易于维护的代码，在目前来看这似乎很简单。在许多情况下也确实如此，而且就原有性能而言，Python 的很多标准库都不是很理想，但标准库选择了更易读和可移植到其他环境(如 Jython 或 IronPython)的纯 Python 实现，从更大的范围看，问题远不止于此。

在设计任何级别的系统时，都很容易进入 head-down 模式——只关注手头的问题以及如何最好地解决。这可能涉及算法、优化、接口方案甚至重构，但通常归纳为只盯着处理一件事情以至于无法顾全大局。在这种模式下，程序员通常在

当前上下文中做一些看起来最好的事情，但是当后退一步查看大局时，这些决策与应用程序的其他部分并不匹配。

要知道，在这一点上选择哪条路并不总是那么容易。你是否尝试优化应用程序的其余部分以匹配刚刚编写的完美例程？你是否重写了原本完美的功能，以期获得更具凝聚力的整体？或者你只是单独把不一致的地方放在一边，希望不会阻碍任何人？和往常一样，答案取决于具体情况，但其中一种办法在上下文中往往比其他办法更切合实际。

通常情况下更好的做法是，以牺牲一些可能不太理想的小区域为代价，保持较高的整体一致性。同样，Python 中的大多数标准库都使用这种方法，但也有例外。需要大量计算能力的以及在需要避免瓶颈的应用程序中使用的软件包，通常都是用 C 语言编写的，以提高性能，但代价是可维护性降低了。然后需要将这些包移植到其他环境中，并在不同的系统上进行更严格的测试，但是获得的速度远比纯 Python 实现更为实用。

1.1.10　错误永远不应该悄无声息地过去

Python 支持强大的错误处理系统，它内置并提供了大量的可直接使用的异常，但是人们常常困惑什么时候应该使用这些异常以及何时需要添加新的异常。本节提供的指导原则非常简单，但与其他许多指导原则一样，还有更多的东西隐藏在文字背后。

首先要澄清错误和异常的定义。尽管这些单词，正如计算机世界中的许多其他单词一样，常常被赋予额外的含义，但当它们在一般语言中使用时，对它们进行研究还是有一定价值的。考虑下列定义：

- 无知或轻率地偏离行为准则的行为或状态。
- 不适用规则的案件。

这里省略术语是为了帮助说明"错误"和"异常"的定义有多么相似。在现实生活中，这两个术语的最大差异表现在由于偏离规范而引起的问题的严重性。异常通常被认为破坏性较小，因此更容易接受，但是异常和错误都等同于同一件事：违反某种预期。就这里讨论的目的而言，术语"异常"将用来指代任何偏离规范的情况。

注意　你要意识到的一件重要的事情是：并非所有的异常都是错误。有些异常用于增强代码流程，例如使用 StopIteration，第 5 章将对此进行说明。在代码流程中，异常提供了一种方法来指示函数内部发生了什么，即使指示与返回值没有关系。

这种解释使我们无法单独描述异常，它们必须置于一种期望会被违背的场景中。每次编写一段代码时，我们都承诺将以特定的方式工作。异常破坏了这种承诺，因此我们需要了解我们做出了哪些类型的承诺，以及打破这些承诺的各种情况。以下面这个简单的 Python 函数为例，查找任何可以违背的承诺：

```
def validate(data):
    if data['username'].startswith('_'):
        raise ValueError("Username must not begin with an underscore.")
```

这里明显的承诺是 validate()方法：如果传入的数据是有效的，就以静默方式返回。违反以上规则的行为(例如以下画线开头的用户名)会被明显地视为异常，这很好地说明了不允许错误以静默方式传递的做法。引发异常会引起对这种情况的注意，并为调用代码提供足够的信息来了解发生的情况。

需要注意的一点是，这里可能会引发其他异常。例如，如果 data 字典不像函数期望的那样包含'username'键，Python 将抛出 KeyError。如果该键确实存在，但其值不是字符串，Python 将在尝试访问 startswith()方法时抛出 AttributeError。如果 data 根本不是字典，Python 会抛出 TypeError。

这些假设中的大多数都是保持正确流程的真实需求，但并非所有都必须如此。让我们假设 validate()方法可以从许多上下文中调用，其中一些上下文中甚至可能不需要用户名。在这些情况下，丢失的用户名实际上根本不是异常，而只是另一个需要考虑的流程。

考虑到这一新要求，可以稍微修改 validate()方法，使其不再依赖于'username'键的存在才能正常工作。然而，所有其他假设都应该保持不变，并且当它们被违反时，应该抛出各自的异常。以下展示了这种变化后的情况：

```
def validate(data):
    if 'username' in data and data['username'].startswith('_'):
        raise ValueError("Username must not begin with an underscore.")
```

有个假设被删除了，现在 validate()方法可以在 data 字典没有提供'username'键的情况下正常运行。另外，你现在可以显式地检查缺少的用户名，并在必要时抛出更为具体的异常。其余异常的处理方式，取决于调用 validate()方法的代码的需求，并且要有补充原则来处理这种情况。

1.1.11　除非明确地沉默

与任何其他支持异常的语言一样，Python 允许触发异常的代码捕获异常并以不同的方式处理它们。在前面的 validate()示例中，可能应该以一种相比完全回溯更好的方式向用户显示验证错误。请看如下命令行程序，它接收用户名作为参数，并根据前面定义的规则对其进行验证：

```
import sys
def validate(data):
    if 'username' in data and data['username'].startswith('_'):
        raise ValueError("Username must not begin with an underscore.")
if __name__ == '__main__':
    username = sys.argv[1]
    try:
        validate({'username': username})
    except (TypeError, ValueError) as e:
        print (e)
        #out of range since username is empty and there is no
        #second [1] position
```

用于捕获异常并将其作为变量 e 存储的语法最初是在 Python 3.0 中提供的。在本例中，所有可能引发的异常都将被这段代码捕获，并且仅将单独的消息显示给用户，而不是显示完整的回溯。这种形式的错误处理，允许复杂的代码在不破坏整个程序的情况下使用异常来指示不符合的预期。

显示优于隐式

简而言之，这种错误处理系统是前面规则的简单示例，那些规则倾向于显式声明而不是隐式行为。默认行为应尽可能明显，因为异常总是向上传播到更高级别的代码，但可以使用显式语法覆盖。

1.1.12　面对模棱两可的情况，拒绝猜测的诱惑

有时，当使用或实现由不同人编写的代码片段之间的接口时，可能存在某些不是很清晰的地方。例如，一个常见的例子是在字节字符串之间传递却不提供关于它们所依赖的编码的任何信息。这意味着，如果有任何代码需要将这些字符串转换为 Unicode 或是确保它们使用特定的编码，将没有足够的信息可用。

在这种情况下，人们很容易想到碰运气，盲目地选择似乎最常见的编码。这种做法不可取。在 Python 中，编码问题会引发异常，因此这些异常导致应用程序要么关闭，要么被捕获并忽略，这可能会在不经意间导致应用程序的其他部分认为字符串被正确转换了，而实际上字符串并没有被正确转换。

更糟糕的是，应用程序现在依赖于猜测。错误的编码不仅会导致应用程序出

现问题，而且这些问题发生的频率可能比你意识到的要高得多。

一种更好的方法是只接受 Unicode 字符串，然后可以使用应用程序选择的任何编码将其写入字节字符串。这将消除所有的歧义，这样代码就不必再猜测了。当然，如果应用程序不需要处理 Unicode，并且可以简单地通过未转换的方式传递字节字符串，那么应该只接收字节字符串，而非必须猜测出要使用的编码才能产生字节字符串。

1.1.13　应该有一种(最好只有一种)显而易见的方法

尽管与前面的原则类似，但这一指导原则通常只适用于库和框架的开发。在设计模块、类或函数时，可能很容易实现许多入口点，每一个都对应一种稍微不同的场景。例如，在 1.1.12 节的字节字符串示例中，你可能会考虑使用一个函数处理字节字符串，而使用另一个函数处理 Unicode 字符串。

这种方法的问题在于，每个接口都给需要使用它的开发人员增加了负担。不仅有更多的事情需要记住，而且在即使已知所有选项的情况下，也并不总是清楚该使用哪个选项。正确的选项通常只会归结为命名，这有时便是一种猜测。

在前面的例子中，简单的解决方案是只接受 Unicode 字符串，这可以巧妙地避免其他问题，但是对于这一指导原则，建议的范围更广。尽可能使用更简单、更通用的接口，仅当存在真正不同的任务需要执行时才添加接口。

你可能已经注意到，Python 有时似乎违反了这一指导原则，尤其是在字典的实现中。访问一个值的首选方法是使用括号语法 my_dict['key']，但是字典也有 get() 方法，该方法做的似乎是完全一样的事情。在处理如此广泛的一组指导原则时，类似这样的冲突会相当频繁地出现，但如果你愿意考虑这些指导原则，那么通常是因为有了很好的理由。

在字典的例子中，又回到了在违反规则时引发异常的场景。在考虑违反规则时，我们必须检查这两种可用的访问方法所隐含的规则。括号语法遵循如下非常基本的规则：返回与提供的键对应的值，就是这么简单。任何妨碍的东西，例如无效的键、缺失的值以及由重写的协议提供的一些附加行为，都会引发异常。

相比之下，get() 方法遵循一组更复杂的规则。检查提供的键是否存在于字典中：如果在字典中，则返回关联的值；如果不在字典中，则返回替代值。默认情况下，替代值为 None，但也可以通过提供第二个参数来覆盖替代值。

通过列出每种技术所遵循的规则，可以更清楚地说明为什么会有两种不同的选择。括号语法十分常见，除了最乐观的情况外，在所有情况下都会失败；而 get() 则为需要它的情况提供了更大的灵活性。一种不允许错误悄无声息地通过，另一种则明确地让它们沉默。本质上，通过提供两个选择可允许字典同时满足以上两个规则。

但更重要的是，这种哲学认为，应该只有一种显而易见的方法可以做到这一点。即使在字典示例中(获取值的方法有两种)，也只有一种(括号语法)是显而易见的。get()方法虽然可用，但并不为人熟知，当然也就没有被提升为处理字典的主要接口。只要是针对完全不同的用例，就可以提供多种方法来完成某件事，并且最常见的方法会作为最显而易见的选择呈现出来。

1.1.14　尽管这种方式起初可能并不明显，除非你是荷兰人

这一指导原则是对 Python 的创造者 Guido van Rossum 的致敬。然而更重要的是，这是一种承认，并不是每个人都以同样的方式看待事物。对一个人来说显而易见的事情可能对另一个人来说是完全陌生的，尽管造成这些差异的原因有很多。

克服这些差异的最简单方法是正确地记录你所做的工作，这样即使代码不明显，你的文档也可以指明方向。你可能仍然需要回答文档之外的问题，因此与用户进行更直接的通信通常是有用的，比如通过邮件方式。最终目标是为用户提供一种简单的方法来了解你希望他们如何使用你的代码。对单行注释使用#符号，对块注释使用三引号，这对你和用户来说都有好处。

```python
print('Block comments')
"""
This
is
a'
block
comment """
print('Single line comments too!')
# bye for now!
```

1.1.15　做比不做要好

我们都听过这样一句话："今天能做的事，不要拖到明天"，这对我们所有人来说都是有效的，在编程中更是如此。当我们开始做一些已经被我们搁置在一边的事情时，我们可能早就忘记了我们做这件事所需的正确信息。

作为 Python 程序员，"做比不做要好"这一指导原则对我们来说具有特殊的意义。作为一种语言，在很大程度上 Python 是为了帮助你花时间解决实际问题，而不是仅仅为了让程序运行起来而与语言做斗争。

这种专注非常适合迭代开发，它允许你快速地编写一个基本的代码实现功能，然后随着时间的推移对其进行优化。本质上，这是这条原则的另一个应用，因为

它允许你实际在可能不需要编写任何代码的前提下快速地开始工作，而不是试图事先计划好所有事情。

1.1.16　不假思索就动手还不如不做

即使迭代开发也需要时间。快速开始是很有价值的，但试图立即结束却是非常危险的。花时间改进和澄清一个想法对于正确实现它是至关重要的，如果不这样做，通常会生成很平庸的代码。一般来说，用户和其他开发人员完全不使用要比使用不达标的程序好。

基于这个理念，我们无法知道其他有用的项目有多少，从而永远不会被公之于众。无论是在这种情况下，还是在发布效果不佳的情况下，结果在本质上都是相同的：你在这里试图解决的问题，对于那些寻找相同解决方案的人来说意义不大。真正能帮助别人的唯一方法就是花时间把事情做好。

1.1.17　如果实现难以解释，那就是一个糟糕的想法

这一指导原则是前面提到的如下另外两条指导原则的组合：简洁胜于复杂，复杂胜于难以理解。这一指导原则的有趣之处在于，提供了一种方法来确定何时从简单过渡到复杂，以及何时从复杂过渡到难以理解。如果有疑问，可以让其他人来运行，看看让他们接受实现需要付出多大的努力。

这也加深了沟通对良好发展的重要性。在开源开发中，就像 Python 一样，沟通显然是这个过程的一部分，但并不局限于公开贡献的项目。如果成员间彼此交谈，交换意见，并帮助改进实现，那么任何开发团队都可以提供更大的价值。个别开发团队有时会很成功，但他们会错过只能由他人提供的关键编辑工作。

1.1.18　如果实现容易解释，则可能是一个好主意

乍一看，这似乎只是前一指导原则的一种衍生。虽然 Python 高度重视简单性，但许多非常糟糕的想法却很容易解释。能够与同事交流想法是很有价值的，但这只是通向真正讨论的第一步。同事评审最好的地方在于能够从不同的角度阐明和提炼想法，把好的东西变得更好。

当然，这并不是说要低估某个程序员的能力。毫无疑问，个人也可以独自完成一些了不起的事情。但是大多数有用的项目在某种程度上都会涉及其他人，即使他们只是用户。一旦其他人知道了，尽管他们无法访问你的代码，也要准备好接受他们的反馈和批评。即使你可能认为自己的想法很好，但是其他人的观点往往会给老问题带来新的见解，从而得到更好的产品。

1.1.19　命名空间是一个很棒的想法，让我们做更多这样的事情吧

在 Python 中，从包和模块层次结构到对象属性，命名空间以各种方式在使用，允许程序员选择函数和变量的名称，而不必担心与其他人的选择发生冲突。命名空间必须避免冲突，但是不要求每个名称都包含某种唯一的前缀。

在大多数情况下，可以利用 Python 的命名空间处理机制，而无须做任何特别的事情。如果向对象添加属性或方法，Python 将为此处理命名空间。如果将函数或类添加到模块中，或将模块添加到包中，Python 也将会处理。但是，你也可以做出一些选择来显式地利用更好的命名空间。

一个常见的例子是将模块级函数封装到类中。这创建了一种层次结构，允许具有类似名称的函数和平共处，并且允许使用参数定制这些类的优势，从而影响各个方法的行为。否则，你的代码可能不得不依赖由模块级函数修改的模块级设置，这将限制代码的灵活性。

然而，并不是所有的函数集都需要封装到类中。请记住，"扁平胜于嵌套"，因此只要没有冲突或混淆，通常最好将它们留在模块级别。类似地，如果没有太多具有类似功能和重叠名称的模块，那么将它们拆分为包就没有什么意义了。

1.2　不要重复自己

设计框架可能是一个非常复杂的过程，程序员经常被要求指定各种不同类型的信息。但是，有时可能需要将相同的信息提供给框架的多个不同的部分。这种情况发生的频率取决于所涉及框架的性质，但是，必须多次提供相同的信息始终是一种负担，应尽可能避免。

从本质上讲，目标是让用户只提供一次配置和其他信息，然后使用 Python 的自省工具(将在后面的章节中详细介绍)来提取这些信息，并在其他需要这些信息的领域中重复使用它们。一旦提供了这些信息，程序员的意图就很清楚了，所以根本不需要猜测。

同样重要的是，你要注意这不仅限于你自己的应用程序。例如，如果代码依赖于 Django Web 框架，那就可以访问使用 Django 所需的所有配置信息。你可能只需要让用户指出需要使用代码的哪一部分，并访问具体结构以获得所需的任何其他内容。

除了配置细节之外，如果函数共享一些公共行为，那么代码还可以从一个函数复制到另一个函数。根据这一指导原则，通常更好的做法是将公共代码移到一个单独、实用的模板函数中。然后，需要公共代码的每个函数都可以遵循这个模

板函数，为将来需要相同行为的程序铺平道路。

这种类型的代码分解展示了避免重复的一些更实用的理由。可重用代码的明显优势在于减少了可能出现 bug 的地方。更好的是，当发现一个 bug 时，就可以在一个地方修复它，而不用担心修复可能会出现相同错误的所有地方。也许最重要的是，将代码隔离到一个单独的函数中，会使以编程方式进行测试变得容易许多，从而帮助减少首先发生 bug 的可能性。测试的内容将在第 9 章中详细介绍。

1.3　松耦合

较大的库和框架常常必须将它们的代码分割成具有不同职责的独立子系统。从维护的角度看，这通常是有利的，因为每个部分包含的代码基本上都涉及不同的方面。这里需要注意各个部分需要相互了解的程度，因为这会对代码的可维护性产生负面影响。

这并不是要让每个子系统完全不了解其他的子系统，也不是为了避免它们之间产生任何交互。任何独立的应用程序，实际上都不能做任何有意义的事情，不能与其他代码进行通信的代码是没有用的。相反，我们需要更多地关注每个子系统在多大程度上依赖于其他子系统工作。

在某种程度上，可以将每个子系统看作自己的完整系统，并具有自己的实现接口。然后，每个子系统都可以调用其他子系统，只提供与被调用函数相关的信息以获取结果，所有这些都不依赖于其他子系统在函数中执行的操作。

鼓励这种行为有好几个原因，最明显的是有助于使代码更易于维护。如果每个子系统只需要知道自己的函数是如何工作的，那么对这些函数应该进行足够的本地化，以免引起访问它们的其他子系统发生问题。你可以维护有限的、公共可靠的接口集合，同时允许随着时间的推移进行必要的更改。

松耦合的另一个潜在优势在于，将子系统拆分为它们各自的完整应用程序要容易得多，之后可以包含在其他应用程序中。更好的是，像这样创建的应用程序通常可以发布给整个开发社区，允许其他人使用，甚至如果选择接受外部补丁，还可以对它们进行扩展。

1.4　武士原则

古代的日本武士以"武士道"精神而闻名，"武士道"规范了他们在战争期间的大部分行为。正如关键字 return 所示，编程中的并行性是函数在执行过程中遇到异常时的行为。

错误不应该悄无声息地通过，应该避免模棱两可。如果在执行通常返回值的函数时出错，那么任何返回值都可能被误解为成功调用，而不是确定发生了错误。所发生事情的确切性质是非常模糊的，并且可能在以后的代码中产生错误，这些错误与真正出错的代码并无关系。

当然，不返回任何有价值内容的函数不会有歧义问题，因为没有任何东西依赖于返回值。实际上，它们是最需要异常的函数，但不允许这些函数在没有异常的情况下返回。毕竟，如果没有代码可以验证返回值，那就不可能知道出了什么问题。

1.5　帕累托原则

1906 年，意大利经济学家 Vilfredo Pareto 指出，意大利 80％的财富仅由 20％的公民持有。从那以后，这个观点已经在经济学之外的许多领域得到了验证。确切的百分比可能会有所不同，但随着时间的推移，普遍的观察结果已经出现：在许多系统中，绝大多数影响都是由一小部分原因造成的。

在编程中，这一原则可以通过许多不同的方式表现出来。其中比较常见的一种是早期优化。著名的计算机科学家 Donald Knuth 曾经说过，过早的优化是万恶之源。许多人认为这意味着在代码的所有其他方面完成之前，应该避免优化。

Donald Knuth 指的是在开发过程中不应过早地仅仅关注性能。在验证程序是否完成了应该实现的功能之前，试图调整程序的任何做法都是徒劳无益的。帕累托原则告诉我们，早期的一点点工作可能会对性能产生很大影响。

实现这种平衡可能很困难，但是在设计程序时可以做一些简单的事情，只需要付出很少的努力即可解决大部分性能问题。

帕累托原则的另一个应用涉及对复杂应用程序或框架中的特性进行优先级排序。与其试图一次性构建所有功能，不如从少数能为用户提供最大利益的特性开始。这样做可以让你开始关注应用程序的核心功能，并将其提供给需要使用的人，同时还可以根据反馈改进其他特性。

1.6　稳健性原则

在互联网的早期发展过程中，很明显，许多正在设计的协议必须由无数不同的程序实现，并且它们必须一起工作才能产生生产力。弄清正确的规范很重要，但更重要的是让人们可以彼此协作地实现它们。

1980 年，RFC 761 更新了传输控制协议(TCP)，其中包含了协议设计中最重要的指导原则之一：对你所做的事情应采取保守的态度，而在接收他人的内容时应采取开放的态度。

可以很容易看出，在指导 Internet 协议的实现时这一指导原则是多么有用。从本质上讲，遵循这一指导原则的程序将能够更可靠地与不符合该指导原则的程序一起工作。通过在生成输出时遵守该指导原则，输出更可能被不完全遵循规范的软件所理解。同样，如果允许传入的数据中出现某些变化，那么不正确的实现仍然可以向你发送你能够理解的数据。

除协议设计外，这一指导原则的明显应用是在函数中。如果可以在接受哪些值作为参数方面稍微自由一点，那就可以与提供不同类型值的其他代码一起使用。比如一个接收浮点数的函数，当给定整数或小数时，这个函数也可以正常工作，因为它们都可以转换为浮点数。

返回值对于函数与调用代码的集成也很重要。当函数无法完成要做的事情时，将无法产生有用的返回值。在这种情况下，一些程序员会选择返回 None，但是这取决于调用函数的代码能否识别并单独处理。"武士原则"建议，在这种情况下代码应该引发异常而不是返回不可用的值。因为默认情况下 Python 会返回 None，如果没有返回其他值，明确地考虑返回值是很重要的。

但是，尝试找到一些仍然满足需求的返回值总是有用的。例如，对于旨在查找文本段落中某个特定单词的所有实例的函数来说，当给定的单词根本就找不到时会发生什么？一种选择是返回 None，另一种选择是抛出一些 WordNotFound 异常。

另外，如果函数能够返回所有实例，那么应该已经返回了一个列表或迭代器，所以针对没有找到指定单词的场景，也就提供了一种简单的解决方案：返回一个空的列表或一个不产生任何结果的迭代器。这里的关键在于调用代码总是可以期望某种类型的值，只要函数遵循稳健性原则，一切都会正常。

如果不确定哪种方法是最好的，那么可以提供两种不同的方法，每种方法都有不同的意图。在第 5 章中，我们将解释字典如何同时支持 get()和_getitem__()方法，当指定的键不存在时，每一种方法都会有不同的响应。

除了代码交互之外，在与使用软件的人打交道时，稳健性也同样适用。如果正在编写一个接收人类输入的程序，那么无论是基于文本还是基于鼠标的输入，对结果给予一些宽容总是有帮助的。可以允许无序地指定命令行参数，使按钮更大，允许传入的文件格式稍有错误，等等。

1.7 向后兼容性

编程在本质上是迭代的,并且比分发代码供他人在自己的项目中使用更明显。每个新版本不仅具有新的特性,而且存在现有特性以某种方式发生更改,从而破坏依赖于其行为的代码的风险。通过向后兼容,你可以最大限度地降低用户面临的风险,让他们对你的代码更有信心。

遗憾的是,在设计应用程序时,向后兼容性是一把双刃剑。一方面,你应该总是尽可能使自己的代码达到最佳状态,有时这涉及更改以修复早期做出的决策。另一方面,一旦做出重要的决定,就需要承诺长期维护这些决策。双方的立场是互相对立的,所以这是一种相当平衡的做法。

也许你拥有的最大优势在于能够区分公共接口和私有接口。然后,你可以承诺长期支持公共接口,同时保留私有接口以进行更严格的细化和更改。一旦私有接口最终确定,就可以将它们提升为公共 API 并为用户编制文档。

文档是公共接口和私有接口之间的主要区别之一,但是命名也可以发挥重要作用。以下划线开头的函数和属性通常被理解为私有的,即使没有文档也应如此。坚持这一点将有助于用户查看源代码并决定使用哪些接口,如果他们选择使用私有接口,则需要自己承担风险。

然而,有时为了适应新的特性,即使是安全的公共接口也可能需要更改。但是,通常最好等到主版本号发生更改,并提前警告用户将发生不兼容更改。接下来,你可以致力于实现新接口的长期兼容性。这正是 Python 在开发令人期待已久的 3.0 版本时所采用的方法。

1.8 小结

本章介绍的原则和哲学,代表了 Python 社区普遍高度重视的许多理念,但是,只有当实际应用于设计决策时,它们才有价值。本书的其余部分将经常参考本章,解释这些指导原则将如何应用于描述的代码。第 2 章将分析一些更基本的技术,你可以在这些技术的基础上将这些指导原则应用到代码中。

第 2 章

基础知识

和其他关于编程的书一样，本书的其余部分依赖于相当多的特性，这些特性可能司空见惯，也可能并不常见。作为读者，你应该对 Python 和编程有很好的了解，但是在本书展示的许多技术中，有许多不太常用的特性是非常有用的。

因此，尽管看起来很不寻常，但本章将重点放在一些基础概念上。本章中的工具和技术不一定是公共知识，但它们为后续更高级的实现奠定了坚实的基础。让我们从 Python 开发中经常出现的一些常规概念开始吧！

2.1 总体概念

在深入讨论更具体的细节之前，很有必要先了解一下这些细节(本章后面将讨论)背后隐藏的概念。与第 1 章中讨论的指导原则和哲学不同，本章关注的是实际的编程技术，而前面讨论的是更通用的设计目标。

可以把第 1 章视为设计指南，而本章提出的概念更多的是实施指南。当然，只有这样的具体描述才不会陷入太多的细节，所以这一部分也需要遵循本书的其他章节，以获得更详细的信息。

2.1.1 迭代

虽然 Python 代码中可能会出现无数种不同类型的序列(在本章后面及第 5 章中会涉及更多内容)，但我们可以将它们可以分为两大类：实际使用整个序列的代码和那些只需要序列中某些项的代码。大多数函数都以不同的方式使用这两种方法，了解这两种方法的区别，非常有助于理解 Python 提供了哪些工具以及应该如何使用它们。

抛开函数式编程的思路，从纯面向对象的角度看，很容易理解如何处理代码实际需要使用的序列，如列表、集合或字典。你可以拥有具体的项，这些项不仅具有与它们自身关联的数据，而且具有允许访问和修改数据的方法。你可能需要对其进行多次迭代、无序访问单个项，或从其他方法返回它以供别的代码使用，所有这些都可以很好地与更传统的对象用法配合使用。

事实上，你可能并不需要将整个序列作为整体来处理，换句话说，你可能只对其中的某一项感兴趣。例如，当循环访问某个范围内的数字时，通常就是这种情况。在这种场景下，重要的是使每个数字在循环中可用，而不是让整个数字列表可用。

这两种方法的不同之处主要在于使用的意图，当然也有技术方面的影响。并不是所有的序列都需要加载到内存中，许多序列甚至根本不需要设置上限，比如网络流。此外还包括正奇数集、整数平方和斐波那契数列，所有这些都是无穷的且易于计算。因此，它们最适合纯粹的迭代，而不需要预先填充列表，这同时也节省了一些内存。

这样做的主要好处在于内存分配。设计用于打印整个斐波那契数列范围的程序，在任意给定的时间只需要在内存中保留几个变量，因为斐波那契数列中的每个值都可以由数列中的前面两个值计算得出。对于一个值列表，即使列表长度有限，也需要在完成对它们的遍历之前，将所有包含的值加载到内存中。当一个完整的列表永远不会作为整体进行操作时，可以简单地根据需要生成每一项，并且一旦不再需要生成新的项时就丢弃，这样的做法将更为有效。

作为一种语言，Python 提供了几种不同的实现方法来迭代序列，并避免将序列中所有的值一次性加载到内存中。在标准库中，Python 在其提供的许多特性中使用了这些技术，这有时可能会导致混淆。Python 允许你毫无顾忌地编写 for 循环，但是许多序列将不具有你可能期望在列表中看到的方法及属性。要查看运行中的两种类型的循环，请尝试以下操作：

```
last_name='Smith'
count=0
for letter in last_name:
    print(letter,' ' ,count) # note a space between ' '
    count += 1

print('---and the second loop----')
count = 0
```

```
while (count<5):
    print(last_name[count], ' ', count)
    count += 1
```

在本章后面关于迭代的部分，介绍了创建可迭代序列的一些更常见的方法，以及当确实需要对整个序列进行操作时，将这些序列转换为列表的一些简单方法。但是，有时拥有一个在这两方面都可以运行的对象是很有用的，这就需要使用缓存。

2.1.2 缓存

在计算之外，缓存是隐藏的集合，通常用于具有危险性或很有价值而无法直接访问的条目。在计算过程中，缓存的定义也是相关的，缓存以不影响公共接口的方式存储数据。可能现实世界中最常见的例子是 Web 浏览器，它在第一次请求下载文档时，同时也保留了文档的副本。当用户稍后再次请求相同的文档时(假设文档没有更改)，浏览器将加载私有副本并将其显示给用户，而不是再次访问远程服务器。

在 Web 浏览器示例中，公共接口可以是地址栏、用户收藏夹中的条目或来自其他网站的链接。用户不需要指定文档应从远程网站检索还是从本地缓存访问，只要文档没有发生更改，程序就会使用缓存来减少需要发出的远程请求的数量。有关 Web 文档缓存的细节超出了本书的讨论范围，但它是关于缓存整体工作原理的一个很好的例子。

```
import webbrowser
webbrowser.open_new('http://www.python.org/')
#more info at: https://docs.python.org/3.4/library/webbrowser.html
```

更具体地说，缓存应该视为一种节省时间或提高性能的实用程序，不需要明确地存在就能使功能正常。如果缓存被删除或因其他方式而不可用，那么虽然使用了缓存的那些功能应继续正常工作，但是性能可能会下降，因为需要重新填充丢失的项。这也意味着使用缓存的代码必须始终接收足够多的信息，以便在不使用缓存的情况下生成有效的结果。

缓存的属性也意味着需要谨慎地确保缓存的内容是你需要的最新版本。在 Web 浏览器示例中，可以指定浏览器在向服务器请求新的文档副本之前，应保留缓存文档副本的时间。在简单的数学例子中，理论上可以永远缓存结果，因为在给定相同输入的情况下，结果应该总是相同的。第 3 章会介绍一种名为 memoization(记忆化)的技术，它就是这样做的。

一种有用的折中办法是无限期地缓存值，但在值有更新时立即对缓存进行更新。这并不总是一种有效选择，特别是在从外部源检索值的情况下。但是，当在应用程序内部更新值时，更新缓存这一步骤则很容易，从而避免了以后当缓存无效时从头开始检索值的麻烦。然而，这样做可能会导致性能损失，因此必须权衡实时更新缓存的优点和这样做可能会损失的性能。

2.1.3　透明度

无论是描述建筑材料、图像格式还是政府行为，透明度指的是一种看穿或看到事物内部的能力，对于编程而言同样适用。就我们的目的而言，透明度是指代码能够看到(在许多情况下甚至可以编辑)几乎所有计算机可以访问的内容。

Python 不支持在许多其他编程语言中常见的私有变量的概念，因此任何请求者都可以访问所有属性。有些语言认为这种开放性对可维护性而言是一种风险，取而代之的是允许实现对象的代码单独负责对象的数据。虽然这确实可以防止偶尔误用内部的数据结构，但在 Python 中不会采取任何措施限制对这些数据的访问。

尽管透明访问的最明显用法是在类实例的属性中(这是许多其他语言允许更多隐私的地方)，但在 Python 中允许检查对象的各个方面以及实现它们的代码。实际上，甚至可以访问 Python 用来执行函数的编译后的字节码。以下是在运行时一些可用信息的示例：

- 对象的属性
- 对象可用的属性名称
- 对象的类型
- 定义类或函数的模块
- 加载模块的位置(通常是文件名)
- 函数对象的字节码

以上大多数信息只在内部使用，因为在第一次编写代码时，有些潜在的用途是无法考虑的。在运行时访问或检查信息的行为称为自省，这是实现诸如 DRY(不要重复自己)等指导原则的系统中的常见策略。

本书的其余章节在提供此类信息的部分包含了许多不同的自省技术。对于那些确实应该保护数据的罕见情况，第 3 和 4 章展示了如何显示数据的私有意图或完全隐藏数据。

2.2　流程控制

一般来说，程序的控制流程是程序在执行过程中采用的路径。更为常见的流程控制的例子是包括序列结构在内的 if、for 和 while 代码块,这些构成了用于管理代码块可能需要的最基本的分支。这些代码块也是 Python 程序员首先要学习的内容,因此本节将重点介绍一些较少使用和未充分利用的流程控制机制。

2.2.1 捕获异常

第 1 章解释了 Python 哲学如何鼓励在违背预期的情况下使用异常,但是异常在不同的场景中往往是不同的。当一个应用程序或模块依赖于另一个应用程序或模块时,这种情况尤为常见,但在单个应用程序中也非常常见。实际上,每当一个函数调用另一个函数时,都可以在被调用函数已经处理异常的基础之上添加自己的异常处理。

异常是通过使用 raise 关键字抛出的,但异常的捕获要稍微复杂一些,因为需要使用关键字的组合。关键字 try 用在你认为可能发生异常的代码块中,而关键字 except 用于标记在引发异常时将要执行的代码块。第一部分很简单,因为 try 不需要附加任何信息,而 except 的最简单形式也不需要任何额外的信息:

```
def count_lines(filename):
    """
    Count the number of lines in a file. If the file can't be
    opened, it should be treated the same as if it was empty.
    """
    try:
        return len(open(filename, 'r').readlines())
    except:
        print('exception error reading the file or calculating lines!')
        # Something went wrong reading the file
        # or calculating the number of lines.
        return 0
myfile=input('Enter a file to open: ')
print(count_lines(myfile))
```

每当在 try 块中引发异常时,就会执行 except 块中的代码。就目前的情况来看,这并没有对可能抛出的众多异常场景作任何区分。换言之,无论发生什么情况,count_lines()函数都始终返回一个数字。然而,实际上很少有人想要这样做,因为许多异常实际上应该传递到调用者(错误不应该永远悄无声息地过去)。值得注意的例子是 SystemExit 和 KeyboardInterrupt,它们通常都会导致程序停止运行。

为了解释代码不应该干预的那些异常以及其他异常,except 关键字可以接收一个或多个应该显式捕获的异常类型。其他任何操作都会被抛出,就像根本没有

try 块一样。这会将 except 块集中于那些绝对应该处理的情况，因此代码只需要处理应该管理的内容。下面对刚才尝试的内容做一些修改，看看效果如何：

```
def count_lines(file_name):
    """
    Count the number of lines in a file. If the file can't be
    opened, it should be treated the same as if it was empty.
    """
    try:
        return len(open(file_name, 'r').readlines())
    except IOError:
        # Something went wrong reading the file.
        return 0
my_file=input('Enter a file to open: ')
print(count_lines(my_file))
```

在将代码更改为显式地接收 IOError 后，仅当从文件系统访问文件出现问题时，except 块才会执行。其他任何错误，如文件名不是字符串，都将在函数之外抛出，由调用堆栈中的其他代码处理。

如果需要捕获多个异常类型，有两种方法。其中最容易的方法，就是简单地捕获一些基类，所有必要的异常都是从这些基类派生出来的。因为异常处理与指定的类及其所有子类匹配，所以当需要捕获的所有类型都有一个公共基类时，这种方法非常有效。在我们的这个例子中，你可能会遇到 IOError 或 OSError，这两者都继承自 EnvironmentError：

```
def count_lines(file_name):
    """
    Count the number of lines in a file. If the file can't be
    opened, it should be treated the same as if it was empty.
    """
    try:
        return len(open(file_name, 'r').readlines())
    except EnvironmentError:
        # Something went wrong reading the file.
        return 0
```

注意　即使我们只对 IOError 和 OSError 感兴趣，EnvironmentError 的所有子类也会被捕获。在本例中，这样做不会有什么问题，因为这是 EnvironmentError 的唯一子类，但通常情况下，需要确保没有捕获太多的异常。

有时候，你可能希望捕获多个不共享公共基类的异常类型，或者将其限制在一个更小的类型列表中。在这些场景下，需要单独指定每种类型，并用逗号进行分隔。在 count_lines()函数中，如果传入的文件名不是有效的字符串，那么很可能引发 TypeError，代码示例如下：

```python
def count_lines(file_name):
    """
    Count the number of lines in a file. If the file can't be
    opened, it should be treated the same as if it was empty.
    """
    try:
        return len(open(file_name, 'r').readlines())
    except (EnvironmentError, TypeError):
        # Something went wrong reading the file.
        return 0
```

如果需要访问异常对象本身，也许是为了以后记录消息，那么可以通过添加带有名字的 as 子句来实现，名字将被绑定到异常对象，示例如下：

```python
import logging

def count_lines(file_name):
    """
    Count the number of lines in a file. If the file can't be
    opened, it should be treated the same as if it was empty.
    """
    try:
        return len(open(file_name, 'r').readlines())
    except (EnvironmentError, TypeError) as e:
        # Something went wrong reading the file.
        logging.error(e)
        return 0
```

兼容性：Python 3.0 版本之前

在 Python 3.0 中，异常的捕获语法变得更加明确，从而减少了一些常见的错误。在旧版本中，Python 用逗号将异常类型与用于存储异常对象的变量分隔开。为了捕获多个异常类型，需要显式地将这些类型封装在圆括号中以形成元组。

因此，当试图捕获两个异常类型但不将值存储在任何位置时，很容易忘记添加圆括号。这不是语法错误，而是只捕获第一种类型的异常，并将值存储在第二种类型的异常的名称之下。例如，except TypeError,ValueError 实际上存储了一个名为 ValueError 的 TypeError 对象。

为了处理这种情况，可以添加 as 关键字，这成为存储异常对象的唯一方法。尽管消除了歧义，但为了清晰起见，仍必须将多个异常封装在元组中。

通过使用多个 except 子句，可允许你以不同的方式处理不同的异常类型。例如，EnvironmentError、OSError 的构造函数可以有选择地接收两个参数、一个错误代码和一条错误消息，将它们组合在一起便形成了完整的字符串表示形式。为了在这种情况下仅记录错误消息，同时正确处理 TypeError，可以使用两个 except子句：

```python
import logging

def count_lines(file_name):
    """
    Count the number of lines in a file. If the file can't be
    opened, it should be treated the same as if it was empty.
    """
    try:
        return len(open(file_name, 'r').readlines())
    except TypeError as e:
        # The filename wasn't valid for use with the filesystem.
        logging.error(e)
        return 0
    except EnvironmentError as e:
        # Something went wrong reading the file.
        logging.error(e.args[1])
        return 0
```

2.2.2　异常链

有时，在处理一个异常时，可能会在处理过程中引发另一个异常。这里可以通过 raise 关键字显式地执行，也可以通过作为其他处理异常的代码隐式地执行。无论采用哪种方式，这种情况都会带来如下问题：到底哪个异常足够重要，足以呈现给应用程序的其余部分？至于如何回答这个问题，取决于代码的布局方式。让我们看一个简单的例子，其中的异常处理部分的代码会打开并写入日志文件。

```python
def get_value(dictionary, name):
```

```
    try:
        return dictionary[name]
    except Exception as e:
        print("exception hit..writing to file")
        log = open('logfile.txt', 'w')
        log.write('%s\n' % e)
        log.close()
names={"Jack":113, "Jill":32,"Yoda":395}
print(get_value(names,"Jackz"))#change to Jack and it runs fine
```

如果在写入日志时出现任何错误，则会引发单独的异常。尽管这个新的异常非常重要，但不要忽视已经触发的那个异常。为了保留原始信息，文件异常有一个名为__context__的新属性，用于保存原始异常对象。每个异常都可能相互引用，从而形成异常链，按顺序表示出错的所有内容。思考一下，对于这里的 logfile.txt 只读文件，当 get_value()失败时会发生什么？

```
get_value({}, 'test')
Traceback (most recent call last):

KeyError: 'test'

During handling of the above exception, another exception occurred:

Traceback (most recent call last):

IOError: [Errno 13] Permission denied: 'logfile.txt'
```

这是一个隐式的异常链，因为异常只通过它们在执行过程中遇到的方式进行关联。有时你自己也会生成异常，你可能需要包含在其他位置生成的异常。一个常见的例子是使用传入的函数验证某值。比如第 3 和 4 章将要讲述的验证函数，无论出现什么问题，都会引发 ValueError。

这是一次形成显式的异常链的很好机会，因此我们可以直接引发 ValueError，同时在后台保留实际的异常。Python 允许这样做，方法是在 raise 语句的末尾包含 from 关键字，示例如下：

```
def validate(value, validator):
    try:
        return validator(value)
    except Exception as e:
        raise ValueError('Invalid value: %s' % value) from e
```

```
def validator(value):
    if len(value) > 10:
        raise ValueError("Value can't exceed 10 characters")
            validate('test', validator)

 validate(False, validator)
 Traceback (most recent call last):
TypeError: object of type 'bool' has no len()

The above exception was the direct cause of the following exception:

Traceback (most recent call last):
  ValueError: invalid value: False
```

因为会将多个异常封装到一个对象中，所以对于究竟是哪个异常在传递，看起来可能比较模糊。需要记住的简单规则是：最近的异常是正在引发的异常，其他异常都可以通过__context__属性获得。通过在新的 try 块中封装这些函数的其中一个函数并检查异常的类型，可以轻松地进行测试，示例如下：

```
try:
    validate(False, validator)
except Exception as e:
    print(type(e))

<class 'ValueError'>
```

2.2.3 当一切顺利的时候

此外，你可能会发现一个复杂的代码块，你需要捕获其中可能突然出现的异常，但之后的代码应该在没有任何错误处理的情况下继续运行。最明显的方法是简单地将此类代码添加到 try/except 块之外。下面展示了如何调整 count_lines()函数来包含 try 块中产生错误的代码，而用于行计数的代码是在处理异常之后执行的。

```
import logging

def count_lines(file_name):
    """
Count the number of lines in a file. If the file can't be
opened, it should be treated the same as if it was empty.
    """

try:
```

```
    file = open(file_name, 'r')
except TypeError as e:
    # The filename wasn't valid for use with the filesystem.
    logging.error(e)
    return 0
except EnvironmentError as e:
    # Something went wrong reading the file.
    logging.error(e.args[1])
    return 0
return len(file.readlines())
```

在这种情况下，函数将会按预期执行，这一切看起来似乎很好。但遗憾的是，由于存在特殊的性质，这个示例具有误导性。因为每个 except 块都会显式地从函数返回一个值，所以只有在没有引发异常的情况下才会执行到错误处理之后的代码。

注意　我们可以在文件打开后直接放置文件读取代码，但如果在这段代码中引发异常，则会使用与打开文件相同的错误处理方式来捕获它们。将它们分离是一种更好地控制整个异常处理方式的方法。你可能还会注意到，在代码的任何地方都没有关闭文件。这将在后面的章节中处理，因为我们将继续展开这个函数。

但是，如果 except 块只是记录了错误并继续运行，那么即使没有任何文件被打开，Python 也会尝试计算文件中的行数。相反，我们需要一种方法来指定一个代码块，让它只有在完全没有引发异常的情况下才能运行。因此，如何执行 except 块并不重要。Python 通过 else 关键字提供了这个特性，从而定义了一个单独的代码块，示例如下：

```
import logging

def count_lines(filename):
    """
    Count the number of lines in a file. If the file can't be
    opened, it should be treated the same as if it was empty.
    """
    try:
        file = open(filename, 'r')
    except TypeError as e:
        # The filename wasn't valid for use with the filesystem.
        logging.error(e)
```

```
        return 0
    except EnvironmentError as e:
        # Something went wrong reading the file.
        logging.error(e.args[1])
        return 0
    else:
        return len(file.readlines())
```

注意 引发异常并不是告诉 Python 避免 else 块的唯一途径。如果函数在 try 块内的任意地方返回值，Python 将按照指示返回该值，从而完全跳过 else 块。

2.2.4 继续执行，无论异常如何

在执行某种类型的设置或资源分配时，许多函数在将控制权返回到外部代码之前，必须清除这些设置或资源分配。在出现异常时，代码清理可能并不总是执行，这可能会使文件或套接字处于打开状态，或者在不再需要大型对象时仍将它们留在内存中。

为了解决这个问题，Python 还允许使用 finally 块，finally 块会在每次关联的 try、except 和 else 块执行完之后执行。因为 count_line()打开了一个文件，所以最好的做法是将文件显式地关闭，而不是等待由垃圾回收机制进行处理。使用 finally 块提供了一种确保文件始终处于关闭状态的方法。

还有一件事需要考虑。到目前为止，count_line()只可以在尝试打开文件的时候预测异常，尽管在读取文件时会出现 UnicodeDecodeError(第 7 章会介绍 Unicode 以及 Python 是如何处理 UnicodeDecodeError 的)。为了捕获这个新异常，有必要将 readlines() 调用移回 try 块中，但我们仍然可以将行计数代码留在 else 块中，示例如下：

```
import logging

def count_lines(file_name):
    """
    Count the number of lines in a file. If the file can't be
    opened, it should be treated the same as if it was empty.
    """
    file = None # file must always have a value
    try:
        file = open(file_name, 'r')
        lines = file.readlines()
    except TypeError as e:
        # The filename wasn't valid for use with the filesystem.
```

```
        logging.error(e)
        return 0
    except EnvironmentError as e:
        # Something went wrong reading the file.
        logging.error(e.args[1])
        return 0
    except UnicodeDecodeError as e:
        # The contents of the file were in an unknown encoding.
        logging.error(e)
        return 0
    else:
        return len(lines)
    finally:
        if file:
        file.close()
```

当然，在如此简单的 count_lines()函数中不太可能有这么多的错误处理代码。它们的存在只是因为我们希望在出现任何错误时返回 0。在现实世界中，更大可能是让异常在 count_lines()之外运行，让其他代码负责处理异常。

技巧：使用 with 块可以使一些处理变得更简单，本章稍后将对此进行介绍。

2.2.5 优化循环

在大多数类型的代码中，各种各样的循环是非常常见的，确保它们能够尽可能高效地运行是很重要的。本章后面的迭代部分会介绍大量的方法来优化任何循环的设计，第 5 章将解释如何控制 for 循环的行为。与之不同的是，这一节将重点放在 while 循环的优化上。

通常，while 被用于检查循环过程中可能发生变化的条件，一旦条件计算为 false，就可以跳出循环体。当条件太复杂而无法提取为单个表达式时，或由于异常而导致循环被破坏时，更有意义的做法是始终保持 while 表达式为 true，并且在适当时使用 break 语句结束循环。

尽管任何计算结果为 true 的表达式都会产生预期的效果，但也可以使用特定的值来表示，从而使其变得更好。Python 知道真值将始终计算为 true，因此在后台进行了一些额外的优化来加速循环。从本质上讲，甚至都不需要每次都检查条件，而只是无限期地在循环体中执行代码，直至遇到异常、break 语句或 return 语句：

```
def echo():
```

```
    """Returns everything you type until you press Ctrl-C"""

    while True:
        try:
            print(input'Type Something or CTRL C to exit: ')
        except KeyboardInterrupt:
            print() # Make sure the prompt appears on a new line.
            print('bye for now...:')
            break
echo()
```

2.2.6　with 语句

本章前面介绍的 finally 块是一种在函数之后进行清理的便捷方法，但有时这是首先使用 try 块的唯一原因。有时候，你不想无视任何异常，但无论发生什么，你都想确保清理代码的执行。如果只处理异常，更为简单的 count_lines()版本可能是下面这样的：

```
def count_lines(file_name):
    """Count the number of lines in a file."""

    file = open(file_name, 'r')
    try:
        return len(file.readlines())
    finally:
        file.close()
```

如果文件无法打开，那么将在进入 try 块之前引发异常，而其他可能出错的内容将在 try 块内部执行，这将导致 finally 块清理文件。遗憾的是，为此使用异常处理系统是一种浪费。于是 Python 提供了另一个选项—— with 语句，with 语句与异常处理相比还具有一些其他优势。

with 关键字可以用来启动一个新的代码块，就像 try 一样，但目的却是截然不同的。通过使用 with 块，你将定义一个特定的上下文，并在该上下文中执行代码块的内容。然而美妙之处在于，你在 with 语句中提供的对象将用来确定上下文的含义。

例如，可以在 with 语句中使用 open()运行文件的上下文中的某些代码。在这种情况下，with 还提供了 as 子句，进而允许在当前上下文中执行时返回一个对象以供使用。以下是利用所有这些内容重构出的新版 count_line()：

```
def count_lines(file_name):
```

```
"""Count the number of lines in a file."""

with open(file_name, 'r') as file:
    return len(file.readlines())
```

切换成使用 with 语句后, count_lines()中的代码实际上就只剩下这些了。异常处理由管理 with 语句的代码完成, 而文件的关闭行为实际上是由文件本身通过上下文管理器提供。上下文管理器是一种特殊的对象, 它知道 with 语句并且能够准确地定义要在上下文中执行的代码的含义。

简而言之, 上下文管理器有机会在 with 语句执行之前运行自己的代码, 在完成后额外地运行一些清理代码。确切地说, 在每一个阶段发生的事情都是不同的。在这里, with 语句会打开文件, 并在代码块执行完毕时自动关闭文件。

对于文件, 上下文显然总是围绕打开的文件对象, 这使得 as 子句中的代码块可以使用给定的名称。然而有时上下文完全是环境自身的, 因此在执行期间不需要使用这样的对象。为了支持这些情况, as 子句是可选的。

事实上, 甚至可以在打开的情况下不使用 as 子句, 这并不会导致任何错误。当然, 也不会将文件提供给代码, 虽然几乎没用, 但是 Python 并没有阻止你这样做。如果包含了 as 子句, 而 as 子句使用了上下文管理器, 但上下文管理器没有提供对象, 那么定义的变量将被简单地填充为 None, 因为如果未指定其他值, 那么所有函数都会返回 None。

Python 中有多个上下文管理器, 其中一些将在本书的其余章节中做详细介绍。此外, 第 5 章将展示如何编写自己的上下文管理器, 以便可以根据代码的需求自定义上下文的行为。

2.2.7 条件表达式

通常, 你可能发现自己需要访问两个值中的一个, 而使用哪个值取决于表达式的求值结果。例如, 如果给出的值超出某个特定值, 就向用户显示一个特定的字符串, 否则显示另一个不同的字符串。通常, 可使用 if/else 组合来完成这种任务, 如下所示:

```
def test_value(value):
    if value < 100:
        return 'The value is just right.'
    else:
        return 'The value is too big!'
print(test_value(55))
```

与其写成四行，不如用条件表达式压缩成一行。通过将 if 和 else 代码块转换为表达式中的子句，Python 可以更简洁地实现同样的效果：

```
def test_value(value):
    return 'The value is ' + ('just right.' if value < 100 else 'too
big!')
    print(test_value(55))
```

可读性计数

如果已经习惯了其他编程语言中的这种行为，那么 Python 中的顺序最初看起来可能不太常见。其他语言，如 C++，实现了某种形式的"表达式？value_1：value_2"。也就是说，首先是要测试的表达式，表达式为 true 时可以使用 value_1，表达式为 false 时可以使用 value_2。

相反，Python 试图使用一种更明确的形式来描述实际的情况。Python 期望表达式在大多数情况下都是 true，因此这里首先出现的是关联的值，其次是表达式，最后是表达式为 false 时可以使用的值。这会将整个语句考虑在内，如果根本没有表达式，就将更为常见的值放在可能的位置。例如，你最终会得到 return value … and x = value …

因为表达式是随后附加的，所以强调的概念是：表达式只是第一个值的限定条件。每当表达式为真时，会使用第一个值；否则，就会使用另一个值。如果习惯了另一种编程语言，这看起来可能有点奇怪。

这里还有一种方法，就是习惯性地模拟前面描述过的条件表达式的行为，这通常出现在安装了 Python 旧版本(其中的 if/else 表达式还不可用)的环境中。许多程序员依赖于 and 和 or 运算符的行为，而这些运算符可以用来做一些非常相似的事情。下面展示了如何仅使用这两个运算符重写上一个示例：

```
def test_value(value):
    return 'The value is'+ (value < 100 and 'just right.' or 'too big!')
```

这使得组件的顺序更符合其他编程语言中使用的形式。对于习惯使用这些语言的程序员来说，这种表达形式可能会让他们觉得更加舒服，而且确实可以保持与旧版 Python 的兼容性。但遗憾的是，这会带来隐藏的危险，这种危险往往是未知的，直到破坏了几乎没有任何解释的正常运行的程序。为了了解原因，让我们来看看到底发生了什么。

在许多语言中，and 运算符的工作方式与&&运算符类似，检查运算符左边的值是否计算为 true。如果不是，就将值返回到左边；否则，左边的值将被计算或返回。因此，如果将值 50 传递给 test_value()，则左边的计算结果为 true，and 子句的计算结果为字符串'just right'。考虑到这个过程，代码应该是这样的：

```
return 'The value is ' + ('just right.' or 'too big!')
```

从这里开始，or 运算符的工作方式与 and 类似，检查左边的值是否计算为 true。不同之处在于，如果值为 true，则返回该值，甚至根本不计算运算符右边的值。

相比之下，如果传递给 test_value()函数的值是 150，那么行为就会改变。因为 150<100 的计算结果为 false，所以 and 运算符返回该值，而不计算右边的值。在这种情况下，得到的表达式如下：

```
return 'The value is ' + (False or 'too big!')
```

所以，or 运算符会返回右边的值'too big!'。这种行为导致很多人依赖 and/or 组合来表达条件语句。但是，你注意到了产生的问题吗？这里所做的假设之一在许多情况下会导致这里的整个系统崩溃。

当 and 子句的左边为 true 时，问题出在 or 子句中。在这种情况下，or 子句的行为完全取决于运算符左边的值。在这里，由于是一个非空字符串，因此计算结果总是为 true。但是，如果提供一个空的字符串、数字 0 甚至一个可能包含在代码执行之前无法确定的值的变量，会发生什么呢？

实际上会发生的是，and 子句的左边计算结果为 true，而右边计算结果为 false，因此 and 子句的最终结果为 false。而当对 or 子句求值时，左边为 false，因此将返回右边的值。最终，无论运算符左边表达式的值如何，都始终将值返回到 or 运算符的右边。

因为没有引发异常，所以在代码中并没有产生任何实际破坏。相反，看起来只是表达式中的第一个值为 false，因为返回的正是这种情况下期望的值。这可能导致你去尝试调试定义该值的任何代码，而不是去查看真正的问题——两个运算符之间的值。

2.3 迭代

查看序列通常有两种方式：一种是访问项的集合，另一种是一次访问单个项。这两者并不是相互排斥的，但是为了理解每种情况下可用的不同特性，将它们分开是很有用的。当作为整体处理集合时，要求所有元素同时加载到内存中，但是一次访问单个项通常可以更有效地完成。

迭代指的就是这种更有效的遍历集合的形式：一次只处理一项，然后转到下一项。迭代对于任何类型的序列都是一种选择，但真正的优势在于特殊类型的对象，它们不需要一次加载内存中的所有内容。这方面的典型示例是 Python 的内置函数 range()，该函数可在给定范围的整数上进行迭代：

```
>>>for x in range(5):
    print(x)
0
1
2
3
4
```

乍一看，range()可能会返回一个包含适当值的列表，但实际上并非如此。这表明，可以单独检查 range()的返回值，而不是对它进行迭代：

```
>>>range(5)
>>>range(0, 5)
>>>list(range(5))
[0, 1, 2, 3, 4]
```

range 对象本身不包含序列中的任何值。相反，在迭代过程中按需一次生成一个值。如果确实想要一个可以添加或删除项的列表，那么可以通过将 range 对象传递给一个新的 list 对象来进行转换。由于是在内部迭代，就像 for 循环一样，因此对于生成的列表来说，使用的值与在迭代 range 对象本身时可用的值相同。

第 5 章会展示如何编写自己的可迭代对象，这些对象的工作方式类似于 range 对象。除了提供可迭代对象之外，还有许多方法可用来对这些对象进行迭代。for 循环是最明显的技术，但 Python 还提供了其他形式的语法，本节将对此进行概述。

2.3.1 序列解包

通常，可以一次为一个变量分配一个值，因此当拥有一个序列时，可以把整个序列分配给一个变量。如果序列很小并且知道序列中有多少个元素以及每个元素都是什么，那么作用相当有限，因为通常只会单独访问每个元素，而不是将它们作为序列来处理。

这在使用元组时尤为常见，在元组中，序列通常具有固定的长度，并且序列中的每个元素都具有预先确定的含义。这种类型的元组也是从一个函数返回多个值的首选方法，这使得将它们作为序列进行处理会变得更加麻烦。理想情况下，应该能够在获取函数的返回值时将它们作为单独的项直接检索。

为了实现这一点，Python 支持一种称为序列解包的特殊语法。与其指定单个名称去分配值，不如在=运算符的左侧指定多个名称作为元组进行赋值。这将导致 Python 解压出运算符右侧的序列，将每个值赋给左侧的相关名称：

```
>>> 'propython.com'.split('.')
['propython', 'com']
>>> components = 'propython.com'.split('.')
>>> components
['propython', 'com']
>>> domain, tld = 'propython.com'.split('.')
>>> domain
'propython'
>>> tld
'com'
>>> domain, tld = 'www.propython.com'.split('.')
Traceback (most recent call last):
  ...
ValueError: too many values to unpack
```

在这个例子中，最后出现的错误表明了这种方法的唯一重要的限制：要分配的变量的数量必须与序列中的元素数量相匹配。如果它们不匹配，Python 将无法正确赋值。但是，如果将元组视为类似于参数的列表，那么另有方法可用。

如果在变量列表中的最后一个名称前添加星号，Python 将保留一个列表，这个列表不能放入其他变量的值。结果列表存储在最后一个变量中，因此仍然可以指定一个序列，该序列包含的项比用于保存这些项的显式变量还要多。仅当序列中的元素多于要分配给的变量时，这种方法才有效。否则，你仍然会遇到前面显示的 TypeError：

```
>>> domain, *path = 'propython.com/example/url'.split('/')
>>> domain
'propython.com'
>>> path
['example', 'url']
```

注意　第 3 章会展示类似的语法如何应用于函数参数。

2.3.2　列表解析式

当序列中的元素多于实际需要时，生成一个新的列表并仅仅添加满足特定条件的项通常很有用。有几种方法可以做到这一点，最明显的是使用一个简单的 for循环，依次添加每一项：

```
>>> output = []
>>> for value in range(10):
...     if value > 5:
...         output.append(str(value))
...
>>> output
['6', '7', '8', '9']
```

尽管这是一种非常常见的方法，但遗憾的是，这会为代码增添四行以及两级缩进。为此，Python 提供了一种更为简洁的语法，允许将以上代码的三个主要要素表示为一行：

- 用于检索值的序列。
- 用于确定是否应包含值的表达式。
- 用于向新列表提供值的表达式。

这些都被组合成一种称为列表解析式的语法。当使用这种结构重写上一个示例时，结果看起来是这样的(为清晰起见，这种结构的三个基本部分已突出显示)：

```
>>> output = [str(value) for value in range(10) if value > 5]
>>> output
['6', '7', '8', '9']
```

如你所见，整个结构的三个基本部分已经稍微重新排列，最终值的表达式放在第一位，然后是迭代，最后是用于决定包含哪些元素的条件。你也许考虑过将包含新列表的变量视为结构的第四部分，但是由于解析式实际上只是一个表达式，因此不需要给它分配名字。解析式可以很容易地用来把一个列表输入一个函数中：

```
>>> min([value for value in range(10) if value > 5])
6
```

当然，这似乎违背了之前指出的关于迭代的全部要点。毕竟，这个解析式返回了一个完整的列表，只有当使用 min()处理这些值时，这个列表才会被丢弃。对于这些场景，Python 给我们提供了另一个选项：生成器表达式。

2.3.3 生成器表达式

与基于特定的标准创建一个完整的列表不同,在这个过程中利用迭代的功能通常更为有用。可以将解析式用圆括号括起来,而不是用方括号括起来(方括号表示创建了一个合适的列表),这样就可以创建一个生成器。下面是实际运行效果:

```
>>> gen = (value for value in range(10) if value > 5)
>>> gen
<generator object <genexpr> at 0x...>
>>> min(gen)
6
>>> min(gen)
Traceback (most recent call last):
  ...
ValueError: min() arg is an empty sequence
>>> min(value for value in range(10) if value > 5)
6
```

这里发生了一些事情,如果看到了输出,那么理解起来会容易些,这样就有了一个参考框架。首先,生成器实际上只是一个可迭代的对象,不必使用显式接口来创建生成器。第 5 章将展示如何手动创建迭代器,以及如何创建更加灵活的生成器,但生成器表达式是处理它们的最简单方法。

当创建生成器(无论是生成器表达式还是其他的形式)时,无法立即访问序列。生成器对象还不知道需要迭代哪些值,直到真正开始生成这些值时才会知道。因此,如果只是查看或检查而不迭代生成器,你将无法访问整个范围的值。

为了检索这些值,你所需要做的就是像往常一样迭代生成器,它会很乐意根据需求输出值。这一步骤会隐式地在许多内置函数中执行,比如 min()。如果这些内置函数能够在不构建完整列表的情况下运行,那就可以使用生成器极大地提高性能,而不是使用其他选项。即便确实需要创建一个新的列表,你也不会因为延迟到函数真正需要创建它时而损失任何东西。

但是请注意,如果在生成器上迭代两次,会发生什么?进行第二次迭代时,你将得到错误,这是因为你传递了一个空的序列。请记住,生成器并不包含所有值,而只是在需要时才对它们进行迭代。一旦迭代完成,并且没有更多的值需要迭代,生成器不会重新启动。相反,在每次调用后,都只会返回一个空的序列。

这种行为的背后有两个主要原因。首先,应该如何重新启动序列并不总是很明显。一些迭代器，如 range()，确实有一种明显的方法来重新启动它们自身，它们会在多次迭代时重新启动。遗憾的是，因为有很多种方法可用来创建生成器和迭代器，所以决定何时以及如何重置序列将取决于迭代器本身。第 5 章将更详细地解释这种行为，以及如何根据自己的需要来加以定制。

其次，并不是所有的序列在完成后都应该重置。例如，你可以实现一个接口，用于在活跃用户的集合中循环，这些活跃用户的集合可能会随着时间的推移而改变。一旦完成可用用户的迭代，代码就不应该简单地一次又一次地将它们重置为相同的序列。这组不断变化的用户，本质上意味着 Python 本身不可能通过猜测来控制它们。相反，这种行为应由更复杂的迭代器控制。

关于生成器表达式，最后要指出的一点是：尽管它们必须总是用圆括号括起来，但这些圆括号并不总是表达式所特有的。在本节示例的最后一个表达式中，只是使用函数调用中的圆括号来包含生成器表达式，这样也可以很好地工作。

这种形式起初看起来可能有点奇怪，但在这个简单的例子中，却可以避免使用一组额外的括号。如果生成器表达式只是多个参数中的一个，或者只是更复杂表达式的一部分，那么仍然需要对生成器表达式本身用括号显式地包裹起来，以确保 Python 明白你的意图。

2.3.4　集合解析式

集合在构造上与列表非常相似，因此可以使用与序列基本相同的方法，通过使用解析式来构建集合。两者之间显著的唯一区别是，这里使用大括号来替代表达式两边的圆括号：

```
>>> {str(value) for value in range(10) if value > 5}
{'6', '7', '8', '9'}
```

注意　与序列不同的是，集合是无序的，因此不同的平台可能以不同的顺序展示元素。唯一可以保证的是，无论平台如何，相同的元素都将出现在一个集合中。

2.3.5　字典解析式

字典也可以看作序列的一种形式，但其中的每一项实际上是一组键值对。反映到文字形式中，就是通过使用冒号将每个键与值分开。

因为冒号是区分字典语法和集合语法的因子，所以相同的冒号也可以将字典解析式与集合解析式区分开。在通常包含单个值的情况下，只需要提供一个键/值对，并用冒号分隔。剩下的字典解析式遵循与其他类型解析式相同的规则：

```
>>> {value: str(value) for value in range(10) if value > 5}
{8: '8', 9: '9', 6: '6', 7: '7'}
```

注意　请记住，字典是无序的，因此它们的键很像集合。如果需要一个包含可靠排序键的字典，请参阅本章后面的 2.4.3 节"有序字典"。

2.3.6　将迭代器链接在一起

在大多数情况下，使用一个迭代器就已经足够了，但有时需要一个接一个地访问，对每个迭代器执行相同的操作。简单的方法是使用两个单独的循环，并为每个循环复制代码块。符合逻辑的下一步动作是将代码重构为函数，但是现在你有了额外的函数调用，并且实际上只需要在循环内完成。

为了解决这个问题，Python 提供了 chain()函数，并将其作为 itertools 模块的一部分。itertools 模块中包含了许多用途不同的实用程序，稍后将介绍其中的一些。对于 chain()函数，特别之处在于，它可以接收任意数量的迭代器，并返回一个新的生成器，该生成器将依次迭代每个迭代器：

```
>>> import itertools
>>> list(itertools.chain(range(3), range(4), range(5)))
[0, 1, 2, 0, 1, 2, 3, 0, 1, 2, 3, 4]
```

2.3.7　将迭代器压缩在一起

涉及多个迭代器的另一个常见操作是将它们并排合并在一起。来自每个迭代器的第一项将组合在一起形成一个元组，作为新生成器返回的第一个值；而来自每个迭代器的所有第二项都成为生成器中第二个元组的一部分；依此类推。内置函数 zip()为我们提供了此功能：

```
>>> list(zip(range(3), reversed(range(5))))
[(0, 4), (1, 3), (2, 2)]
```

请注意，即使第二个迭代器有五个值，在结果序列中也只包含三个值。当给定不同长度的迭代器时，zip()取的是最小公分母。从本质上讲，zip()要确保结果序列中每个元组的值与将要结合在一起的迭代器的数量完全相同。一旦最小的序列用完，zip()就会停止查找其他序列。

这种功能在创建字典时特别有用，因为一个序列可以提供键，而另一个序列可以提供值。使用 zip()可以将它们连接在一起，形成正确的配对，然后可以将它们直接传递给 dict()函数。在下面的例子中，ASCII 表中的 97 对应小写字母 a，98

对应小写字母 b，直到数字 102。map()函数用于迭代一组值，并使用 zip()进行配对以构建字典：

```
>>> keys = map(chr, range(97, 102))
>>> values = range(1, 6)
>>> dict(zip(keys, values))
{'a': 1, 'c': 3, 'b': 2, 'e': 5, 'd': 4}
```

2.4　容器数据类型

Python 发行版中有许多众所周知的对象，它们作为标准库的一部分，是可用于所有模块的内置函数。整数、字符串、列表、元组和字典之类的对象在几乎所有 Python 程序中十分常用；但是包括集合、命名元组和一些特殊类型的字典在内的其他对象，不仅使用频率较低，并且对于那些还不需要使用它们的人来说，会感到陌生。

其中一些是始终可用于每个模块的内置类型，而另一些是包含在每个 Python 安装中的标准库的一部分，还有更多由第三方应用程序提供的功能(其中一些已经广泛安装了)，但是本节将只介绍 Python 本身包含的那些对象。

2.4.1　集合

通常，对象的组合在 Python 中由元组和列表表示，但是集合提供了另一种方法来处理相同的数据。从本质上讲，集合的工作方式与列表非常相似，但不允许出现重复的值，这有助于识别集合中的唯一对象。例如，下面这个简单的函数揭示了如何使用集合来确定在给定的字符串中使用的字母：

```
>>> def unique_letters(word):
...     return set(word.lower())
...
>>> unique_letters('spam')
{'a', 'p', 's', 'm'}
>>> unique_letters('eggs')
{'s', 'e', 'g'}
```

请注意以下几点：
- 首先，内置的 set(集合)类型采用序列作为参数，集合使用在序列中找到的所有唯一元素填充自己。这适用于任何序列，例如以上示例中展示的字符串以及列表、元组、字典的键或自定义的可迭代对象。
- 其次，在集合中，元素的排序方式与它们在原始字符串中出现的顺序不同。

集合只关心成员资格。虽然会跟踪集合中的元素，但却没有任何排序的概念。如果需要排序，那么可能无论如何都想要一个列表，这似乎成了限制。当只需要知道某个元素是否为集合的成员，而不考虑该元素在集合中的位置及其以其他方式出现的次数时，使用集合是非常有效的。

- 最后，必须留意在交互式 shell 中显示集合时呈现的表示形式。由于这些表示形式的格式与你可以在源文件中输入的格式相同，因此它们指示了在代码中将集合声明为文字的语法。虽然看起来非常类似于字典，但没有任何与键相关的值。这实际上是一种相当准确的类比，因为集合的工作原理非常类似于字典中键的集合。

由于集合的设计目的不同于序列和字典，因此可用的操作和方法可能与你习惯的略有不同。不过，首先让我们看看集合与其他数据类型相关的行为方式。也许集合最常见的用途是确定成员资格，这也是列表和词典都需要经常完成的任务之一。本着与期望相匹配的精神，我们将使用 in 关键字，这与其他类型相似：

```
>>> example = {1, 2, 3, 4, 5}
>>> 4 in example
True
>>> 6 in example
False
```

此外，我们还可以对集合添加或删除元素。列表的 append() 方法不适合于集合，因为是在末尾添加元素，所以意味着集合中元素的顺序很重要。由于集合根本不关心排序，因此可以使用 add() 方法，该方法能确保指定的元素最终出现在集合中。如果该元素已经在集合中，则 add() 方法不执行任何操作；否则 add() 方法就将该元素添加到集合中，因此集合中永远不会有任何重复的元素：

```
>>> example.add(6)
>>> example
{1, 2, 3, 4, 5, 6}
>>>
>>> example
{1, 2, 3, 4, 5, 6}
```

字典提供了 update() 方法，该方法可以将新字典的内容添加到已有的字典中。集合也有 update() 方法，可用于执行相同的任务，如下所示：

```
>>> example.update({6, 7, 8, 9})
>>> example
```

```
{1, 2, 3, 4, 5, 6, 7, 8, 9}
```

从集合中移除元素也有几种不同的方法，每种方法都对应于不同的需求。与 add()方法对应的是 remove()方法，remove()方法用于从集合中移除特定的元素。如果该元素一开始就不在集合中，则会引发 KeyError，如下所示：

```
>>> example.remove(9)
>>> example.remove(9)
Traceback (most recent call last):
  ...
KeyError: 9
>>> example
{1, 2, 3, 4, 5, 6, 7, 8}}
```

然而在大多数情况下，元素此前是否已经在集合中并不重要，我们只关心执行完操作后元素在不在集合中。为此，集合还提供了 discard()方法，工作原理与 remove()类似，但如果指定的元素不在集合中，则不会引发异常。

```
>>> example.discard(8)
>>> example.discard(8)
>>> example
{1, 2, 3, 4, 5, 6, 7}
```

当然，remove()和 discard()方法都假设你已经知道要从集合中删除什么。要简单地从集合中删除任何元素，请使用 pop()方法，该方法同样是从列表 API 借用的，但略有不同。由于集合不是显式排序的，因此对于要弹出的元素，集合没有真正的队尾。相反，集合的 pop()方法会随机选择一个元素并返回，以便在集合之外使用，如下所示：

```
>>> example.pop()
1
>>> example
{2, 3, 4, 5, 6, 7}
```

最后，还可以一次性删除所有元素，并将集合重置为空状态。clear()方法适用于此场景，代码示例如下：

```
>>> example.clear()
>>> example
set()
```

注意 空集合的表示形式是 set()而不是{}，因为 Python 需要维护(保持)集合和字典之间的区别。为了保持与引入集合文字之前编写的旧代码的兼容性，空的花括号仍然专用于字典。

除了原地修改内容这种方法外，Python 还提供了将两个集合以某种方式进行组合以返回新集合的方法。其中最常见的是 union()，该方法会将两个集合的内容连接在一起，因此产生的新集合将包含两个原始集合中的所有元素。本质上与使用 update()方法相同，不同之处在于 union()方法没有更改任何原始集合。

两个集合的并集操作很像按位 OR 运算，并且与用于按位 OR 运算时使用的方法相同——比较每个字节，因此 Python 使用了管道字符(|)。此外，对于集合使用 union()方法提供的功能，可以从涉及的任一集合中调用：

```
>>> {1, 2, 3} | {4, 5, 6}
{1, 2, 3, 4, 5, 6}
>>> {1, 2, 3}.union({4, 5, 6})
{1, 2, 3, 4, 5, 6}
```

与并集操作相反的逻辑是交集，计算的结果是原始集合中所有公共元素的集合。同样，这类似于按位操作，但这一次是按位 AND，并且 Python 再次使用&符号来表示与集合相关的操作。集合还提供了 intersection()方法，可用于实现相同的目的：

```
>>> {1, 2, 3, 4, 5} & {4, 5, 6, 7, 8}
{4, 5}
>>> {1, 2, 3, 4, 5}.intersection({4, 5, 6, 7, 8})
{4, 5}
```

你还可以确定两个集合之间的差集，计算的结果会包含第一个集合中的所有元素，但不包含另一集合中的元素。由于是从一个集合中删除另一个集合的内容，工作方式非常类似于减法，因此 Python 使用减法运算符(−)来执行差集操作，同时提供了 difference()方法：

```
>>> {1, 2, 3, 4, 5} − {2, 4, 6}
{1, 3, 5}
>>> {1, 2, 3, 4, 5}.difference({2, 4, 6})
{1, 3, 5}
```

除了基本差集之外，Python 中的集合还提供了一种变体，称为对称差集，对称差集使用的是 symmetric_difference()方法，得到的结果会包含两个集合中所有不同时出现在两个集合中的公共元素。这相当于按位进行异或运算，通常称为

XOR。由于 Python 在其他地方使用插入符号(^)表示 XOR 操作，因此为集合使用相同的运算符，就可以与 symmetric_difference()方法达到相关的效果，示例如下：

```
>>> {1, 2, 3, 4, 5} ^ {4, 5, 6}
{1, 2, 3, 6}
>>> {1, 2, 3, 4, 5}.symmetric_difference({4, 5, 6})
{1, 2, 3, 6}
```

最后，你还可以确定一个集合中的所有元素是否也存在于另一个集合中。如果一个集合包含另一个集合的所有元素，那么第一个集合将被认为是另一个集合的超集。反之，如果第一个集合的所有元素都包含在第二个集合中，那么即使第二个集合包含更多的元素，也意味着第一个集合是第二个集合的子集。

可进行测试以确定一个集合是另一个集合的子集还是超集，测试可分别通过 issubset()和 issuperset()两个方法来执行。可以手动执行相同的测试，方法是从另一组中减去这个集合，然后检查是否还有剩余元素。如果没有任何剩余元素，则集合的计算结果为 False，第一个集合肯定是第二个集合的子集，而测试超集就像在操作中交换两个集合一样简单。使用这些方法可以避免创建新的集合，目的是将测试简化为布尔计算，示例如下：

```
>>> {1, 2, 3}.issubset({1, 2, 3, 4, 5})
True
>>> {1, 2, 3, 4, 5}.issubset({1, 2, 3})
False
>>> {1, 2, 3}.issuperset({1, 2, 3, 4, 5})
False
>>> {1, 2, 3, 4, 5}.issuperset({1, 2, 3})
True

>>> not ({1, 2, 3} - {1, 2, 3, 4, 5})
True
>>> not ({1, 2, 3, 4, 5} - {1, 2, 3})
False
```

注意 通过观察使用减法确定子集和超集的操作，你可能会注意到两个相同的集合相减总是得到一个空集，并且两个集合的顺序是无关的。这是正确的，因为{1, 2, 3} – {1, 2, 3}始终为空，所以每个集合都是另一个集合的子集和超集。

2.4.2 命名元组

字典非常有用，但有时你可能不需要太大的灵活性，比如你可能有一组固定的可用键。于是 Python 提供了命名元组，它为我们提供了一些与字典相同的功能，因为实例中不需要包含任何键，而只需要包含与它们关联的值，所以它们的效率更高。

命名元组由 collections 模块中的工厂函数 namedtuple()创建。namedtuple()函数的返回值是一个新类，而不是单个对象，该类是为给定的一组名称定制的。namedtuple()函数的第一个参数是 tuple 类本身的名称，第二个参数则不那么直观。namedtuple()函数的参数是由空格或逗号分隔的一串属性名称:

```
>>> from collections import namedtuple
>>> Point = namedtuple('Point', 'x y')
>>> point = Point(13, 25)
>>> point
Point(x=13, y=25)
>>> point.x, point.y
(13, 25)
>>> point[0], point[1]
(13, 25)
```

命名元组是元组和字典之间的一种有效权衡，许多需要返回多个值的函数使用它可以尽可能地发挥作用。使用命名元组时不必填充整个字典，就可以通过有用的名称(而非整数索引)来引用值。

2.4.3 有序字典

如果曾经迭代过字典的键或将其内容输出到交互式提示符(如本章前面所做的那样)，你就会注意到字典的键并不总是遵循一定的规律。有时它们可能看起来像是按数字或字母顺序排列，但有时却又是完全随机的。

字典的键就像集合一样被认为是无序的。尽管偶尔会出现一些有序模式，但这些仅仅是实现的副产品，并没有正式被定义。不仅从一个字典到另一个字典的排序不一致，在使用不同的 Python 实现(如 Jython 或 IronPython)时，还会有更多的变化。

在大多数情况下，你真正想从字典中寻找的是一种将特定键映射到关联值的方法，因此键的顺序是无关紧要的。但有时需要以有序的方式迭代这些键。为了同时兼顾这两方面，Python 通过 collections 模块提供了 OrderedDict 类，该类提供了字典的所有功能，同时提供了有序的字典结构:

```
>>> from collections import OrderedDict
>>> d = OrderedDict((value, str(value)) for value in range(10) if
        value > 5)
>>> d
OrderedDict([(6, '6'), (7, '7'), (8, '8'), (9, '9')])
>>> d[10] = '10'
>>> d
OrderedDict([(6, '6'), (7, '7'), (8, '8'), (9, '9'), (10, '10')])
>>> del d[7]
>>> d
OrderedDict([(6, '6'), (8, '8'), (9, '9'), (10, '10')])
```

如你所见，使用有序字典可以生成正确排序的字典，即使添加和删除条目也依然不会影响字典的正确排序。

注意　在这里给出的示例中，字典的值是使用生成器表达式提供的。如果提供了标准字典，那么提供的值在进入有序数据库之前是无序的，数据库将假定这个顺序是有意义的并保留。如果将值作为关键字参数，也会发生这种情况，因为它们在内部是作为常规字典传递的。对于有序字典，最好使用标准序列，例如列表或生成器表达式。

2.4.4　带有默认值的字典

使用字典的另一种常见模式是，在映射中找不到某个键时就假定默认值。可以通过显式捕获访问键时引发的 KeyError 来获取默认值或使用 get()方法来获取(get()方法可以在没有找到键的情况下返回合适的默认值)。使用字典跟踪每个单词在某些文本中出现的次数就是一个很好的例子：

```
def count_words(text):
    count = {}
    for word in text.split(' '):
        current = count.get(word, 0) # Make sure we always have a number
        count[word] = current + 1
    return count
```

collections 模块提供了 defaultdict 方法来处理该情况，而不必额外调用 get()方法。在调用 defaultdict 方法时，可以传入一个可调用的参数，当请求的键不存在时，就调用该参数创建新值。在大多数情况下，只需要提供内置类型即可。在 count_words()中，我们可以使用 int 类型：

```
from collections import defaultdict

def count_words(text):
    count = defaultdict(int)
    for word in text.split(' '):
        count[word] += 1
    return count
```

基本上，任何可调用的类型都可以使用，但是内置类型往往可以为你提供最佳的默认值。使用 list 会得到一个空的列表，使用 str 会返回一个空的字符串，使用 int 会返回 0，使用 dict 会返回一个空的字典。如果有更特殊的需求，那么任何不带参数的可调用函数都可以使用。第 3 章将要介绍的 lambda 函数就非常适合于这种场景。

2.5 导入代码

复杂的 Python 应用程序通常由许多不同的模块组成，这些模块通常被分成多个包，以提供粒度更细的命名空间。这样，你就可以简单地将代码从一个模块导入另一个模块，另外，还可以将一些额外的功能用于更具体的情况。

2.5.1 回退(备用)导入

到目前为止，你已经看到了 Python 在几种不同场景下的变化，有时甚至是以向后不兼容的方式变化的。当模块被移动或重命名时，Python 偶尔会发生变化，但在本质上仍与以前的功能完全相同。若仍然想使用它们，只需要更改导入位置即可，但通常需要在更改前后保持版本的兼容性。

这个问题的解决方案是，利用 Python 的异常处理来确定模块是否存在于新的位置。像任何其他语句一样，导入是在运行时处理的，因此可以将它们封装在一个 try 块中。如果导入失败，将抛出 ImportError 异常并捕获它。下面的例子演示了在 Python 2.5 中，于更改导入位置前后如何导入一种常见的哈希算法：

```
try:
    # Use the new library if available. Added in Python 2.5
    from hashlib import md5
except ImportError:
    # Compatible functionality provided prior to Python 2.5
    from md5 import new as md5
```

注意，导入会优先选择较新的库。这是因为像这样的更改通常有宽限期，在宽限期内，旧的位置虽已废弃但仍然可用。如果首先检查旧模块，就会发现旧模块在新模块可用后还会长时间存在。通过首先检查新模块，就可以使用任何可用的新功能或可添加的行为，只在必要时才回退到旧功能。通过使用 as 关键字将允许模块的其余部分可以简单地引用名称 md5。

这种技术不仅适用于 Python 自己的标准库，同样也适用于第三方模块，但是第三方应用程序通常需要不同的处理方式。你需要在选择使用哪个模块之前，首先确定应用程序是否可用。这与前面的示例一样，可以通过将 import 语句封装在 try 块中来确定。

但接下来会发生什么取决于当模块不可用时应用程序的处理方式。有些模块要求严苛，所以如果缺少的话，就应该在 except ImportError 代码块内直接抛出异常，或者干脆放弃异常处理。而有时候，缺少第三方模块仅仅意味着少了某些功能。在这种情况下，最常见的方法是将 None 赋给本应包含该模块的变量：

```
try:
    import docutils # Common Python-based documentation tools
except ImportError:
    docutils = None
```

当代码需要使用已导入模块中的功能时，可以使用 if docutils 等方式来查看模块是否可用，而不必重新导入。

2.5.2　从即将发布的版本中导入

Python 的发布计划通常包含一些新的功能，但是并不推荐直接引入它们。具体来说，语法的增加和行为的改变可能会破坏现有的代码，因此通常需要提供一定的宽限期。在此期间，这些新功能可以通过一种特殊的导入方式来提供，你可以选择为每个模块更新哪些功能。

__future__ 这个特殊模块允许你指定在给定模块中使用的特定功能。这为模块提供了一条简单的兼容性路径，因为某些模块可以依赖新的功能，而其他模块可以使用现有的功能。通常来说，一个功能在被添加到 __future__ 模块的下一个版本后，该功能将成为所有模块都可以使用的标准功能。

举个简单的例子，Python 3.0 改变了整数除法的工作方式。在早期版本中，将一个整数与另一个整数相除总是会产生一个新的整数。如果产生余数，那么通常会导致精度的损失。这对于熟悉底层 C 实现的程序员来说是可以理解的，但与使用标准计算器执行相同计算时得到的结果是不同的，因此会造成很多混乱。

在 Python 3.x 版本中，除法的行为被更改为：若除法的结果中包含余数，则返回浮点值，从而与标准计算器的工作方式相匹配。然而在对整个 Python 进行更改之前，需要将 division 选项添加到__future__模块中，并允许在必要时可以更早地更改除法的行为。以下是 Python 2.5 版本中，交互式解释器会话中的除法结果；Python 3.x 版本默认会处理该结果，就像在>>> 5 / 2.0 中将其中一个数值提升为浮点值一样：

```
>>> 5 / 2 # Python 2.5 uses integer-only division by default
2
>>> from __future__ import division
# This updates the behavior of division
>>> 5 / 2
2.5
```

__future__模块支持许多这样的功能，并且在每个 Python 版本中都会添加新的功能选项。在本书的其余部分，当描述的功能足够新，并且需要在旧版本的 Python 中通过__future__模块导回到 Python 2.5 时，会再次提到它们，此处不再一一列举。有关这些功能更改的详细信息，可以在 Python 文档的 What's New 页面上找到。[1]

注意 如果尝试从__future__模块导入当前 Python 版本中已存在的功能，则不会执行任何操作。由于功能已经可用，因此不必进行任何更改，也不会引发任何异常。

2.5.3 使用__all__进行自定义导入

对于 Python 导入，较少使用的功能之一是将命名空间从一个模块导入另一个模块中。这是通过使用星号作为要导入的模块的一部分来实现的：

```
>>> from itertools import *
>>> list(chain([1, 2, 3], [4, 5, 6]))
[1, 2, 3, 4, 5, 6]
```

通常，这只会将已导入模块的命名空间中不以下画线开头的所有条目转储到当前模块的命名空间中。当大量使用导入模块中的一些属性时，可以省去一些输入操作，因为不必在每次访问属性时都包含模块名。

但有些时候，以这种方式使每个对象都可用是毫无意义的。具体来说，框架

---

[1] http://propython.com/whats-new

通常包含许多实用函数和类，这些函数和类在框架的模块中很有用，但是在导出到外部代码后没有多大意义。为了控制导入模块时导出的对象，可以在模块中的某个位置指定__all__选项。

你所需要做的就是，提供一个需要导入的对象名称的列表，并且这个列表中带有星号模块或其他序列。其他对象还可以通过对象名称直接导入或仅导入模块本身，而不导入模块内部的任何内容。以下是演示如何使用__all__选项的示例：

```
__all__ = ['public_func']

def public_func():
    pass

def utility_func():
    pass
```

当然，在实际编码中，这两个函数中都会包含有用的代码。但是为了便于说明，以下简要介绍导入 example 模块的不同方式：

```
>>> import example
>>> example.public_func
<function public_func at 0x...>
>>> example.utility_func
<function utility_func at 0x...>
>>> from example import *
>>> public_func
<function public_func at 0x...>
>>> utility_func
Traceback (most recent call last):
  ...
NameError: name 'utility_func' is not defined
>>> from example import utility_func
>>> utility_func
<function utility_func at 0x...>
```

注意，在最后一种方式下，只要显式地指定了 utility_func，就仍然可以使用 from 语法直接将 example 模块导入。如果在导入时使用了星号，那么这就是__all__选项发挥作用的唯一时机。这取决于你是否希望所有函数都可用，或只使用其中一个。

> **明了胜于晦涩**
>
> 首先，使用星号进行导入通常被认为是一种比较糟糕的形式，Python 风格指南 PEP 8 中特别反对这样做。主要问题在于模块的内容从何而来显得并不清晰。如果发现一个函数没有使用模块命名空间，那么通常可以查看模块的顶部，看看是否被导入；如果没有导入，那么可以放心地假设该函数是在模块中定义的。如果是用星号导入的，就必须扫描整个模块，查看该函数是否已定义；或者打开相关模块的源代码，查看该函数是否已定义。
>
> 有时，使用星号进行导入仍然很有用，但最好只在将其包装到另一个命名空间时才这样做。如第 11 章所述，你可以允许用户导入一个包含来自不同模块的对象的单个根命名空间。你可以在主模块中使用星号进行导入，而不必在每次添加新内容时更新导入，这样做不会在用户的模块中引入任何歧义。

2.5.4 相对导入

当开始一个新项目时，你将花费大部分时间从外部包进行导入，因此每次导入都是绝对的；导入路径根植于系统的 PYTHONPATH。在项目开始扩展到多个模块后，你就会定期地从一个一个的模块中进行导入。一旦建立了层次结构，在树状结构相似部分的两个模块之间共享代码时，你可能不希望包含完整的导入路径。

Python 允许指定要导入的模块的相对路径，因此可以根据需要移动整个包，然后只需要进行最少量的修改。这样做的首选语法是使用一个或多个句点指定模块路径的一部分，以指示查找模块的路径向上走了多远。例如，如果需要从 acme.billing 导入 acme.shopping.cart 模块，则以下两种导入模式是等效的：

```
from acme import billing
from .. import billing
```

单个句点允许从当前包中导入，因此 acme.shopping.gallery 可以作为 from.import gallery 导入。或者，如果只是想从模块中导入一些内容，那么可以简单地在模块路径前加上必要的句点，然后像往常一样指定要导入的名称：from.gallery import Image。

2.5.5 __import__()函数

不必总是将导入语句放在模块代码的顶部。事实上，有时你可能根本无法提前给出需要的一些模块。你需要根据用户提供的设置来决定导入哪些模块，你甚至可以允许用户直接指定模块。用户提供的这些设置非常方便，可以在不依赖于自动发现的情况下实现可扩展性。

为了支持此功能，Python 允许你使用__import__()函数手动导入代码。它是一个内置函数，所以在任何地方都可以使用，但是使用时需要进行一些解释，因为它不像 Python 提供的其他功能那么简单。你可以从以下 5 个参数中进行选择，以自定义如何导入模块以及检索哪些内容。

- name：你始终需要的唯一参数，用于接收应该加载的模块的名称。如果是包的一部分，只需要用句点分隔路径的每个部分即可，就像使用 import path.to.module 时一样。

- globals：一个命名空间字典，用于定义解析模块名称的上下文。在标准的导入模式下，globals()内置函数的返回值用于填充此参数。

- locals：另一个命名空间字典，理想情况下用于帮助定义解析模块名称的上下文。但实际上，Python 当前完全忽略了它。如果将来需要使用该参数，标准的导入模式将为它提供 locals()内置函数的返回值。

- fromlist：应该从模块中导入的名称列表，而不是导入整个模块。

- level：一个整数，用于指示相对于调用__import__()的模块如何解析路径。值为-1 代表允许绝对和隐式相对导入；值为 0 时仅允许绝对导入；正值表示要用于显式相对导入的路径级别。

尽管这可能看起来很简单，但返回值包含一些陷阱，这可能会引起相当多的困惑。__import__()函数总是返回一个模块，但是返回哪个模块以及模块属性可能会出人意料。由于导入模块有许多不同的方法，因此这些变化值得你去了解。首先，让我们来看看不同类型的模块名称如何影响返回值。

在最简单的情况下，需要将单个模块名称传递给__import__()，返回值正是你期望该名称引用的模块。对于该模块，可用的属性与直接在代码中导入该模块时可用的属性相同——在模块代码中声明了整个命名空间。

但是，当传入更复杂的模块路径时，返回值可能与预期的不匹配。复杂路径使用与源文件中相同的点分隔语法来提供，例如通过传入"os.path"可以实现导入 os.path。在这种情况下，返回的值是 os，但 path 属性仅允许访问真正需要的模块。

导致这种变化的原因是__import__()模仿了 Python 源文件的行为，导入 os.path 会使 os 模块以该名称可用。你仍然可以访问 os.path，但是进入主命名空间的模块是 os。因为__import__()的工作方式与标准导入基本上是相同的，所以从返回值中得到的通常就是主模块命名空间中的值。

为了只获得模块路径末尾的模块，可以采用两种不同的方法。最明显的(尽管不一定是最直接的)方法是将给定的模块名按句点进行分隔，使用路径的每个部分

从__import__()返回的模块中获取每个属性层。下面这个简单的函数可以完成这项工作:

```
>>> def import_child(module_name):
...     module = __import__(module_name)
...     for layer in module_name.split('.')[1:]:
...         module = getattr(module, layer)
...     return module
...
>>> import_child('os.path')
<module 'ntpath' from 'C:\Python31\lib\ntpath.py'>
>>> import_child('os')
<module 'os' from 'C:\Python31\lib\os.py'>
```

注意　os.path 引用的模块的确切名称将根据操作系统的不同而有所不同。例如，在 Windows 上名为 ntpath，而在大多数 Linux 系统上名为 posixpath。两者的大多数内容都是相同的，但根据操作系统的需要，它们的行为可能略有不同，并且每个行为都可能具有环境特有的附加属性。

如你所见，以上方法既适用于简单的情况，也适用于更复杂的情况，但所做的工作仍然比实际需要的多一些。当然，与导入本身相比，花在循环上的时间微不足道。但是，如果已经导入了模块，那么 import_path()函数将包含大部分流程。另一种方法是利用 Python 自身模块的缓存机制来减少额外的处理:

```
>>> import sys
>>> def import_child(module_name):
...     __import__(module_name)
...     return sys.modules[module_name]
...
>>> import_child('os.path')
<module 'ntpath' from 'C:\Python31\lib\ntpath.py'>
>>> import_child('os')
<module 'os' from 'C:\Python31\lib\os.py'>
```

sys.modules 将导入的路径按字典形式映射到导入时生成的模块对象。这样当查找字典中的模块时，就无须打乱模块名称中的细节。

当然，这仅适用于绝对导入。对于相对导入，不管它们的引用方式如何，都是相对于 import 语句(或者在本例中，相对于__import__()函数调用所在的模块)进行解析的。因为最常见的情况是将 import_path()放置在公共位置，所以相对导入将相对于公共位置进行解析，而不是相对于调用 import_path()的模块的位置。这可能意味着导入完全错误的模块。

2.5.6 importlib 模块

为了解决直接使用__import__()时产生的问题，Python 还提供了 importlib 模块，从而通过一个更直观的接口来导入模块。调用 import_module()函数是一种更为简单的方法，可以实现与__import__()相同的效果，在某种程度上更符合预期。

对于绝对导入，就像__import__()一样，import_module()也接收模块路径。但是，不同之处在于：import_module()总是返回路径中的最后一个模块，而__import__()返回的则是第一个模块。由于这一功能的加入，前面添加的额外处理代码就完全没有必要了，因此这是一种更好的用法：

```
>>> from importlib import import_module
>>> import_module('os.path')
<module 'ntpath' from 'C:\Python31\lib\ntpath.py'>
>>> import_module('os')
<module 'os' from 'C:\Python31\lib\os.py'>
```

此外，import_module()还通过接收 package 属性来考虑相对导入，package 属性定义了应该解析相对路径的参考点。这在调用函数时很容易做到，只需要传入全局变量__name__即可，该变量保存了最初用于导入当前模块的模块路径：

```
import_module('.utils', package=__name__)
```

注意 相对导入不能直接在交互式解释器中使用。解释器运行的模块实际上并不在文件系统中，因此没有可以使用的相对路径。

2.6 令人兴奋的 Python 扩展：NIST 的随机数信标

大多数编程语言都实现了某种形式的随机和伪随机数生成器，Python 也是如此。然而，Python 生成这些随机数的基本算法不如其他语言的算法稳健。因此，美国国家标准与技术研究院(National Institute of Standards and Technology，NIST)实现了随机信标，每隔 60 秒向连接的用户发送一个真正的随机数。

从 2018 年 5 月开始，NIST 声明："NIST 正在实施一种公共的随机源。该服务(https://beacon.nist.gov/home)使用两个独立的商业可用随机源，其中的每个都具有独立的硬件熵源，同时包含 SP 800-90 批准的组件。信标旨在提供不可预测性、自主性和一致性。不可预测性意味着用户不能在源提供比特之前通过算法预测比特。自主性意味着源可以抵抗外部各方改变随机比特的分布的企图。一致性意味着一组用户能够以这样一种方式访问源——他们确信都会接收到相同的随机字符串。[1]

对于需要随机数的应用程序(例如，游戏)，可以将随机数信标视为一种每 60 秒获得某种程度上可靠的随机数的方法。这里使用"某种程度上"是为了指出 NIST 不希望将这项服务用于加密需求，不过尽管如此，笔者仍然认为这是一个有趣且有效的服务。为了使用该服务，需要先安装 NIST 信标库，你可以通过 https://www. nist.gov/programs-projects/nist-randomness-beacon 来下载该库。

2.6.1　如何安装 NIST 信标库

无论你的平台是什么，都可以将 NIST 信标与 Python 一起使用。有关版本和更新的信息，可以在 NIST 或 https://pypi.org/project/nistbeacon/0.9.2 上找到。假设使用的是 Windows 系统，安装了 pip 且处于联网状态，则安装非常简单，如下所示:

pip install nistbeacon (按回车键)

假设在安装过程中没有遇到任何错误，可以尝试以下两个示例来了解信标的工作方式。

2.6.2　示例: 获取值

在下面的示例中，我们从信标获取十六进制值 512 (以 16 为基数)，显示出来并转换为十进制。你将得到一个随机数，范围为 1~10，将这个随机数显示出来。如果使用了 IDLE 或其他功能齐全的 IDE，输入 record 将显示许多其他功能选项。

```
#Get a 512 hex value from the beacon and display it
from nistbeacon import NistBeacon

record = NistBeacon.get_last_record()
v = record.output_value # 512 hex
r = record.pseudo_random # pick a pseudo random number
print ('Your random follows: ')
print (r.randint(1,10))
```

---

[1] https://www.nist.gov/programs-projects/nistrandomness-beacon

```
#print 1 - 10 random #random())for floats .0 to 1.0
print()
print ('Hex original value:\n', v, '\n')
d=int(v,16) #convert to decimal
print ('Hex value converted to decimal:\n', d)
```

2.6.3　示例：模拟抛硬币并记录每次正反面的结果

在此例中，每 66 秒获取一条记录，转换为十进制，然后进行取模运算(得到整数除法的余数)，通过查看是“偶数”还是“奇数”来模拟“正面”或“反面”。

```
#Coin flip-O-matic
from nistbeacon import NistBeacon
import time
print()
print ('Coin flip 0 or 1 tails or heads')
print()
print ('Run five times')
for count in range (5):
    time.sleep(66) #wait for new beacon every 66 seconds
    h = NistBeacon.get_last_record()
    v = h.output_value #512 hex
    d=int(v,16) #convert to decimal
    coin = d% 2 #modulus of record (0 or 1)
    if coin == 0:
        print ('tails')
    else:
        print ('heads')
```

2.7　小结

如果愿意，你可以多花些时间学习 Python 这门语言，因为本章列出的功能只是 Python 所提供功能的一小部分。本书的其余部分将在很大程度上依赖于本章介绍的内容，同时每一章都将为后一章做好铺垫。本着这种精神，我们将继续讨论被公认为 Python 最基本、最简单的一个特性：函数。

第 3 章

函数

函数是所有编程语言的核心，但我们往往不够重视它。函数允许将代码封装到各个单元中，这些单元可以重复使用，而不需要我们反复"造轮子"。Python并没有像其他语言那样定义函数，而是使函数成为一个功能完整的对象，这个对象可以在数据结构中传递，可以封装在其他函数中，也可以被新的函数实现完全替代。

事实上，Python 为函数提供了足够的灵活性，不同类型的函数可以满足不同的需求。了解每种类型的函数将有助于我们更好地处理自己的代码。本章将依次介绍这些函数，无论它们是何种类型，你都可以利用多种多样的功能来扩展所创建的每个函数。

所有函数，不管它们属于本章接下来将介绍的哪种类型，它们的核心在本质上都是一致的。内置函数类型是函数的基础，其中包含了 Python 需要的所有属性，这些属性用于帮助你了解这些函数的用法。

```
>>> def example():
...     pass
...
>>> type(example)
<type 'function'>
>>> example
<function example at 0x...>
```

当然，仍然有许多不同类型的函数以及许多不同的声明方式。首先，让我们研究一下函数最普遍的一个方面——参数。

3.1 参数

大多数函数需要接收一些参数来完成一些有用的操作。通常，在函数(声明的)签名中需要按顺序定义这些参数，并在之后调用函数时，以相同的顺序提供这些参数。Python 支持这种形式，但也支持传递关键字参数，甚至还支持传递那些在函数调用前不知道的参数。

Python 关键字参数最常见的优点之一是，在传递参数时，可以按函数中定义参数的不同顺序进行传递。如果它们被定义为默认值，你甚至可以完全跳过这些参数。这种灵活性有助于鼓励使用带有默认值参数的函数。

明了胜于晦涩

鼓励显式传递 Python 关键字参数的一种方法是，当参数只按关键字传递时可以不按顺序进行传递。如果没有关键字，在函数运行时，Python 需要使用参数的位置来绑定参数和对应的名称。因为关键字和位置一样是显式的，所以可以在不引入歧义的情况下取消排序要求。

事实上，在处理参数时，关键字甚至比位置更为明确，因为函数调用记录了每个参数的用途。否则你必须查找函数的定义，才能理解这些参数的用途。一些参数通过上下文是可以理解的，但大多数可选参数并不都一目了然，所以用关键字传递它们可以使代码更具可读性。

3.1.1 规划时的灵活性

规划好参数的名称、顺序和默认值，在调用非本人编写的函数时尤为重要，例如，对于编写分布式应用程序中的函数就十分重要。如果不知道最终用户的确切需求，最好将可能存在的任何假设，都转移到可以进行重写的那些参数中。

下面是一个极其简单的例子，如下函数用于向一个字符串追加前缀：

```
def add_prefix(my_string):
    """Adds a 'pro_' prefix before the new string is returned."""
    return 'pro_' + my_string
final_string=input('Enter a string so we can put pro_ in front of
    it!: ')
print(add_prefix(final_string))
```

这里的 pro_前缀对于编写的应用程序来说可能十分有意义，但是当其他人想要使用这些代码时，会发生什么情况呢？由于前缀被硬编码到函数体中，因此没有可用的替代方案。将这个假设转移到参数中,以后就可以轻松地自定义函数了。
代码示例如下:

```
def add_prefix(my_string, prefix='pro_'):
    """Adds a 'pro_' prefix before the string provided, a default
        value."""
    return prefix + my_string
final_string=input("Enter a string so we can put pro_ in front of
    it!: ")
print(add_prefix(final_string))
```

即使没有 prefix 参数,对函数调用也不需要进行更改,现有的代码就可以正常工作。本章后面关于预加载参数的部分展示了如何更改前缀,并且仍然可以被不知道有这个前缀存在的代码使用。

当然,这个例子过于简单,无法提供太多的实际价值。但是,贯穿本书其余部分的函数将利用大量的可选参数,展示它们在各自场景下的实际价值。

3.1.2 可变位置参数

大多数函数被设计用于处理一组特定的参数,但有些函数可以处理任意数量的参数,并依次作用于每个参数。这些参数可借用元组、列表或其他可迭代的形式传递到单个参数中。

以典型的购物车为例,向购物车中添加商品,可以一次添加一个,也可以分批添加多个。这里定义一个类,并在这个类中定义一个函数,下面看看如何使用标准参数来实现,如下所示:

```
class ShoppingCart:
    def add_to_cart(items):
        self.items.extend(items)
```

上述代码当然可以实现目的,但是现在考虑一下,对于所有调用代码来说这意味着什么。常见的情况是只添加一个商品,但由于 add_to_cart()函数总是接收一个列表,因此最终看起来如下所示:

```
cart.add_to_cart([item])
```

所以,为了支持少数场景,我们基本上破坏了大多数场景。更糟糕的是,如果 add_to_cart()在设计之初只是为了支持添加一个商品,但是现在被更改为支持添加多个商品,那么这种语法将破坏任何现有的调用形式,你需要重写它们以避免出现 TypeError。

　　理想情况下，该函数应支持单个参数的标准语法，并同时支持多个参数。通过在参数名称前添加一个星号，可以指定将所有剩下的位置参数都收集到一个元组中，该元组会被绑定到以星号为前缀的参数，而该参数之前没有分配任何内容。在这个例子中，由于没有其他参数，因此可变位置参数就可以构成整个参数列表。

```
def add_to_cart(*items):
    self.items.extend(items)
```

　　现在，可以用任意数量的位置参数调用该函数，而不必提前将参数分组到一个元组或列表中。在函数开始执行之前，额外的参数会被自动绑定到一个元组。这适用于常见情形，同时仍然可以根据需要，启用更多的参数。下面这些示例演示了如何调用该函数：

```
cart.add_to_cart(item)
cart.add_to_cart(item1, item2)
cart.add_to_cart(item1, item2, item3, item4, item5)
```

　　还有一种方法可以调用这个函数，该方法也允许在调用代码时支持任意数量的元素，但是并不特定于那些设计用来接收变量参数的函数。请参阅 3.1.5 节的内容来了解更详细的信息。

3.1.3　可变关键字参数

　　函数可能需要采用额外的配置选项，特别是在将这些选项传递给一些其他的库时。最明显的方法是接收一个字典，字典可以将配置名称映射到它们的值。

```
class ShoppingCart:
    def __init__(self, options):
        self.options = options
```

　　但这最终会产生一个问题，该问题与我们在 3.1.2 节描述位置参数时遇到的问题类似。只覆盖一个或两个值的简单场景会变得相当复杂。下面是函数调用的两种方式，可以根据个人偏好选择使用。

```
options = {'currency': 'USD'}
cart = ShoppingCart(options)

cart = ShoppingCart({'currency': 'USD'})
```

当然，这两种方式的伸缩性相比位置参数问题中提供的列表的伸缩性更好。此外，与前面的情况一样，这也存在着不确定性。如果正在使用的函数先前已设置为接收一些显式的关键字参数，那么新的字典参数将破坏兼容性。

相反，Python 提供了传递数量可变的关键字参数的能力，方法是在接收的关键字参数的名称之前添加两个星号。这使得关键字参数语法更加人性化，同时还允许完全动态的函数调用。请检查以下代码(或测试以下代码):

```python
def __init__(self, **options):
    self.options = options
```

现在思考一下，假设现在函数接收任意关键字参数，之前代码中的 ShoppingCart() 函数会是什么样子:

```python
cart = ShoppingCart(currency='USD')
```

注意　在使用可变参数时，位置参数和关键字参数之间存在明显的区别，这可能会导致问题。位置参数被分组到一个元组中，元组是不变的;而关键字参数被放入一个字典，字典是可变的(或可更改的)。

优美胜于丑陋

对于这里的第二个函数调用示例，许多 Python 程序员通常会认为它是丑陋代码的典型示例。大量的标点符号——键与值的周围都有引号，它们之间还有冒号，代码周围有括号，这看上去非常混乱，很难一下子处理。

```python
E.g. cart = ShoppingCart({'currency': 'USD'})
```

可通过切换到关键字参数，让代码的外观更符合 Python 的核心价值观与理念。美在本质上是主观的，但是这样的主观判断却被绝大多数程序员认同。

3.1.4　组合不同类型的参数

可以将变量参数的这些选项与标准选项组合在一起，例如必需的参数和可选的参数。为了确保所有参数都能很好地匹配，Python 提供了一些非常具体的规则来定义函数签名中的参数。存在 4 种类型的参数，下面按通常出现在函数中的顺序将它们列出:

- 必需的参数
- 可选的参数

- 可变位置参数
- 可变关键字参数

将必需的参数放在列表的首位，可以确保在可选的参数之前，位置参数可以满足必需参数的要求。可变关键字参数获取的值不适合于其他位置，因此它们只能在最后被定义。下面举一个例子：

```
def create_element(name, editable=True, *children, **attributes):
```

在调用函数时可以使用相同的顺序，但这存在一个缺点。在本例中，必须为 editable 提供一个值作为位置参数，以便传入任意子元素。最好能够在 name 这个参数之后立即提供它们，这样就可以在大多数情况下避免使用可选的 editable 参数。

为了支持这一点，Python 还允许在标准参数中放置可变位置参数。必需的参数和可选的参数都可以放在可变参数位置之后，但现在它们必须按关键字传递。所有的参数仍然可用，但是不太常见的参数在不需要时会变成可选的参数，当需要它们时再调用。

面对模棱两可的情况，拒绝猜测的诱惑

Python 将位置参数放在显式参数的列表中间，这种做法可能导致相当大的争议。想象一下，函数的参数可以被任意命令调用：perform_action(action, *args, log_output=False)。通常，可以提供足够的位置参数来实现，甚至可以使用可选的参数，但在本例中，如果提供了三个或更多的值，会发生什么情况呢？

一种可能的解释是将第一个值赋给第一个参数，把最后一个值赋给最后一个参数，把剩下的其他所有值都赋给可变参数。这样做是可行的，但最终还是取决于程序员在调用时的意图。一旦想到这个函数在可变参数的后面还有更多的参数，就会出现多种可能的解释。

与之不同的是，Python 严格要求在可变参数之后的所有内容都只能通过关键字访问。位置参数的值已经超出函数中值的明确定义，这些值会被直接传入可变参数，无论是提供了一个值还是几十个值。若仅通过一种方法来实现，则很容易解释。若强制使用关键字，则这种实现方式甚至更加明确。

此行为的附加特性是仍然需要在可变位置参数之后放置显式参数。这两种布局的真正唯一区别是需要使用关键字参数，参数是否需要一个值仍取决于是否定义了默认参数。代码示例如下：

```
>>> def join_with_prefix(prefix, *segments, delimiter):
...  return delimiter.join(prefix + segment for segment in segments)
...
>>> join_with_prefix('P', 'ro', 'ython')
Traceback (most recent call last):
  ...
TypeError: join_with_prefix() needs keyword-only argument delimiter
>>> join_with_prefix('P', 'ro', 'ython', ' ')
Traceback (most recent call last):
  ...
TypeError: join_with_prefix() needs keyword-only argument delimiter
>>> join_with_prefix('P', 'ro', 'ython', delimiter=' ')
'Pro Python'
```

注意 如果想接收 keyword-only 参数却不想使用可变位置参数，只需要指定一个没有参数名称的星号即可。这会告诉 Python 星号之后的所有内容都遵循 keyword-only 规则，而不接收一个很长的位置参数集合。需要注意的是，如果还接收可变关键字参数，则必须提供至少一个显式的关键字参数。否则，使用这种表示法将毫无意义，Python 将抛出 SyntaxError 语法错误。

事实上，请记住：必需的参数和可选的参数的排序要求仅适用于位置参数的场景。由于能够将参数定义为 keyword-only 参数，因此你现在能够以任何顺序将它们定义为必需的参数和可选的参数，Python 不会发出任何错误报警。在调用函数时排序并不重要，因此在定义函数时也不重要。考虑重写前面的示例，要求将 prefix 作为关键字参数，同时也将 delimiter 设置为可选的参数，如下所示：

```
>>> def join_with_prefix(*segments, delimiter=' ', prefix):
...  return delimiter.join(prefix + segment for segment in segments)
>>> join_with_prefix('ro', 'ython', prefix='P')
'Pro Python'
```

注意 请小心利用这种级别的灵活性，因为与通常编写 Python 代码的方式相比，这种方式并不是很直观。而且很有可能，其运行方式与大多数 Python 程序员预期的相反，从长远看这可能会使维护工作变得困难。

但在所有的情况下，在所有其他类型的参数之后，可变关键字参数必须位于参数列表的末尾。

3.1.5　调用具有可变参数的函数

除了能够定义可以接收任意数量的值的参数外，还可以使用相同的语法将值传递给函数，以便进行调用。这样做的最大好处在于并不局限于在本质上被定义为可变参数。相反，可以将可变参数传递给任何函数，而不管它们是如何定义的。这里的星号会解压一个迭代器，并将其内容作为单独的参数传递。

可以使用相同的星号表示法来指定可变参数，然后将这些可变参数扩展为函数调用，就好像所有参数都是直接指定的一样。单个星号用来指定位置参数，而两个星号用来指定关键字参数。这种方式特别有用，可以直接将函数调用的返回值作为参数传递，而无须首先将其赋给单个变量，示例如下：

```
>>> value = 'ro ython'
>>> join_with_prefix(*value.split(' '), prefix='P')
```

这个例子非常清楚，它演示了如何将一个可变参数传递给另一个可变参数，但同样的过程也可以很好地处理其他类型的函数。因为参数在传递给函数之前就已被扩展，所以不管参数是如何指定的，都可以与任何函数一起使用，甚至可以与内置函数以及用 C 语言编写的扩展所定义的函数一起使用。

注意　在函数调用中只能传入一组可变位置参数和一组可变关键字参数。例如，如果有两个位置参数列表，则需要先将它们连接在一起，并将组合后的参数列表传递给函数，而不是尝试单独使用这两个位置参数列表。

3.1.6　传递参数

在实际的函数调用之前需要花费很长时间去添加一些参数，当开始向函数调用中添加一些参数(其中许多参数是可选的)时，你就会发现一些需要传递的参数的值是相当常见的。与其在调用时传入所有参数，不如提前应用其中一些参数，这样在之后的函数中就不需要添加太多参数。

这个概念被称为偏函数应用(Partial Application)，但是函数还没有被调用，所以实际上更多的是提前预加载一些参数。当稍后调用预加载的函数时，传递的任何参数都会被添加到之前提供的参数中。

什么是函数柯里化

如果熟悉其他形式的函数式编程，就可能听说过函数柯里化(currying)，它看起来与预加载参数非常类似。一些框架提出了预加载一些参数的函数式编程，这与我们所说的函数柯里化相比，差别虽然细小，但却不可忽视。

对于真正柯里化的函数，必须多次调用以填充所有参数。如果一个函数接收三个参数，而你只使用一个参数调用它，那么你将获得一个相关函数，这个相关函数需要接收其他两个参数。调用这个新的相关函数，仍然不会执行代码，而是加载下一个参数并返回另一个新的相关函数，该函数需要接收最后一个参数。调用最后这个函数将最终满足所有的参数，因此实际代码将被执行并返回一个有用的值。

无论可能还剩下多少参数，偏函数应用都会返回一个函数，这个函数在调用时执行代码。如果必需的参数还没有得到值，Python 就会抛出 TypeError，就像你在其他场景中调用函数时因缺少参数而给出的错误一样。因此，尽管这两种技术之间确实存在相似之处，但理解它们之间的区别也很重要。

这种行为是作为内置的 functools 模块的一部分，通过 partial()函数提供的。通过传入一个可调用的参数以及任意数量的位置参数和关键字参数，partial()函数将返回一个新的可调用参数，这个新参数可用于以后应用位置参数和关键字参数：

```
>>> import os
>>> def load_file(file, base_path='/', mode='rb'):
...     return open(os.path.join(base_path, file), mode)
...
>>> f = load_file('example.txt')
>>> f.mode
'rb'
>>> f.close()

>>> import functools
>>> load_writable = functools.partial(load_file, mode='w')
>>> f = load_writable('example.txt')
>>> f.mode
'w'
>>> f.close()
```

注意　对于 partial()函数，预加载参数的技术是可行的。但是，将一个函数传递给另一个函数以返回一个新函数的技术通常称为装饰器或高阶函数。如本章后面所述，装饰器可以在调用时执行任意数量的任务，预加载参数只是其中一个例子。

这通常用于定制更为灵活的函数，使之变得更加简单，以便传递给不知道如何访问这种灵活性的 API。通过预加载自定义参数，API 的后台代码文件就可以知道如何使用这些参数来调用函数，但所有的参数仍然会发挥作用。

警告　在使用 functools.partial() 时，可尝试为单个参数提供多个值，如果没有在同一函数调用中提供所有值，你将无法为先前加载的参数提供任何新值，这种情况会频繁出现。这个问题的解决方法请参阅本章的 3.2 节。

3.1.7　自省

Python 允许代码在运行时检查对象的许多方面，这一点非常透明。就像其他语言一样，Python 中的函数也是对象，所以你的代码可以从函数中收集到一些信息，包括指定参数的函数签名。直接获取函数的参数需要借助一组相当复杂的属性，这些属性描述了 Python 的字节码结构，但值得庆幸的是，Python 也提供了一些函数来简化这一过程。

Python 中的许多自省功能都可以作为标准 inspect 模块的一部分来使用，该模块中的 getfullargspec() 函数可用于函数参数。getfullargspec() 函数接收要检查的函数，并返回有关该函数参数信息的命名元组。返回的元组包含参数规范的各个方面的值。

- args：显式参数的名称列表。
- varargs：可变位置参数的名称。
- varkw：可变关键字参数的名称。
- defaults：显式参数的默认值元组。
- kwonlyargs：keyword-only 参数的名称列表。
- kwonlydefaults：keyword-only 参数的默认值字典。
- annotations：参数注解的字典(本章稍后将对此进行解释)。

为了更好地说明返回的元组中的每一部分都包含哪些值，下面给出一个示例，展示这个元组是如何被映射到基本的函数声明的：

```
>>> def example(a=1, b=1, *c, d, e=2, **f) -> str:
...     pass
...
>>> import inspect
>>> inspect.getfullargspec(example)
FullArgSpec(args=['a', 'b'], varargs='c', varkw='f', defaults=(1,),
kwonlyargs=['d', 'e'], kwonlydefaults={'e': 2}, annotations={'a':
<class 'int'>,'return': <class 'str'>})
```

3.1.8　示例：标识参数值

有时候，记录函数将接收哪些参数是很有用的，这与具体是哪个函数或参数是什么无关。对于 Python 函数调用之外的情况，这种行为在生成参数列表的系统中也经常发挥作用。一些示例会包括来自模板语言的指令和解析文本输入的正则表达式。

遗憾的是，位置参数存在一些问题，因为它们的值不包含它们将被发送到的参数的名称。默认值也会产生问题，因为函数调用根本不需要包含任何值。因为日志应该包含将提供给函数的所有值，所以这两个问题都需要解决。

首先，我们谈一谈简单的部分。由关键字传递的任何参数值都不需要进行任何的手动匹配，因为参数的名称是与值一起提供的。接下来，我们从一开始就使用一个函数来获取所记录的字典中的所有参数，而不是仅仅关注我们自己的日志记录。该函数会接收另一个函数、一个位置参数的元组和一个关键字参数的字典，如下所示：

```
def example(a=1, b=1, *c, d, e=2, **f) -> str:
    pass
def get_arguments(func, args, kwargs):
    """
    Given a function and a set of arguments, return a dictionary
    of argument values that will be sent to the function.
    We are modifying get_arguments by adding new parts to it.
    """
    arguments = kwargs.copy()
    return arguments

print(get_arguments(example, (1,), {'f': 4}))
# will yield a resultof: {'f': 4}
```

上面的实现会很容易，因为我们很快就会在字典中添加条目，该函数复制了关键字参数，而不是直接返回它们。接下来，我们必须处理位置参数。诀窍是确定将哪些参数名称映射到位置参数的值，以便可以使用适当的名称将这些值添加到字典中。这就是 inspect.getfullargspec()函数发挥作用的地方，可以使用 zip()函数来完成繁重的工作，如下所示：

```
def example(a=1, b=1, *c, d, e=2, **f) -> str:
    pass
```

```
import inspect
def get_arguments(func, args, kwargs):
    """
    Given a function and a set of arguments, return a dictionary
    of argument values that will be sent to the function.
    """
    arguments = kwargs.copy()
    spec = inspect.getfullargspec(func)
    arguments.update(zip(spec.args, args))
    return arguments

print(get_arguments(example, (1,), {'f': 4}))
# will output {'a': 1, 'f': 4}
```

现在已经处理了位置参数，下面继续处理默认值。如果有任何默认值没有被提供的参数覆盖，则应将这些默认值添加到参数字典中，因为它们将被发送到函数：

```
import inspect
def example(a=1, b=1, *c, d, e=2, **f) -> str:
    pass
def get_arguments(func, args, kwargs):
    """
    Given a function and a set of arguments, return a dictionary
    of argument values that will be sent to the function.
    """
    arguments = kwargs.copy()
    spec = inspect.getfullargspec(func)
    arguments.update(zip(spec.args, args))

    if spec.defaults:
        for i, name in enumerate(spec.args[-len(spec.defaults):]):
            if name not in arguments:
                arguments[name] = spec.defaults[i]
    return arguments

print(get_arguments(example, (1,), {'f': 4}))
# will output {'a': 1, 'b': 1, 'f': 4}
```

可选的参数必须位于必需的参数之后，因此这里使用 defaults 元组的大小来确定可选的参数的名称。对可选的参数进行循环，然后只分配那些尚未提供的值。

遗憾的是，这只覆盖了默认值一半的场景。由于 keyword-only 参数也可以接收默认值，因此 getfullargspec()需要为这些值返回一个单独的字典，如下所示：

```python
import inspect
def example(a=1, b=1, *c, d, e=2, **f) -> str:
    pass
def get_arguments(func, args, kwargs):
    """
    Given a function and a set of arguments, return a dictionary
    of argument values that will be sent to the function.
    """
    arguments = kwargs.copy()
    spec = inspect.getfullargspec(func)
    arguments.update(zip(spec.args, args))

    for i, name in enumerate(spec.args[-len(spec.defaults)]):
        if name not in arguments:
            arguments[name] = spec.defaults[i]

    if spec.kwonlydefaults:
        for name, value in spec.kwonlydefaults.items():
            if name not in arguments:
                arguments[name] = value

    return arguments
print(get_arguments(example, (1,), {'f': 4}))
# will yield {'a': 1, 'b': 1, 'e': 2, 'f': 4}
```

由于 keyword-only 参数的默认值也以字典形式出现,参数名称是预先知道的,因此应用这些值要容易得多。有了这些值, get_arguments()就可以生成一个更完整的参数字典并将其传递给函数。遗憾的是，由于返回的是一个字典，而可变位置参数没有名称，因此无法将它们添加到字典中。虽然限制了可用性，但这对于许多函数的定义仍然是有效的。

3.1.9　示例：一个更简洁的版本

显然前面的示例是功能性示例，但是代码却比实际需要的多一些。特别是在没有明确地提供值的情况下，提供默认值需要相当大的工作量。然而，这并不是很直观，因为我们通常以另一种方式考虑默认值的使用：首先提供它们，然后由显式参数覆盖它们。

可以根据这一点重写 get_arguments()函数，方法是首先从函数声明中取出默认值，然后使用作为实际参数传入的任意值替换它们。这避免了许多必须进行的检查，可以确保没有任何内容被意外地覆盖。

第一步是取出默认值。因为在没有指定默认值的情况下，参数规范的 defaults 和 kwonlydefaults 属性将被设置为 none，所以我们实际上必须首先设置一个空的字典来进行更新，接下来便可以添加位置参数的默认值。

因为这一次只需要更新字典，而不用考虑字典中可能已经存在的内容，所以使用另一种技术来获得位置参数的默认值会更容易一些。我们可以使用类似于 zip()的函数来获取显式参数的值，以此代替使用相当难以阅读的复杂切片操作。首先反转参数列表和默认值，它们仍然从末尾开始进行匹配。代码示例如下所示：

```python
def example(a=1, b=1, *c, d, e=2, **f) -> str:
    pass
def get_arguments(func, args, kwargs):
    """
    Given a function and a set of arguments, return a dictionary
    of argument values that will be sent to the function.
    """
    arguments = {}
    spec = inspect.getfullargspec(func)

    if spec.defaults:
        arguments.update(zip(reversed(spec.args),
            reversed (spec.defaults)))
    return arguments

print(get_arguments(example, (1,), {'f': 4})) # will output {'b': 1}
```

添加关键字参数的默认值要容易得多，因为参数规范已经将它们作为字典提供了。我们可以直接将其传递给参数字典的 update()函数：

```python
def example(a=1, b=1, *c, d, e=2, **f) -> str:
    pass
def get_arguments(func, args, kwargs):
    """
    Given a function and a set of arguments, return a dictionary
    of argument values that will be sent to the function.
    """
    arguments = {}
```

```
    spec = inspect.getfullargspec(func)

    if spec.defaults:
        arguments.update(zip(reversed(spec.args),
            reversed (spec.defaults)))
    if spec.kwonlydefaults:
        arguments.update(spec.kwonlydefaults)

    return arguments

print(get_arguments(example, (1,), {'f': 4}))
# will output {'b': 1, 'e': 2}
```

现在，剩下要做的就是添加传入的显式参数的值。这里将运用这个函数在早期版本中使用过的相同技术，唯一的例外是：关键字参数是在 update()函数中传递的，而不是先复制以形成参数字典。

```
def example(a=1, b=1, *c, d, e=2, **f) -> str:
    pass
def get_arguments(func, args, kwargs):
    """
    Given a function and a set of arguments, return a dictionary
    of argument values that will be sent to the function.
    """
    arguments = {}
    spec = inspect.getfullargspec(func)

    if spec.defaults:
        arguments.update(zip(reversed(spec.args),
            reversed (spec.defaults)))
    if spec.kwonlydefaults:
        arguments.update(spec.kwonlydefaults)
    arguments.update(zip(spec.args, args))
    arguments.update(kwargs)

    return arguments

print(get_arguments(example, (1,), {'f': 4}))
# will output {'a': 1, 'b': 1, 'e': 2, 'f': 4}
```

这样，我们就得到了一个更加简洁的函数，它的工作方式与我们通常考虑默认参数值的方式相同。在你更为熟悉可用的高级技术之后，你就会发现这种类型的重构是相当普遍的。查看旧代码，看看是否有更简单、更直接的方法来处理手头的任务，这通常会使代码运行得更快，并且更具可读性和可维护性。现在我们扩展解决方案，验证参数。

3.1.10 示例：验证参数

遗憾的是，这并不意味着 get_arguments()返回的参数能够正确无误地传递到函数中。就目前的情况而言，get_arguments()假设提供的任何关键字参数实际上都是函数的有效参数，但情况并非总是如此。此外，在调用函数时，任何未获取值的必需参数都将导致错误。理想情况下，我们也应该能够验证这些参数。

我们可以从 get_arguments()函数入手，这样就有了一个所有值都将被传递给函数的字典，然后我们有了两个验证任务：确保所有的参数都有值，并确保所有被调用的参数都被预先定义。函数本身可能会对参数值添加额外的定义，但作为一个实用程序，我们不能对内容做出任何假设。

首先我们要确保提供了所有必需的值。这一次我们不必过多地担心必需的参数或可选的参数，因为 get_arguments()已经确保可选的参数都具有默认值。余下的所有参数都是有值的，代码示例如下：

```
import itertools

def validate_arguments(func, args, kwargs):
    """
    Given a function and its arguments, return a dictionary
    with any errors that are posed by the given arguments.
    """
    arguments = get_arguments(func, args, kwargs)
    spec = inspect.getfullargspec(func)
    declared_args = spec.args[:]
    declared_args.extend(spec.kwonlyargs)
    errors = {}

    for name in declared_args:
        if name not in arguments:
            errors[name] = "Required argument not provided."

    return errors
```

在验证了所有必需的参数都有值之后，下一步是确保函数可以处理所有参数。传入任何未在函数中定义的参数都应被视为错误，代码示例如下：

```
import itertools

def validate_arguments(func, args, kwargs):
    """
    Given a function and its arguments, return a dictionary
    with any errors that are posed by the given arguments.
    """
    arguments = get_arguments(func, args, kwargs)
    spec = inspect.getfullargspec(func)
    declared_args = spec.args[:]
    declared_args.extend(spec.kwonlyargs)
    errors = {}

    for name in declared_args:
        if name not in arguments:
            errors[name] = "Required argument not provided."

    for name in arguments:
        if name not in declared_args:
            errors[name] = "Unknown argument provided."

    return errors
```

当然，因为这依赖于 get_arguments()，所以还继承了与可变位置参数相同的限制。这意味着 validate_arguments()有时可能会返回一个不完整的错误字典。可变位置参数带来一个额外的挑战，这个挑战不能用函数来解决。我们将在 3.3 节中提供一个更全面的解决方案。

3.2 装饰器

在处理大型代码库时，需要通过许多不同的函数来执行一组任务，通常是在当前函数执行某些特定操作的前后执行，这些任务的性质和使用它们的项目一样都是千差万别的。以下是一些使用装饰器的较常见场景：

- 访问控制
- 清理临时对象
- 错误处理
- 缓存
- 日志记录

在以上所有这些场景中，都需要在函数真正执行之前或之后执行一些样板代码。与其将代码复制到每个函数中，不如只编写一次并简单地应用到需要它们的每个函数中，这正是装饰器的用武之地。

从技术上讲，设计装饰器只有一个简单的目的：接收一个函数并返回另一个函数。返回的函数可以与传入的函数相同，也可以在整个过程中完全替换为其他函数。最常见的使用装饰器的方法是使用专门为之设计的特殊语法。下面这个装饰器的目的是在函数执行过程中防止任何错误发生：

```
import datetime
from myapp import suppress_errors

@suppress_errors
def log_error(message, log_file='errors.log'):
    """Log an error message to a file."""

    log = open(log_file, 'w')
    log.write('%s\t%s\n' % (datetime.datetime.now(), message))
```

以上语法告诉 Python 将 log_error()函数作为参数传递给 suppress_errors()函数，后者将返回另一个新函数作为参数。在 Python 2.4 引入@语法之前，通过检查旧版 Python 中使用的过程，可以更容易地理解在这背后发生了什么。

```
#Python 2.x example
import datetime
from myapp import suppress_errors

def log_error(message, log_file='errors.log'):
    """Log an error message to a file."""

    log = open(log_file, 'w')
    log.write('%s\t%s\n' % (datetime.datetime.now(), message))
log_error = suppress_errors(log_error)
```

不要重复自己(DRY 原则)/可读性很重要

当使用旧的装饰方法时，函数的名称需要写三次。这种额外工作是完全没有必要的；更改函数名会使问题变得更加复杂，而且添加的装饰器越多，情况就会变得更糟。而当使用新的语法应用装饰器时，无论使用了多少装饰器，都无须重复输入函数的名称。

当然，@语法还有另外一个好处——使装饰器保持在函数签名的附近，这有助于@语法的引入。这样可以一目了然地看出应用了哪些装饰器，从而更直接地表达了函数的整体行为。若将它们放在函数的底部，则在理解它们时需要花费更多的精力，因此将装饰器移到顶部可以极大地增强可读性。

较旧的选项仍然可用，其行为与@语法相同。唯一真正的区别是，@语法只有在源文件中定义函数时才是可用的。如果想装饰一个从其他地方导入的函数，则必须手动将它传递给装饰器，因此记住装饰器的这两种工作方式是很重要的：

```
from myapp import log_error, suppress_errors

log_error = suppress_errors(log_error)
```

为了理解像 log_error()这样的函数在装饰器内部通常会发生什么，有必要首先研究一下 Python 以及许多其他语言中最容易被误解且未充分利用的特性之一：闭包。

3.2.1　闭包

闭包尽管很有用，但它似乎是一个令人生畏的话题。大多数关于闭包的解释都是有关参数的经验认知，例如词法作用域、自由变量、上限值和变量范围等。而且，因为很多工作都可以在不学习闭包的情况下完成，所以这个话题通常看起来好像属于专家领域，既神奇又神秘。不过幸运的是，闭包实际上并不像其暗示的那样难以理解。

简单地说，闭包是在另一个函数内部定义的函数，可以传递到这个函数之外，供其他代码使用。虽然有关闭包还有一些其他的细节需要学习，但在这方面仍然相当抽象，所以这里提供了一个简单的闭包示例，如下所示：

```
def multiply_by(factor):
    """Return a function that multiplies values by the given factor"""
    def multiply(value):
        """Multiply the given value by the factor already provided"""
        return value * factor
    return multiply
times2=multiply_by(2)
print(times2(2))
```

如你所见，当调用 multiply_by()并将一个值用作乘法因子时，内部的 multiply()函数将会返回以供稍后使用。下面演示了实际的使用方式，这可能有助于解释为什么闭包十分有用(如果在 Python 提示符下逐行输入前面的代码，以下内容将有助于你了解具体的工作方式)：

```
>>> times2 = multiply_by(2)
>>> times2(5)
10
>>> times2(10)
20
>>> times3 = multiply_by(3)
>>> times3(5)
15
>>> times2(times3(5))
30
```

这种行为看起来有点类似于 functools.partial() 的参数预加载功能，但不需要一个函数同时接收两个参数。不过，对于工作原理，有趣的是内部函数不必接收自己的 factor 参数，在本质上是从外部函数继承该参数。

在查看代码时，内部函数可以引用外部函数的值，这一事实通常看起来很正常，但是有关具体是如何工作的，有一些规则可能并不那么明显。首先，内部函数必须在外部函数中定义，简单地将一个函数作为参数传入将不起作用，如下所示：

```
def multiply(value):
    return value * factor

def custom_operator(func, factor):
    return func

multiply_by = functools.partial(custom_operator, multiply)
```

从表面上看，这与之前正常运行的代码基本相同，但其实多了一个好处，就是在运行时可以进行调用。毕竟内部函数被放在外部函数中，并返回以供其他代码使用。可问题在于，闭包只有在内部函数定义于外部函数的情况下才有效，而不是在传入的任何函数中都有效。

```
>>> times2 = multiply_by(2)
>>> times2(5)
Traceback (most recent call last):
  ...
NameError: global name 'factor' is not defined
```

这几乎与 functools.partial() 的功能相矛盾，functools.partial() 的工作原理与这里描述的 custom_operator() 函数非常相似。但是请记住，functools.partial() 在接收所有

参数的同时，也接收与之绑定的可调用参数，它不会尝试从其他任何地方引入任何参数。

3.2.2 包装器

闭包在包装器的构造中发挥着重要作用，这是装饰器的最常见用途。包装器是设计用来包含另一个函数的函数，在被包装的函数执行之前或之后添加一些额外的行为。在闭包的情况下，包装器是内部函数，而将被包装的函数作为参数传递给外部函数。下面是 suppress_errors() 装饰器的后台代码：

```
def suppress_errors(func):
    """Automatically silence any errors that occur within a function"""

    def wrapper(*args, **kwargs):
        try:
            return func(*args, **kwargs)
    except Exception:
        pass

return wrapper
```

虽然大部分问题已经解决，但还是有一些问题需要处理。装饰器将函数作为唯一参数，直到内部的包装器执行后才会执行。通过返回包装器而不是原始函数，我们有了闭包。闭包允许使用相同的函数名，即使在 suppress_errors() 完成之后也是如此。

因为必须像调用原始函数一样调用包装器，所以无论函数是如何定义的，都必须接收所有可能的参数组合。这是通过将可变位置参数和关键字参数组合使用，并将它们直接传入原始函数内部来实现的。这是包装器的一种非常常见的做法，可提供最大的灵活性，而不需要考虑应用于什么类型的函数。

在包装器内部实际执行的操作非常简单：只需要在 try/except 块中执行原始函数，即可捕获引发的异常。如果出现错误，包装器还会继续执行，隐式地返回 none。包装器还会确保返回由原始函数返回的任何值，以维护被包装函数的内容。

虽然本例中的包装器相当简单，但是背后的基本思想也适用于许多更复杂的情况。在调用原始函数的前后需要有一些代码，这些代码取决于包装器是否能够被调用。例如，如果因为某些原因授权失败，那么授权包装器通常会返回或引发异常，而不会调用被包装的函数。

遗憾的是，包装函数意味着会丢失一些潜在有用的信息。第 5 章将展示 Python 如何访问函数的某些属性，比如函数的名称、文档字符串和参数列表。通过使用包装器替换原始函数，我们实际上也替换了其他所有的信息。为了恢复其中的一些功能，我们可以借助 functools 模块中名为 wraps 的装饰器。

如果在一个装饰器的内部又使用另一个装饰器，你可能会觉得有些奇怪，但这实际上解决了函数的常见需求：避免重复相同的代码。装饰器 functools.wraps() 会将函数的名称、文档字符串和一些其他信息复制到被包装的函数中，因此至少会保留其中的一些信息，但不会复制参数列表。

```python
import functools
def suppress_errors(func)
    """Automatically silence any errors that occur within a function"""

    @functools.wraps(func)
    def wrapper(*args, **kwargs):
        try:
            return func(*args, **kwargs)
        except Exception:
            pass
    return wrapper
```

这种结构看起来最奇怪的地方是，除了所应用的函数之外，functools.wraps() 还带有一个参数。在这个例子中，该参数是用来复制属性的函数，并且是在装饰器本身所在的行中指定的。这对于为特定任务定制的装饰器通常很有用，因此接下来我们将研究如何在自己的装饰器中利用自定义参数。

3.2.3　带参数的装饰器

通常装饰器只接收一个参数——要装饰的函数。然而在后台，Python 会在将 @行应用于装饰器之前，先将它作为表达式进行求值，表达式的结果是实际用作装饰器的内容。在下面这个简单的例子中，装饰器表达式只是一个函数，所以很容易求值。在 functools.wraps() 使用的形式中添加参数，会使整个语句的计算如下：

```python
wrapper = functools.wraps(func)(wrapper)
```

从这个角度看，解决方案就变得清晰了：一个函数返回另一个函数。一个函数接收额外的参数并返回另一个函数，返回的函数被用作装饰器。这使得在装饰器上实现参数变得更加复杂，因为你为整个过程添加了另外一层。但如果用在上下文中，就会变得非常容易处理。下面解释了所有函数是如何协同运作的：

- 一个函数接收和验证参数，并返回另一个用于装饰原始函数的函数。
- 一个装饰器接收用户自定义的函数。
- 一个包装器用于添加额外的行为。

- 一个被装饰过的原始函数。

并不是所有的装饰器都会这样做，但这是最复杂场景的常规解决方案。任何复杂的事情都只是以上四个步骤之一的扩展。你会注意到以上四个步骤中的三个步骤在前面的内容中已介绍过，因此剩下唯一需要讨论的就是由装饰器参数施加的额外那一层。

新的最外层函数接收装饰器的所有参数，有选择地验证并返回一个新的函数作为参数变量的闭包。这个新函数必须接收一个参数作为装饰器。在下面的示例中，装饰器 suppress_errors()允许日志函数报告错误，而不是完全禁用它们。

```python
import functools

def suppress_errors(log_func=None):
    """Automatically silence any errors that occur within a function"""

    def decorator(func):
        @functools.wraps(func)
        def wrapper(*args, **kwargs):
            try:
                return func(*args, **kwargs)
            except Exception as e:
                if log_func is not None:
                    log_func(str(e))

        return wrapper

    return decorator
```

这种分层结构允许 suppress_errors()在用作装饰器之前接收参数，由于引入了向后不兼容性，因此在无参数的情况下无法进行调用。我们可以采用最接近原始语法的方法，即不带任何参数地调用 suppress_errors()。

下面是一个处理给定目录中更新文件的示例函数。这是一项在自动计划中经常执行的任务，因此如果出了什么问题，可以停止运行并在下一个指定的时间进行重试。

```python
import datetime
import os
import time
from myapp import suppress_errors

@suppress_errors()
```

```
def process_updated_files(directory, process, since=None):
    """
    Processes any new files in a `directory` using the `process`
        function.If provided, `since` is a date after which files
        are considered updated.

    The process function passed in must accept a single argument:
        the absolute path to the file that needs to be processed.
    """
    if since is not None:
        # Get a threshold that we can compare to the modification
        # time later
        threshold = time.mktime(since.timetuple()) +
            since.microsecond / 1000000
    else:
        threshold = 0
    for filename in os.listdir(directory):
        path = os.path.abspath(os.path.join(directory, filename))
        if os.stat(path).st_mtime > threshold:
            process(path)
```

但是最后出现了一种奇怪的现象，代码并不以 Python 程序员所习惯的方式运行。显然，我们需要一个更好的解决方案。

3.2.4　带参数或不带参数的装饰器

理想情况下，带有可选参数的装饰器可以在没有参数的情况下，不使用括号进行调用，而在需要时也可以带参数调用。这意味着在一个装饰器中可以支持两种不同的流程，这很容易引起混淆。主要问题是，最外层的函数必须能够接收任意参数或单个函数，并且必须能够分辨出两者及其行为之间的差异。

这就引出了第一个任务：确定在调用外部函数时要使用哪个流程。其中一种方法是检查第一个位置参数，看看是否是函数，因为装饰器总是将函数作为位置参数接收。

所以，我们可以将它作为区别两者的因素。对于所有其他的参数，我们可以转为使用关键字参数，这些参数通常更明确，因此也更具可读性。

我们可以使用*args 和**kwargs 来实现这一点，但我们知道位置参数列表只是固定的单个参数，所以很容易作为第一个参数，并成为可选参数。然后，任何附加的关键字参数都可以放在第一个参数之后，它们都需要默认值，但因为这里的所有参数都是可选的，所以没有什么问题。

在消除参数的差异之后，如果提供了参数，那么剩下的问题就是确定分支代码块，而不是确定要装饰的函数。通过第一个可选的位置参数，我们可以简单地测试它们是否存在，并确定会经过哪个分支。

```python
import functools

def suppress_errors(func=None, log_func=None):
    """Automatically silence any errors that occur within a function"""

    def decorator(func):
        @functools.wraps(func)
        def wrapper(*args, **kwargs):
            try:
                return func(*args, **kwargs)
            except Exception as e:
                if log_func is not None:
                    log_func(str(e))
        return wrapper
    if func is None:
        return decorator
    else:
        return decorator(func)
```

这样有无参数都可以调用 suppress_errors()，但是要记住，参数必须使用关键字传递。在这个例子中，参数看起来与被装饰的函数相同，所以我们无法区分它们之间的差别。

如果 logger 函数是作为位置参数提供的，那么装饰器认为它就是要装饰的函数，因此将会立即执行 logger 函数，并将这个函数作为装饰器的参数。更糟糕的是，在装饰函数之后，剩下的值实际上是来自 logger 函数的返回值而不是装饰器。因为大多数的 logger 不返回任何东西，所以返回值很可能是 None——没错，你的函数已经消失了。鉴于你已输入上述函数，所以可在提示符中尝试以下操作：

```python
>>> def print_logger(message):
...     print(message)
...
>>> @suppress_errors(print_logger)
... def example():
...     return variable_which_does_not_exist
...
<function example at 0x...>
```

```
>>> example
>>>
```

这是使用装饰器的副作用之一，除了记录并确保在应用参数时始终指定关键
字之外，几乎不需要再做其他工作。

3.2.5　示例：记忆化

为了演示装饰器如何将行为复制到任何函数中，请考虑一下可以做些什么来
提高确定性函数的效率。无论被调用多少次，确定性函数总会在给定相同的参数
集的情况下返回相同的结果。例如，确定性函数可以缓存函数调用的结果，如果
再次使用相同的参数进行调用，就可以直接查找结果而无须再次调用。

有了缓存，装饰器就可以使用参数列表作为键来存储函数的结果。一个字典
不能作为另一个字典中的键来使用，因此在填充缓存时只能考虑使用位置参数。
值得庆幸的是，大多数利用记忆化功能的函数都只是执行简单的数学运算，并且
通常都是用位置参数进行调用的，如下所示：

```python
def memoize(func):
    """
    Cache the results of the function so it doesn't need to be called
    again, if the same arguments are provided a second time.
    """
    cache = {}

    @functools.wraps(func)
    def wrapper(*args):
        if args in cache:
            return cache[args]

        # This line is for demonstration only.
        # Remove it before using it for real.
        print('Calling %s()' % func.__name__)

        result = func(*args)
        cache[args] = result
        return resul
```

现在无论何时定义确定性函数,都可以使用 memoize()装饰器自动缓存结果以
备将来使用。下面演示了 memoize()装饰器如何适用于一些简单的数学运算。同样,
在输入上述代码之后,请尝试以下操作:

```
>>> @memoize
... def multiply(x, y):
...     return x * y
...
>>> multiply(6, 7)
Calling multiply()
42
>>> multiply(6, 7)
42
>>> multiply(4, 3)
Calling multiply()
12
>>> @memoize
... def factorial(x):
...     result = 1
...     for i in range(x):
...         result *= i + 1
...     return result
...
>>> factorial(5)
Calling factorial()
120
>>> factorial(5)
120
>>> factorial(7)
Calling factorial()
5040
```

警告 记忆化最适合一些仅具有少量参数的函数，这些函数在调用时参数值中的变化相对较少。对于函数存在大量的参数调用或者使用的参数值变化很大的场景，大量的内存会被缓存快速填满，这可能会使整个系统的运行速度减慢。对于这种极少数场景来说，唯一的好处是参数可以被重复使用。此外，非真正的确定性函数实际上会出现一些问题，因为不会每次都调用这种函数。

3.2.6 示例：用于创建装饰器的装饰器

细心的读者会注意到，在描述较为复杂的装饰器构造时出现了一些自相矛盾的地方。装饰器的目的是避免出现大量的样板代码并简化函数，这仅仅是为了支持可选参数之类的特性，装饰器本身最终会变得非常复杂。理想情况下，我们也可以将样板放到装饰器中，从而简化装饰器的流程。

因为装饰器是 Python 函数，就像它们装饰的那些函数一样，所以为装饰器创建装饰器是可以实现的。不过，同其他情况一样，这里需要考虑一些事项。在下面这个例子中，定义一个函数作为装饰器，该函数需要区分针对装饰器的参数与针对所装饰函数的参数，代码如下：

```python
def decorator(declared_decorator):
    """ Create a decorator out of a function, which will be used as
        a wrapper."""

    @functools.wraps(declared_decorator)
    def final_decorator(func=None, **kwargs):
        # This will be exposed to the rest
        # of your application as a decorator

        def decorated(func):
            # This will be exposed to the rest
            # of your application as a decorated
            # function, regardless how it was called
            @functools.wraps(func)
            def wrapper(*a, **kw):
                # This is used when actually executing
                # the function that was decorated
                return declared_decorator(func, a, kw, **kwargs)

            return wrapper

        if func is None:
            # The decorator was called with arguments,
            # rather than a function to decorate
            return decorated
        else:
            # The decorator was called without arguments,
            # so the function should be decorated immediately
            return decorated(func)

    return final_decorator
```

有了这些，就可以直接根据包装器定义一个装饰器；然后，只需要应用这个装饰器来管理后台的运作即可。你声明的函数从现在开始必须接收三个参数，在此基础上可添加任何其他的参数。这三个必需的参数如下：

- 一个将被装饰的函数，如果合适，应该调用该函数。
- 一个提供给装饰函数的位置参数的元组。
- 一个提供给装饰函数的关键字参数的字典。

牢记这些参数后，就可以按如下方式定义本章前面描述的 suppress_errors()装饰器：

```
>>> @decorator
... def suppress_errors(func, args, kwargs, log_func=None):
...     try:
...         return func(*args, **kwargs)
...     except Exception as e:
...         if log_func is not None:
...             log_func(str(e))
...
>>> @suppress_errors
... def example():
...     return variable_which_does_not_exist
...
>>> example() # Doesn't raise any errors
>>> def print_logger(message):
...     print(message)
...
>>> @suppress_errors(log_func=print_logger)
... def example():
...     return variable_which_does_not_exist
...
>>> example()
global name 'variable_which_does_not_exist' is not defined
```

3.3 函数注解

通常，函数在三方面不必处理其中的代码：名字、一组参数和可选的文档字符串。然而，有时这些并不足以完全描述函数的工作方式或应该如何使用函数。在静态类型的语言(如 Java)中，还包括了关于每个参数允许使用哪种类型的值，以及返回值应该使用哪种类型的详细信息。

Python 对于这种需求给出的答案就是采用函数注解。每个参数以及返回值都可以附加一个表达式，该表达式描述了无法通过其他方式传递的细节。可以像类

型一样简单(如 int 或 str)，这有点类似于静态类型的语言。这里给出一个示例，如
下所示：

```
def prepend_rows(rows:list, prefix:str) -> list:
    return [prefix + row for row in rows]
```

这个示例与传统的静态类型语言之间的最大区别不在于语法方面。在 Python
中，注解不仅仅是类型或类的任何表达式。你可以使用描述性字符串、计算的值
甚至内联函数来注解参数，相关的详细信息请参阅本章的 3.5 节。如果使用字符
串作为附加文档进行注解，那么前面的示例可能会是下面这个样子：

```
def prepend_rows(rows:"a list of strings to add to the prefix",
                 prefix:"a string to prepend to each row provided",)
                 -> "a new list of strings prepended with the prefix":
return [prefix + row for row in rows]
```

当然，这种灵活性可能会让你怀疑函数注解的设计初衷，这是有意为之。正
式地讲，注解背后的意图是鼓励在框架和其他第三方库中进行试验。这里展示的
两个示例可以分别用于类型检查和文档库。

3.3.1 示例：类型安全

为了说明注解是如何被库使用的，想象一个可以理解并使用前面描述过的函
数的安全库。我们期望参数注解可以为传入的参数指定有效的类型，而 return 注
解将能够验证函数的返回值。

因为类型安全涉及在执行函数的前后验证值，所以用装饰器来加以实现是最
合适的选择。此外，函数声明中提供了所有类型的提示信息，所以我们不必考虑
任何额外的参数，一个简单的装饰器就足够了。但是，现在首要的任务是验证注
解本身，因为它们必须是有效的 Python 类型，才能使装饰器的其余部分正常工作。
代码示例如下：

```
import inspect

def typesafe(func):
    """
    Verify that the function is called with the right argument types
        and that it returns a value of the right type, according
        to its annotations
    """
```

```
spec = inspect.getfullargspec(func)

for name, annotation in spec.annotations.items():
    if not isinstance(annotation, type):
        raise TypeError("The annotation for '%s' is not a type."
                        % name)

return func
```

到目前为止，我们并没有对函数执行任何操作，但也确实检查了所提供的每个注解是否是有效的类型，然后用来验证注解引用的参数类型。这里用到了isinstance()，从而将对象与预期的类型做比较。有关 isinstance()以及常用的类型和类的更多信息，请参阅第 4 章。

现在我们可以确定所有的注解都是有效的，是时候开始验证一些参数了。考虑到这里有多种类型的参数，我们一次只处理一种。关键字参数最易用，因为它们的名称和值已经绑定在一起了，所以不用担心这一点。使用名称，我们可以获得关联的注解，并根据注解对值进行验证。由于我们最终不得不一遍又一遍地使用相同的东西，因此这也是进行分类的良好时机。下面展示了最初的包装器：

```
import functools
import inspect

def typesafe(func):
    """
    Verify that the function is called with the right argument types
        and that it returns a value of the right type, according
        to its annotations

    """
    spec = inspect.getfullargspec(func)
    annotations = spec.annotations

    for name, annotation in annotations.items():
        if not isinstance(annotation, type):
            raise TypeError("The annotation for '%s' is not a type."
                            % name)

    error = "Wrong type for %s: expected %s, got %s."

    @functools.wraps(func)
    def wrapper(*args, **kwargs):
```

```
        # Deal with keyword arguments
        for name, arg in kwargs.items():
            if name in annotations and not isinstance(arg,
                annotations[name]):raise TypeError(error % (name,
                annotations[name].__name__,type(arg).__name__))
        return func(*args, **kwargs)
    return wrapper
```

到这里，这个示例应该已经很清晰了。你所提供的任意关键字参数都会被检查，以查看是否有关联的注解。如果有，则检查提供的值，以确保它在注解中是可以找到的类型的实例。错误信息在检查完成之前会被重复使用很多次，所以相应的信息也就被分解出来了。

接下来要处理的是位置参数。同样，我们可以依赖 zip() 将位置参数的名称与提供的值对齐。因为 zip() 的返回结果与字典的 items() 方法兼容，所以我们实际上可以使用 itertools 模块中的 chain() 将它们链接到同一个循环中。示例代码如下：

```
import functools
import inspect
from itertools import chain

def typesafe(func):
    """
    Verify that the function is called with the right argument types
        and that it returns a value of the right type, according
        to its annotations
    """
    spec = inspect.getfullargspec(func)
    annotations = spec.annotations
    for name, annotation in annotations.items():
        if not isinstance(annotation, type):
            raise TypeError("The annotation for '%s' is not a type."
                    % name)

    error = "Wrong type for %s: expected %s, got %s."

    @functools.wraps(func)
    def wrapper(*args, **kwargs):
        # Deal with keyword arguments
        for name, arg in chain(zip(spec.args, args), kwargs.items()):
            if name in annotations and not isinstance(arg, annotations
                [name]):raise TypeError(error % (name, annotations
```

```
            [name].__name__,type(arg).__name__))
        return func(*args, **kwargs)
    return wrapper
```

以上代码虽然可以同时处理位置参数和关键字参数，但还不是全部。因为可变参数也可以接收注解，所以我们必须考虑那些与定义的参数名称不能很好地对齐的参数的值。在进一步处理之前，我们还有很多事情要做。

你可能会注意到代码中存在一个非常细微的错误。为了使代码可以更容易地遵循并解释那些通过关键字传递的参数，包装器选择在整个 kwargs 参数字典中进行迭代来检查相关的注解。这在无意中给我们带来了发生名称冲突的可能性。

为了说明如何触发错误，首先考虑在处理可变参数时预期会发生什么。因为我们只能将单个注解应用于可变参数名称本身，所以必须假定注解适用于可变参数下的所有参数，无论是以位置传递的还是通过关键字传递的。如果尚未明确支持这种行为，就应该忽略可变参数，这也是此前代码中发生的情况：

```python
@typesafe
def example(*args:int, **kwargs:str):
    pass

print(example(spam='eggs')) #fine
print(example(kwargs='spam')) #fine
print(example(args='spam')) # not fine!
# output will be:
#Traceback (most recent call last):
#TypeError: Wrong type for args: expected int, got str.
```

有趣的是，除非函数调用包含与可变位置参数的名称相同的关键字参数，否则一切都会正常。虽然看上去所有关键字参数的名称都可以与注解相匹配，但问题实际上在于装饰器在唯一一次循环中迭代的一组值。

基本上，问题在于可变参数的关键字参数，它们最终会与来自其他参数的注解相匹配。在大多数情况下，这是可以接受的，因为这三种类型的参数中有两种永远也不会引起问题。将之与显式参数的名称相匹配只会重复 Python 已经做过的事情，因此使用相关的注解是可以的，并且能匹配可变关键字参数的名称，最终与我们原本计划使用的注解相同。

由于将关键字参数与可变位置参数的名称相匹配是没有意义的，因此仅当这种情况出现时，才会提示有问题。有时，如果其他参数的注解与可变关键字参数的注解相同，则问题可能永远不会出现，但无论如何问题仍然是存在的。因为包装器的代码往往非常少，所以不难看出问题出现在哪里。

在主循环中，迭代链的第二部分是 kwargs 参数字典中的元素列表。这意味着通过关键字传入的所有内容都会根据命名注解进行检查，这显然不是我们想要的。相反，我们只想在这一点对显式的参数进行遍历，同时仍然支持位置参数和关键字参数。这意味着我们必须基于函数定义构建新的字典，而不是像现在这样简单地依赖于 kwargs 参数。在这里，从代码清单中删除外部的 typesafe()函数，以便代码更易于理解，如下所示：

```
def wrapper(*args, **kwargs):
    # Populate a dictionary of explicit arguments passed positionally
    explicit_args = dict(zip(spec.args, args))

    # Add all explicit arguments passed by keyword
    for name in chain(spec.args, spec.kwonlyargs):
        if name in kwargs:
            explicit_args[name] = kwargs[name]

    # Deal with explicit arguments
    for name, arg in explicit_args.items():
        if name in annotations and not isinstance(arg, annotations
            [name]):raise TypeError(error % (name,annotations
            [name].__name__,type(arg).__name__))
    return func(*args, **kwargs)
```

解决了这个错误后，我们就可以集中精力支持可变参数了。因为关键字参数具有名称但位置参数没有，所以我们不能像使用显式参数那样，在一次传递中管理这两种类型。这些过程与显式参数非常相似，但在每种情况下要迭代的值都是不同的，并且最大的区别在于注解不是通过参数的名称进行引用的。

为了循环处理真正的可变位置参数，我们可以简单地将显式参数的数量用作位置参数元组切片的开始。这将得到显式参数之后提供的所有位置参数，如果只提供了显式参数，则会得到一个空的列表。

对于关键字参数，我们必须更具创造性。因为函数在开始时已经循环遍历了所有显式声明的参数，所以我们可以使用相同的循环，从 kwargs 字典的副本中排除任何匹配的项。然后我们可以迭代剩下的部分，解释所有可变关键字参数。代码示例如下：

```
def wrapper(*args, **kwargs):
    # Populate a dictionary of explicit arguments passed positionally
    explicit_args = dict(zip(spec.args, args))
```

```
    keyword_args = kwargs.copy()

    # Add all explicit arguments passed by keyword
    for name in chain(spec.args, spec.kwonlyargs):
        if name in kwargs:
            explicit_args[name] = keyword_args.pop(name)

    # Deal with explicit arguments
    for name, arg in explicit_args.items():
        if name in annotations and not isinstance(arg, annotations
            [name]): raise TypeError(error % (name,annotations
            [name].__name__,type(arg).__name__))

    # Deal with variable positional arguments
    if spec.varargs and spec.varargs in annotations:
        annotation = annotations[spec.varargs]
        for i, arg in enumerate(args[len(spec.args):]):
    if not isinstance(arg, annotation):
        raise TypeError(error % ('variable argument %s' % (i + 1),
                                    annotation.__name__,
                                    type(arg).__name__))

    # Deal with variable keyword arguments
    if spec.varkw and spec.varkw in annotations:
        annotation = annotations[spec.varkw]
        for name, arg in keyword_args.items():
            if not isinstance(arg, annotation):
                raise TypeError(error % (name,
                                    annotation.__name__,
                                    type(arg).__name__))
    return func(*args, **kwargs)
```

这包括所有的显式参数以及按位置和关键字传入的可变参数。剩下的唯一任务就是验证目标函数的返回值。到目前为止，包装器只是直接调用原始函数，而未考虑返回结果，但现在你很容易知道需要去做什么。

```
def wrapper(*args, **kwargs):
    # Populate a dictionary of explicit arguments passed positionally
    explicit_args = dict(zip(spec.args, args))
    keyword_args = kwargs.copy()

    # Add all explicit arguments passed by keyword
```

```
    for name in chain(spec.args, spec.kwonlyargs):
        if name in kwargs:
            explicit_args[name] = keyword_args(name)

    # Deal with explicit arguments
    for name, arg in explicit_args.items():
        if name in annotations and not isinstance(arg, annotations
            [name]):raise TypeError(error % (name,annotations
            [name].__name__,type(arg).__name__))

    # Deal with variable positional arguments
    if spec.varargs and spec.varargs in annotations:
        annotation = annotations[spec.varargs]
        for i, arg in enumerate(args[len(spec.args):]):
            if not isinstance(arg, annotation):
                raise TypeError(error % ('variable argument %s' %
                                         (i + 1),
                                         annotation.__name__,
                                         type(arg).__name__))

    # Deal with variable keyword arguments
    if spec.varkw and spec.varkw in annotations:
        annotation = annotations[spec.varkw]
        for name, arg in keyword_args.items():
            if not isinstance(arg, annotation):
                raise TypeError(error % (name,
                                         annotation.__name__,
                                         type(arg).__name__))
    r = func(*args, **kwargs)
    if 'return' in annotations and not isinstance(r, annotations
        ['return']):raise TypeError(error % ('the return value',
        annotations['return'].__name__,type(r).__name__))
    return r
```

　　这样，我们就有了一个功能齐全且安全的装饰器，它可以验证函数的所有参数及返回值。它还提供一次额外的保护措施，可以让我们更快地发现错误。就像外部的 typesafe() 函数已经验证了注解是类型，该装饰器的这一部分也能够验证所提供参数的默认值。因为可变参数不能有默认值，所以这比处理函数调用本身要简单得多。代码示例如下：

```
import functools
```

```python
import inspect
from itertools import chain

def typesafe(func):
    """
    Verify that the function is called with the right argument types
        and that it returns a value of the right type, according
        to its annotations
    """
    spec = inspect.getfullargspec(func)
    annotations = spec.annotations

    for name, annotation in annotations.items():
        if not isinstance(annotation, type):
            raise TypeError("The annotation for '%s' is not a type."
                                % name)
    error = "Wrong type for %s: expected %s, got %s."
    defaults = spec.defaults or ()
    defaults_zip = zip(spec.args[-len(defaults):], defaults)
    kwonlydefaults = spec.kwonlydefaults or {}

    for name, value in chain(defaults_zip, kwonlydefaults.items()):
        if name in annotations and not isinstance(value, annotations
            [name]):raise TypeError(error % ('default value of %s'
            % name,annotations[name].__name__,type(value).__name__))
    @functools.wraps(func)
    def wrapper(*args, **kwargs):
        # Populate a dictionary of explicit arguments passed positionally
        explicit_args = dict(zip(spec.args, args))
        keyword_args = kwargs.copy()

        # Add all explicit arguments passed by keyword
        for name in chain(spec.args, spec.kwonlyargs):
            if name in kwargs:
                explicit_args[name] = keyword_args.pop(name)

        # Deal with explicit arguments
        for name, arg in explicit_args.items():
            if name in annotations and not isinstance(arg, annotations
                [name]):raise TypeError(error % (name,annotations
                [name].__name__,type(arg).__name__))
```

```python
    # Deal with variable positional arguments
    if spec.varargs and spec.varargs in annotations:
        annotation = annotations[spec.varargs]
        for i, arg in enumerate(args[len(spec.args):]):
            if not isinstance(arg, annotation):
                raise TypeError(error % ('variable argument %s' %
                                         (i + 1),
                                         annotation.__name__,
                                         type(arg).__name__))

    # Deal with variable keyword arguments
    if spec.varkw and spec.varkw in annotations:
        annotation = annotations[spec.varkw]
        for name, arg in keyword_args.items():
            if not isinstance(arg, annotation):
                raise TypeError(error % (name,
                                         annotation.__name__,
                                         type(arg).__name__))

    r = func(*args, **kwargs)
    if 'return' in annotations and not isinstance(r, annotations
      ['return']):
        raise TypeError(error % ('the return value',
                        annotations['return'].__name__,
                        type(r).__name__))
    return r
return wrapper
```

3.3.2　提取样板

就目前的代码而言，你会注意到有大量的重复。每种形式的注解最终都会做同样的事情：检查值是否合适，若不合适，则会引发异常。理想情况下，我们最好能够将其分解到一个单独的函数中，该函数只关注验证的实际任务。剩下的代码实际上只是样板，用于管理查找到的不同类型注解的详细信息。

因为常用代码会被放置到一个新的函数中，所以为了将它与剩下的代码绑定到一起，需要创建一个新的装饰器。这个新的装饰器将被放置在一个函数中，该函数将处理每个值的注解，因此我们称之为 annotation_decorator()。传入 annotation_decorator()的函数随后将用于现有代码中的每一种注解类型，代码示例如下：

```python
import functools
import inspect
from itertools import chain

def annotation_decorator(process):
    """
    Creates a decorator that processes annotations for each argument
        passed into its target function, raising an exception if
        there's a problem.
    """
    @functools.wraps(process)
    def decorator(func):
        spec = inspect.getfullargspec(func)
        annotations = spec.annotations

        defaults = spec.defaults or ()
        defaults_zip = zip(spec.args[-len(defaults):], defaults)
        kwonlydefaults = spec.kwonlydefaults or {}

        for name, value in chain(defaults_zip, kwonlydefaults.items()):
            if name in annotations:
                process(value, annotations[name])
        @functools.wraps(func)
        def wrapper(*args, **kwargs):
            # Populate a dictionary of explicit arguments passed
            # positionally
            explicit_args = dict(zip(spec.args, args))
            keyword_args = kwargs.copy()

            # Add all explicit arguments passed by keyword
            for name in chain(spec.args, spec.kwonlyargs):
                if name in kwargs:
                    explicit_args[name] = keyword_args.pop(name)

            # Deal with explicit arguments
            for name, arg in explicit_args.items():
                if name in annotations:
                    process(arg, annotations[name])

            # Deal with variable positional arguments
            if spec.varargs and spec.varargs in annotations:
                annotation = annotations[spec.varargs]
```

```
    for arg in args[len(spec.args):]:
        process(arg, annotation)

# Deal with variable keyword arguments
if spec.varkw and spec.varkw in annotations:
    annotation = annotations[spec.varkw]
    for name, arg in keyword_args.items():
        process(arg, annotation)

r = func(*args, **kwargs)
if 'return' in annotations:
    process(r, annotations['return'])

return r

return wrapper
```

return decorator

注意　为了让 annotation_decorator()装饰器变得更加通用，你会注意到该装饰器的初始部分不再检查注解是否为有效类型。装饰器本身不再关心你为参数的值应用的逻辑，因为这一切都是在所要装饰的函数中完成的。

现在，我们可以将这个新的装饰器应用于一个更简单的函数，以提供一个新的 typesafe()装饰器，它的功能与之前类似，代码如下：

```
@annotation_decorator
def typesafe(value, annotation):
    """
    Verify that the function is called with the right argument types
        and that it returns a value of the right type, according
        to its annotations
    """
    if not isinstance(value, annotation):
        raise TypeError("Expected %s, got %s." %
                        (annotation.__name__,type(value).__name__))
```

这样做的好处是：将来可以更容易地修改装饰器的行为。此外，现在可以使用 annotation_decorator()创建新类型的装饰器，这些装饰器可将注解用于不同的目的，例如，用于类型强制转换。

3.3.3　示例：类型强制转换

除了严格要求参数在传入函数时都是指定的类型这种方法外，另一种方法是将它们强制转换为函数内部所需的类型。许多用于验证值的相同类型也可用于将它们直接强制转换为类型本身。此外，如果一个值不能被强制转换，那么传入的类型会引发异常，通常是 TypeError，就像我们的验证函数一样。

稳健性原则

类型强制转换是稳健性原则最明显的应用之一。你的函数需要一个特定类型的参数，但是最好能接收一些变体，从而知道它们可以在函数被处理前转换为正确的类型。同样，类型强制转换还有助于确保返回值的类型始终是外部代码知道的类型。

将类型强制转换添加到新的装饰器中，这可以为我们提供很好的起点。我们可以根据随之一起提供的注解来修改传入的值。因为我们需要类型构造函数来进行所有必要的类型检查，并适当地抛出异常，所以这个新的装饰器可以更加简单。实际上，可以用一条真实的指令来表达：

```
@annotation_decorator
def coerce_arguments(value, annotation):
    return annotation(value)
```

这非常简单，你甚至不需要将注解作为一种类型。任意返回对象的函数或类都可以正常工作，并且返回的值将被传入由 coerce_arguments()装饰的函数。事实真的如此吗？如果回顾一下当前的 annotation_decorator()函数，就会发现一个小小的问题，正是这个问题导致无法像这个新的装饰器那样工作。

问题在于：在调用传入外部装饰器的 process()函数的，返回值会被丢弃。如果尝试将 coerce_arguments()与现有的装饰器一起使用，那么代码会抛出异常，而不会对值进行类型强制转换。因此，为了使代码能够正常工作，需要将该功能添加到 annotation_decorator()中。

不过总体上还有几件事情需要完成。因为注解处理器将修改最终发送到所装饰函数的参数，所以我们需要为位置参数创建一个新的列表，并为关键字参数创建一个新的字典。然后我们必须拆分显式参数的处理，以便可以区分位置参数和关键字参数，否则函数将无法正确地应用可变位置参数。

```
def wrapper(*args, **kwargs):
    new_args = []
```

```
    new_kwargs = {}
    keyword_args = kwargs.copy()

    # Deal with explicit arguments passed positionally
    for name, arg in zip(spec.args, args):
        if name in annotations:
            new_args.append(process(arg, annotations[name]))

    # Deal with explicit arguments passed by keyword
    for name in chain(spec.args, spec.kwonlyargs):
        if name in kwargs and name in annotations:
            new_kwargs[name] = process(keyword_args.pop(name),
                                       annotations[name])

    # Deal with variable positional arguments
    if spec.varargs and spec.varargs in annotations:
        annotation = annotations[spec.varargs]
        for arg in args[len(spec.args):]:
            new_args.append(process(arg, annotation))

    # Deal with variable keyword arguments
    if spec.varkw and spec.varkw in annotations:
        annotation = annotations[spec.varkw]
        for name, arg in keyword_args.items():
            new_kwargs[name] = process(arg, annotation)

    r = func(*new_args, **new_kwargs)
    if 'return' in annotations:
        r = process(r, annotations['return'])
    return r
```

　　执行完这些更改，新的 coerce_arguments()装饰器将能够动态地替换参数，并将替换后的参数传递给原始函数。但如果仍然使用之前的 typesafe()，这种新的行为将会导致问题，因为 typesafe()不会返回值。如果类型检查顺利，那么解决该问题将十分简单，只需要返回原始(未更改的)值即可，代码如下：

```
@annotation_decorator
def typesafe(value, annotation):
    """
    Verify that the function is called with the right argument types and
    that it returns a value of the right type, according to its annotations
    """
```

```
if not isinstance(value, annotation):
    raise TypeError("Expected %s, got %s." % (annotation.__name__,
                                    type(value).__name__))
return value
```

3.3.4　用装饰器进行注解

这里自然要问的一个问题是：如果将两个库一起使用会发生什么？其中一个库希望你提供有效的类型，而另一个库则希望将字符串用于文档。它们彼此完全不兼容，这迫使你选择使用其中的一个，而不是同时使用两者。此外，任何使用字典或其他组合的数据类型的尝试都必须由这两个库达成一致，因为其中每个库都需要知道如何获取需要的信息。

一旦考虑到有很多其他框架和库可能利用这些注解，你就可以看到官方的函数注解很快会分崩离析。现在还不能确定哪些应用程序将实际使用它们，或者它们将如何协同工作，但是确实值得考虑能够避免这些问题的其他选项。

因为装饰器可以接收它们自己的参数，所以可以使用装饰器为它们所装饰函数的参数提供注解。通过这种方式，注解就能独立于函数本身，并直接提供给识别它们的代码。另外，由于可以将多个装饰器堆叠在一个函数上，因此已经有了一种管理多个框架的内置方式。

3.3.5　示例：将类型安全作为装饰器

为了说明基于装饰器的函数注解方法，下面考虑前面提到的类型安全这个例子。该例依赖于一个装饰器，所以我们可以扩展它以获取参数，使用与之前注解所提供的相同类型。实际上，它看起来如下所示：

```
>>> @typesafe(str, str)
... def combine(a, b):
...     return a + b
...
>>> combine('spam', 'alot')
'spamalot'
>>> combine('fail', 1)
Traceback (most recent call last):
  ...
TypeError: Wrong type for b: expected str, got int.
```

它的工作方式几乎与真正的注解版本相同，只是注解会直接提供给装饰器。为了接收参数，我们只需要稍微修改代码的第一部分，这样就可以从参数中获得注解，而不必检查函数本身。

　　因为注解是通过参数传入装饰器的，所以我们有了一个新的外部包装器来接收它们。当下一层接收到要装饰的函数时，可以将注解与函数的签名匹配起来，为任何按位置传递的注释提供名称。一旦所有可用的注解都被赋予正确的名称，内部装饰器的剩下部分就可以使用它们，而无须执行任何进一步的修改。代码示例如下：

```
import functools
import inspect
from itertools import chain
def annotation_decorator(process):
    """
    Creates a decorator that processes annotations for each argument
        passed into its target function, raising an exception if
        there's a problem.
    """
    def annotator(*args, **kwargs):
        annotations = kwargs.copy()

        @functools.wraps(process)
        def decorator(func):
            spec = inspect.getfullargspec(func)
            annotations.update(zip(spec.args, args))

            defaults = spec.defaults or ()
            defaults_zip = zip(spec.args[-len(defaults):], defaults)
            kwonlydefaults = spec.kwonlydefaults or {}

            for name, value in chain(defaults_zip, kwonlydefaults.
                items()):
                if name in annotations:
                    process(value, annotations[name])

            @functools.wraps(func)
            def wrapper(*args, **kwargs):
                new_args = []
                new_kwargs = {}
                keyword_args = kwargs.copy()

                # Deal with explicit arguments passed positionally
                for name, arg in zip(spec.args, args):
```

```
        if name in annotations:
            new_args.append(process(arg, annotations[name]))

    # Deal with explicit arguments passed by keyword
    for name in chain(spec.args, spec.kwonlyargs):
        if name in kwargs and name in annotations:
            new_kwargs[name] = process(keyword_args.pop(name),
                annotations[name])

    # Deal with variable positional arguments
    if spec.varargs and spec.varargs in annotations:
        annotation = annotations[spec.varargs]
        for arg in args[len(spec.args):]:
            new_args.append(process(arg, annotation))

    # Deal with variable keyword arguments
    if spec.varkw and spec.varkw in annotations:
        annotation = annotations[spec.varkw]
        for name, arg in keyword_args.items():
            new_kwargs[name] = process(arg, annotation)
    r = func(*new_args, **new_kwargs)
    if 'return' in annotations:
        r = process(r, annotations['return'])
    return r

        return wrapper

    return decorator

return annotator
```

这样就处理了大多数情况，但还没有处理返回值。如果尝试使用正确的名称 return 提供返回值，将会得到语法错误，因为 return 是 Python 中的关键字。可尝试将 return 与其他注解一起提供，这会要求在每次调用时都使用实际的字典来传递注解，这样就可以在不破坏 Python 语法的情况下提供 return 注解。

不同的是，你需要在单独的函数调用中提供 return 注解，在这个函数调用中，返回值可以是唯一的参数，不需要保留名称。当使用大多数类型的装饰器时，这很容易做到：只需要创建一个新的装饰器来检查并使用返回值即可。但最终使用的装饰器超出了代码的可控范围，所以在单独的函数调用中提供 return 注解并不容易。

如果将返回值处理与参数处理完全分离，那么实际编写 typesafe() 装饰器的程序员将不得不编写两次：一次是创建参数处理的装饰器，另一次是创建返回值处理的装饰器。这显然违背了 DRY 原则，所以我们要尽可能地重复利用装饰器。

在进行设计时，我们需要考虑的不仅仅是简单的装饰器，还需要考虑如何更好地处理装饰器，以便那些需要使用装饰器的人能够理解。考虑到一些可用的选项，解决方案很快就会浮现于脑海中。如果我们可以添加额外的注解函数作为最终装饰器的属性，那就能够像其他装饰器那样，在同一行中编写 return 注解，之后，则在自己的函数中进行调用。如果这样操作的话，代码看起来可能如下所示：

```
@typesafe(int, int).returns(int)
def add(a, b):
    return a + b
```

显然，这不可能成为可选的方式，即使不添加必要的代码，也可以证明这一点。可问题在于，这种形式不允许作为 Python 语法使用。如果 typesafe()没有接收任何参数就可以工作的话，将不再支持将两个单独的函数作为单个装饰器的一部分进行调用。与其通过装饰器本身提供 return 注解，不如想想其他办法。

另一种选择是使用生成的 typesafe()装饰器将一个函数作为属性添加到 add()函数的包装器中。这会将 return 注解放在函数定义的末尾，更靠近指定返回值的地方。此外，这还说明，可以使用 typesafe()来提供参数装饰器，而无须检查返回值。代码示例如下：

```
@typesafe(int, int)
def add(a, b):
    return a + b
add.returns(int)
```

使用 typesafe()提供参数装饰器看上去非常清楚，甚至可能比其他语法更明确。额外的好处是，支持代码非常简单，只需要在内部的装饰器函数的末尾添加几行代码即可：

```
def decorator(func):
    from itertools import chain

    spec = inspect.getfullargspec(func)
    annotations.update(zip(spec.args, args))

    defaults = spec.defaults or ()
    defaults_zip = zip(spec.args[-len(defaults):], defaults)
    kwonlydefaults = spec.kwonlydefaults or {}
```

```
    for name, value in chain(defaults_zip, kwonlydefaults.items()):
        if name in annotations:
            process(value, annotations[name])
    @functools.wraps(func)
    def wrapper(*args, **kwargs):
        new_args = []
        new_kwargs = {}
        keyword_args = kwargs.copy()

        # Deal with explicit arguments passed positionally
        for name, arg in zip(spec.args, args):
            if name in annotations:
                new_args.append(process(arg, annotations[name]))

        # Deal with explicit arguments passed by keyword
        for name in chain(spec.args, spec.kwonlyargs):
            if name in kwargs and name in annotations:
                new_kwargs[name] = process(keyword_args.pop(name),
                                           annotations[name])

        # Deal with variable positional arguments
        if spec.varargs and spec.varargs in annotations:
            annotation = annotations[spec.varargs]
            for arg in args[len(spec.args):]:
                new_args.append(process(arg, annotation))

        # Deal with variable keyword arguments
        if spec.varkw and spec.varkw in annotations:
            annotation = annotations[spec.varkw]
            for name, arg in keyword_args.items():
                new_kwargs[name] = process(arg, annotation)

        r = func(*new_args, **new_kwargs)
        if 'return' in annotations:
            r = process(r, annotations['return'])
        return r
    def return_annotator(annotation):
        annotations['return'] = annotation
    wrapper.returns = return_annotator

    return wrapper
```

对这个新的 returns()函数的调用发生在最终的 typesafe()函数调用之前,所以,可以先向现有的字典添加一个新的注解。当稍后调用 typesafe() 时，内部的包装器仍然可以像往常一样继续工作。这只是改变了 return 注解的提供方式。

所有这些行为都被重构为一个单独的装饰器，因此，你可以将这个装饰器应用于 coerce_arguments() 或任何其他用途类似的函数。由此产生的结果函数将与 typesafe() 拥有相同的工作方式，只不过是把 typesafe() 中处理参数的操作放到了这个新的装饰器中。

3.4　生成器

第 2 章介绍了生成器表达式的概念，并强调了迭代的重要性。由于生成器表达式适用于简单的情况，因此通常需要更复杂的逻辑来确定迭代应该如何工作。你可能需要对循环的持续时间、返回的项、在此过程中可能引发的副作用或可能存在的任何其他问题进行更细粒度的控制。

从本质上讲，你需要的函数应该具有迭代器的优点，但不具有创建迭代器本身的认知负荷，这正是生成器的用武之地。你可以定义一个一次只生成一个单独的值，而不是生成一个返回值的函数，这样你就同时拥有了函数的灵活性和迭代器的性能。

使用 yield 语句可以将生成器与其他函数区分开，这在某种程度上类似于典型的 return 语句，不同之处在于 yield 语句不会导致函数完全停止执行。它将在函数中增加一个值来调用生成器，并且这个值会被循环使用。当循环重新开始时，生成器会再次启动，从上次停止的地方开始运行，直至找到另一条 yield 语句或函数执行完毕。

下面通过一个示例来清楚地说明这些基本内容，想象一个返回经典的斐波那契数列中的值的简单生成器。数列从 0 和 1 开始，后面的每一个数字都是通过将它前面的两个数字按顺序相加得到的。因此，无论数列有多长，生成器函数每一次只需要在内存中保留两个数字。但是，为了防止永远继续下去，最好要求给出返回值的最大个数，我们最终一共需要跟踪三个值。

很容易将前两个值设置为特殊情况，甚至在开始返回数列其余部分的主循环之前就一次性生成它们。然而，这增加了一些额外的复杂性，因为很容易意外地引入无限循环。于是，我们使用另外一对种子值—— -1 和 1，它们可以直接输入主循环。在应用循环逻辑时，它们将正确地生成 0 和 1。

接下来，我们可以为数列中剩余的所有值添加循环，直至达到计数要求为止。当然，在循环开始时，已经产生了两个值，所以在进入循环之前，我们必须将计数值减 2。否则，我们最终产生的值会比要求的多出两个。

```
def fibonacci(count):
    # These seed values generate 0 and 1 when fed into the loop
    a, b = -1, 1

    while count > 0:
        # Yield the value for this iteration
        c = a + b
        yield c

        # Update values for the next iteration
        a, b = b, c
        count -= 1
```

　　有了生成器之后，只需要像使用其他数列一样就可以迭代产生的值。生成器可以自动地进行迭代，因此标准的 for 循环就可以激活并检索产生的值。通过手动跟踪-1 和 1，就可以确切地看到具体是如何工作的。

```
for x in fibonacci(3):
    print(x)
# output is
#0
#1
#1
for x in fibonacci(7):
    print(x)
#output is
#0
#1
#1
#2
#3
#5
#8
```

　　遗憾的是，生成器的主要优势有时也可能是一种负担。因为在任何给定的时间内，内存中都没有完整的数列，生成器总是必须从它们停止的地方恢复。然而在大多数情况下，当第一次迭代生成器时就会将它完全耗尽。因此，当你尝试将它放入另一个循环时，根本不会得到任何返回值。

　　添加如下代码片段，然后运行：

```
fib = fibonacci(7)
print(list(fib)) # output [0, 1, 1, 2, 3, 5, 8]
print(list(fib)) # output []
```

这种行为一开始可能看起来有点误导人，但在大多数情况下这是有意义的。生成器通常用于预先不知道的完整数列，或者用于在遍历数列之后可能还会发生更改的场景。例如，你可以使用生成器来遍历当前正在访问系统的用户。一旦确定了所有用户，生成器就会自动失效。此时，你需要创建一个新的生成器来刷新用户列表。

注意　如果经常使用内置的 range()函数(或 Python 3.0 版本之前的 xrange()函数)，那么你可能已经注意到，在多次访问后它会重新启动自身。可显式地实现迭代协议，在迭代过程中向下移动一个级别，这种行为无法通过简单的生成器来实现，但是第 5 章将向你展示如何更好地控制所创建对象的迭代过程。

3.5　lambda

函数除了自己具备一些特性外，还经常被调用，从而为其他特性提供一些额外的小功能。例如，在对列表进行排序时，可以配置 Python 的行为，实现方式是提供一个接收列表元素并返回值(用于比较)的函数。按这种方式，给定一个 House 对象列表，就可以按价格进行排序，代码示例如下：

```
>>> def get_price(house):
...     return house.price
...
>>> houses.sort(key=get_price)
```

但这似乎有点浪费函数的功能，而且还需要几行额外的代码和一个永远不会在 sort()函数调用之外使用的名称。更好的方式是直接在函数调用中指定 key 参数。这不仅可以使代码更简洁，还可以将函数体放在要使用它的地方，因此对于这些类型的简单行为来说，可读性更强。

在这类情况下，Python 中的 lambda 形式就非常有价值。Python 提供了一种独特的语法，由关键字 lambda 标识。这允许你将没有名称的函数定义为单独的表达式，并具有更简单的功能集。在深入研究该语法的细节之前，先来看一下刚才那个示例中的情况。把它想象成一个单行的迷你函数，请看以下内容：

```
>>> g=lambda x: x*x
>>> g(8) # which returns 8 * 8
```

如你所见,这是一种明显压缩的函数定义形式。lambda 关键字的后面是由逗号分隔的参数列表。在之前的排序示例中,只需要一个参数,可以将该参数命名为你喜欢的任意名称,就像其他函数一样。如有必要,这些参数甚至可以有默认值,使用与常规函数相同的语法。参数后面跟着一个冒号,表示 lambda 函数体的开始。如果不涉及任何参数,那么可以将冒号紧跟在 lambda 关键字之后。

```
>>> a = lambda: 'example'
>>> a
<function <lambda> at 0x. .>
>>> a()
'example'
>>> b = lambda x, y=3: x + y
>>> b()
Traceback (most recent call last):
TypeError: <lambda>() takes at least 1 positional argument (0 given)
>>> b(5)
8
>>> b(5, 1)
6
```

现在你可能已经发现,lambda 函数体实际上就是它的返回值。没有显式的 return 语句,所以整个函数体实际上只是用于返回一个值的单个表达式,这就是 lambda 形式如此简洁却又易于阅读的一个重要原因。但我们也是有代价的:只允许使用单个表达式;不能使用任何控制结构,如 try、with 或 while 代码块;不能在函数体内分配变量;并且对于多步操作,如果不将它们绑定到同一个表达式中,则无法执行这些操作。

看起来 lambda 函数的功能可能非常有限,但是为了保持可读性,函数体必须保持尽可能简单。在需要额外流程控制的场景下,你会发现,在标准函数中使用 lambda 形式更具可读性。然后,你可以将函数传递到其他可能会使用 lambda 的地方。或者,其他函数也可以提供一部分操作,但不是全部操作,这样就可以自由地调用这些函数作为表达式的一部分。

3.6 自省

Python 的主要优势之一,就在于几乎所有东西都可以在运行时进行检查,从对象属性、模块内容到文档,甚至是生成的字节码。我们将查看这些信息的过程称为自省，自省几乎渗透到 Python 的各个方面。本节定义了一些可用的自省特性，我们会在其余章节中给出更具体的详细信息。

函数的最明显标识就是名称，可以使用__name__属性获得，返回值是用于定义函数的字符串。在 lambda 形式中，对于没有名称的 lambda，__name__属性可使用标准的字符串'<lambda>'进行填充，如下所示：

```
>>> def example():
...     pass
...
>>> example.__name__
'example'
>>> (lambda: None).__name__
'<lambda>'
```

3.6.1　标识对象类型

Python 的动态特性有时会使你很难确保获得正确类型的值，甚至很难知道值的类型。Python 为我们提供了一些可用于访问以上信息的选项，但你必须认识到这是两个独立的任务，因此 Python 使用了两种不同的方法。

最明显的需求是识别代码中所提供对象的类型。为此，Python 提供了内置的type()函数，该函数接收一个要识别的对象，返回值是 Python 类，用于创建给定的对象，但这个创建过程是通过字面值隐式完成的：

```
>>> type('example')
<type 'str'>
>>> class Test:
...     pass
...
>>> type(Test)
<type 'classobj'>
>>> type(Test())
<type 'instance'>
```

第 4 章将详细解释一旦有了类对象，就可以用它们做什么，但更常见的是将对象与期望接收的特定类型做比较。这是另外一种情况，因为对象的类型是什么并不重要，只要是正确类型的实例，就可以对它们的行为做出正确的假设。

有许多不同的常用函数都可以用于以上目的，其中大部分都将在第 4 章进行介绍。本节以及第 4 章将频繁地使用其中的一个，因此这里需要进行一些解释。isinstance()函数接收两个参数——要检查的对象和期望的对象类型，结果是简单的

True 或 False, 从而可以适用于 if 代码块。代码示例如下:

```
>>> def test(value):
...     if isinstance(value, int):
...         print('Found an integer!')
...
>>> test('0')
>>> test(0)
Found an integer!
```

3.6.2　模块和软件包

我们在 Python 中定义的函数和类通常放在模块内部,而模块反过来又通常是包结构的一部分。在导入代码时访问包结构是很容易的,可以使用文档,甚至只需要查看磁盘上的源文件。但是,给定一段代码,识别它们在源代码中的定义位置通常十分有用。

因此,所有函数和类都有一个__module__属性,其中包含了定义代码的模块的导入位置。math.sin.__module__不仅提供模块的名称,还提供模块所在位置的完整路径。从本质上讲,可以将这些信息直接传递到任何动态导入特性中(如第 2章所示)。

使用交互式解释器是一种特殊情况,因为没有指定的源文件可以使用。在这种情况下定义的任何函数或类都将具有一个特殊的名称'__main__',这个名称可从__module__属性返回:

```
>>> def example():
...     pass
...
>>> example
<function example at 0x...>
>>> example.__module__
'__main__'
```

3.6.3　文档字符串

因为可以使用代码旁边的文档字符串来记录函数,所以 Python 还会将这些字符串存储为函数对象的一部分。通过访问函数的__doc__属性,可以将文档字符串读入代码中,这对于生成动态库文档非常有用。下面这个示例通过一个简单的函数展示了如何对文档字符串进行访问:

```
def example():
    """This is just an example to illustrate docstring access."""
    pass
print(example.__doc__) # which outputs This is just an example to
                       # illustrate docstring access.
```

接下来，请在提示符中尝试以下操作：

```
>>> def divide(x, y):
...     """
...     divide(integer, integer) -> floating point
...
...     This is a more complex example, with more comprehensive
         documentation.
...     """
...     return float(x) / y # Use float() for compatibility prior to 3.0
...
>>> divide.__doc__
'\n divide(integer, integer) -> floating point\n\n This is a more
complex example, with more comprehensive documentation.\n '
>>> print(divide.__doc__)

    divide(integer, integer) -> floating point
```

如你所见，简单的文档字符串很容易处理，只需要读入__doc__并根据需要使用即可。但是，更为复杂的文档字符串将保留所有空格(包括换行符)，这使得在处理它们时更具挑战性。更糟糕的是，如果不扫描某些字符，代码就无法知道你正在查看的是哪种类型的文档字符串。即使只是将它们输出到交互式提示符中，也仍然需要在实际文档的前后添加额外的一行，另外还要保持与文档中相同的缩进。

为了更优雅地处理复杂的文档字符串(如示例中所示)，前面提到的 inspect 模块还提供了一个 getdoc()函数，用于检索和格式化文档字符串。最后的效果是去掉了文档前后的空格，以及任何用于将文档字符串与围绕文档字符串进行代码对齐的缩进。这里对相同的文档字符串使用 inspect.getdoc()进行格式化，如下所示：

```
>>> import inspect
>>> print(inspect.getdoc(divide))

divide(integer, integer) -> floating point
This is a more complex example, with more comprehensive
```

documentation.

　　我们必须在交互式提示符中使用 print()，因为结果字符串中仍然保留了换行符。getdoc()删除的都是空格，这会使文档字符串看起来正好位于函数代码的旁边。除了删除文档字符串开头和末尾的空格之外，getdoc()还使用一种简单的技术来标识和删除用于缩进的空格。

　　从本质上讲，即使没有空格，getdoc()也会计算每行代码开头的空格数量。然后确定这些计数的最小值，并从每一行中删除相应数量的字符，这些字符在删除前导空格和尾随空格之后仍然保留。如果计数的最小值大于文本与周围代码对齐所需的缩进值，那么也可以保持文档字符串中其他的缩进关系不变。下面这个示例中的文档字符串更为复杂，你可以看到 inspect.getdoc()是如何进行处理的：

```
>>> def clone(obj, count=1):
...     """
...     clone(obj, count=1) -> list of cloned objects
...
...     Clone an object a specified number of times, returning the
...     cloned objects as a list. This is just a shallow copy only.
...
...     obj
...         Any Python object
...     count
...         Number of times the object will be cloned
...
...      >>> clone(object(), 2)
...     [<object object at 0x12345678>, <object object at
...     0x87654321>]
...     """
...     import copy
...     return [copy.copy(obj) for x in count]
...
>>> print(inspect.getdoc(clone))
clone(obj, count=1) -> list of cloned objects
Clone an object a specified number of times, returning the cloned
objects as a list. This is just a shallow copy only.
obj
    Any Python object
count
    Number of times the object will be cloned
```

```
>>> clone(object(), 2)
    [<object object at 0x12345678>, <object object at 0x87654321>]
```

请注意，关于每个参数的描述信息仍然缩进了四个空格，这与它们在函数定义中的形式相同。最短的行在开始时总共只有四个空格，而其他行有八个空格，所以 Python 去掉了前四个空格，剩下的内容保持不变。同样，示例中的解释器会话缩进了两个额外的空格，因此得到的字符串保留了这两个空格的缩进。

现在还不需要考虑 copy 函数。第 6 章将详细描述如何在必要时创建和管理对象的副本。

3.7　令人兴奋的 Python 扩展：统计

大多数从事统计分析工作的人可能不会将 Python 作为首选，这是因为 Python 是一种通用语言，而其他语言(如 R、SAS 或 SPSS)则是直接针对数据统计的。然而，Python 也可能是非常不错的选择，因为有大量丰富的库可供使用，特别是因为 Python 对用户非常友好并且可以轻松地处理数据的采集，Python 也可以与其他语言很好地集成在一起。使用 Python 进行统计分析非常容易，下面我们将进行介绍。这里要使用的一个库是 Pandas(Python Data Analysis Library，Python 数据分析库)。

3.7.1　安装 Pandas 和 matplotlib

使用 PIP 安装 Pandas 和 matplotlib 的步骤如下：

(1) 在升级后的命令提示符中输入 pip install pandas(按回车键)，这也将同时安装所需的 NumPy 和 datautils 库。假设你在安装时没有遇到错误，请创建一个文件并尝试进行读取测试，以确保该文件工作正常。

(2) 输入 pip install matplotlib(按回车键)。

3.7.2　创建文本文件

首先，我们将使用一些假设的数据创建一个 CSV(Comma Separated Values，逗号分隔值)文本文件。该文件的数据可以来自互联网，也可以来自数据库等。你最好有一些想要处理的电子表格(例如 Excel 或 OpenOffice 文档)，这些文档需要存储为 CSV 格式。从现在开始，使用你最喜欢的文本编辑器进行编辑。

(1) 启动 Windows 系统中的记事本工具并输入以下内容，以文本文件的形式保存。确保文本文件和 Python 文件在同一个文件夹中！

```
"Subject","Gender","Level","GPA","Major","Age"
"1","female","Freshmen",3.9,"History",23
"2","male","Senior",3.9,"History",18
"3","male","Senior",2.5,"Psy",21
"4","male","Freshmen",2.0,"Math",32
"5","female","Junior",3.5,"Chem",19
"6","male","Freshmen",3.0,"History",20
```

(2) 将文件以 students.csv 为名称保存,并确保文件名未附加.txt 扩展名。

3.7.3 使用 Pandas 显示数据

现在进行测试,看看是否可以读取我们的 CSV 数据并将它们显示在屏幕上。一旦成功,我们就可以对数据进行处理了。创建一个 Python 脚本并运行以下命令,为 Python 文件提供一个有效的名称:

```
import pandas
data = pandas.read_csv('students.csv', sep=',', na_values=".")
print (data)
```

输出应该类似于以下内容:

```
   Subject   Gender    Level   GPA    Major   Age
0        1   female  Freshmen  3.9  History    23
1        2     male    Senior  3.9  History    18
2        3     male    Senior  2.5      Psy    21
3        4     male  Freshmen  2.0     Math    32
4        5   female    Junior  3.5     Chem    19
5        6     male  Freshmen  3.0  History    20
```

你可以使用 Pandas 读取来自 students.csv 数据文件的输出。

3.7.4 进行一些数据分析

可以很容易地使用 statistics 库来查看不同专业的学生的平均年龄,在本例中,用到的函数是 mean()和 groupby():

```
import pandas
data = pandas.read_csv('students.csv', sep=',', na_values=".")
print (data)
groupby_major = data.groupby('Major')
for major, student_age in groupby_major['Age']:
        print('The average age for', major, 'majors is: ',
              student_age.mean())
```

不同专业学生的平均年龄的输出如下:

```
      Subject  Gender      Level  GPA   Major  Age
0           1  female   Freshmen  3.9  History   23
1           2    male     Senior  3.9  History   18
2           3    male     Senior  2.5      Psy   21
3           4    male   Freshmen  2.0     Math   32
4           5  female     Junior  3.5     Chem   19
5           6    male   Freshmen  3.0  History   20
The average age for Chem majors is:  19.0
The average age for History majors is:  20.333333333333332
The average age for Math majors is:  32.0
The average age for Psy majors is:  21.0
```

unique()函数将显示给定数据列的唯一值。例如，使用 students.csv 文件，我们可以只显示学生的专业。请注意，列字段是区分大小写的，因此还需要对原始 CSV 文件进行显示或查看，以确保输出是正确的。

```
import pandas
data = pandas.read_csv('students.csv', sep=',', na_values=".")
dif_majors = data.Major.unique()
print(dif_majors)
```

接下来，你可能只想访问某些列的数据。请考虑以下代码，其中仅提取和显示数据中 Major 和 GPA 列的信息：

```
import pandas
data = pandas.read_csv('students.csv', sep=',', na_values=".")
major_gpa = data[['Major','GPA']].head(10)
print (major_gpa)
```

3.7.5 使用 matplotlib 进行绘图

matplotlib 库允许可视化数值数据，这有助于向大众传达信息。事实上，可视化数据甚至可以帮助数据专家从信息中找到隐藏的含义。尝试以下这个例子，你会发现，以图形的方式可视化地展示一系列数据其实非常容易：

```
import matplotlib.pyplot as plt
plt.plot([1,8,2,9,6]) # x values
plt.ylabel('Data readings for five hours') #y values
plt.show()
```

3.7.6 图表的类型

有许多类型的图表可供选择，Matplotlib.org 的发展非常快速，通过访问该网站，你将能够快速浏览 pyplot 库新添加的内容和特性。在下面的示例中，你可以发现 pyplot 库中的很多图表类型可以使用：

```
#Pie chart example
import matplotlib.pyplot as plt
#Data sets 1 - 5
sets = 'D 1', 'D 2', 'D 3', 'D 4', 'D 5'
data = [5, 10, 15, 20, 50]
plt.pie(data, labels=sets)
plt.show()
```

还有许多其他类型的图表，如条形图、柱状(直方)图、箱形图、密度图、面积图、散点图和 XKCD 风格的图表(带有 Pythonish 幽默的漫画网站)，它们的格式类似于饼图。

3.7.7　将 matplotlib 与 Pandas 结合起来

我们现在已经掌握了可视化数据的基础知识，下面对一个更大的数据集进行可视化，这样的数据集更加实用。通常，你不会在代码中输入每个值，但是你会从 CSV 文件或类似的其他文件中读取这些值，而这些值可能是从互联网站点获得的。我们可以将数据可视化与 Pandas 相结合。在下面的例子中，我们添加了一些函数，并从 students.csv 数据集中绘制了学生年龄范围的直方图。将 Pandas 和带有 pyplot 的 matplotlib 配合在一起使用非常方便，代码示例如下：

```
import pandas
import matplotlib.pyplot as plt
data = pandas.read_csv('students.csv', sep=',', na_values=".")

age = data[['Age']]
print(age)
plt.hist(age)
plt.xticks(range(18,33))
plt.title('Ages of students')
plt.show()
```

当然，Pandas 和 matplotlib 的文档及官方网站还会描述一些其他可用的函数，以上示例将有助于你使用 Pandas 的更多特性，以便你可以根据需要轻松地将其他功能集成到应用程序中。

3.8　小结

虽然 Python 中的函数表面上看起来非常简单，但是直到现在，你才知道如何以真正适合自己需要的方式定义和管理它们。当然，你可能希望将函数合并到更全面的面向对象的程序中，为此，我们需要了解 Python 中类的工作原理。

第 4 章

类

在第 3 章，我们回顾了如何使用函数来定义可重复使用的代码，这样不必重新输入"代码块"就可以简化通用的代码。然而，将这些相同的功能组合到定义了特定类型对象的行为和成员变量的逻辑分组中通常更为有用，这就是标准的面向对象编程，这是通过类型(type)和类(class)在 Python 中实现的。就像函数一样，类表面上看起来很简单，但是背后的功能相当强大，你可以好好利用它们。

类的最基本思想在于封装了对象的行为，用类的实例来表示对象的数据。因此，即使数据很可能从一个实例更改为另一个实例，那些由底层的类确定的行为也将在这些实例中保持不变。有关这些行为的定义、扩展和变更将是本章的讨论重点。

4.1 继承

使用类的最简单方法是为单一类型的对象定义单独的类。这对于许多简单的应用程序都很有效，但是你可能会发现，有时需要对对象的行为进行更精细的控制。特别是，对于一个大型的对象集合而言，通常会有一组公共的行为集合，你需要修改它们，或是为一组较小且更具体的对象集合添加新的行为。

为了实现这一点，Python 允许每个类指定一个或多个用于提供基本行为的基类，这样新类在定义时就可以添加新的行为或覆盖任何现有的行为。默认情况下，所有的对象都来自内置的对象类型，尽管它们本身并没有做任何有用的事情，但它们实际上是支撑整个系统的一种基础类型，因为其他所有的东西都是从基类继承而来的。

与大多数其他面向对象编程语言一样，Python 允许为给定的类定义任意多个子类，并且也可以对这些子类继续划分，根据需要深入到更多层级。这种垂直的继承方法适用于大多数应用程序，因为可以最大限度地提高基类的实用性。当一组单一且通常较大的行为集合需要跨其他类重复使用时，这种垂直继承方式是非常有用的。可尝试使用显式的构造函数来创建非常简单的 Python 类，代码示例如下：

```
class Contact:
    def __init__(self, lName, fName): # explicit constructor for class
        self.lastName = lName
        self.firstName = fName

worker1 = Contact("Smith", "James")
print(worker1.lastName, worker1.firstName)
```

Python 中也有一些内置函数可以用来修改类。在本章的 4.3 节中，你将了解到更多细节，这里仅展示一些前瞻性内容。这些函数有：getattr(obj，name)，用于访问对象的成员变量；setattr(obj，name，value)，用于设置对象的成员变量；hasattr(obj，name)，用于检查对象的属性是否存在；delattr(obj，name)，用于删除对象中的成员变量。当然，一旦创建了对象，就可以访问这些公共属性，示例如下：

```
class Contact:
    def __init__(self, lName, fName): # explicit constructor for class
        self.lastName = lName
        self.firstName = fName
worker1 = Contact('Smith', 'James')
print(worker1.lastName, worker1.firstName) # object.public_property
newLast=raw_input('Enter new last name: ')
setattr(worker1,'lastName',newLast) # set attribute with new value
print(worker1.lastName, worker1.firstName)
print(getattr(worker1, 'lastName')) # get existing attribute
```

再举一个例子，想象一种常见的场景，其中涉及联系人管理应用程序。在所有其他类的基础上，你将拥有 Contact 类。根据定义，联系人管理应用程序中的所有内容都是联系人。Contact 类将具有一组与之关联的字段和行为，这些字段和行为仅涵盖与联系人相关的所有内容，具体内容则取决于应用程序的需要，示例如下：

```
class Contact:
    name = TextField()
    email = EmailAddressField()
    phone = PhoneNumberField()
    def send_mail(self, message):
        # Email sending code would go here
```

目前，不必深究每个字段的类来自哪里，或者它们在应用程序中是如何工作的等细节。如果感兴趣，可参见第 11 章中演示的框架来编写这样的类。现在的关键问题是，每个字段代表了与当前的类相关的单个数据块，值可以由用户输入，也可以是数据库查询的结果，甚至由随机值生成器提供。重要的是，类的结构以及子类该如何使用它们。

即使这里只有一个联系人，也可以基于这些核心字段和行为创建有用的应用程序。提供附加的特性意味着添加对不同类型联系人的支持。例如，现实世界中的人有姓名，或许还有手机信息，而公司通常只有姓名和电话号码之类的信息。同样，公司一般都在特定的行业做生意，这种信息对于个人而言没有任何意义，示例如下：

```
class Person(Contact):
    first_name = TextField()
    last_name = TextField()
    name = ComputedString('%(last_name)s, %(first_name)s')
    cell_phone = PhoneNumberField()

class Company(Contact):
    industry = TextField()
```

现在我们已经有了基本的层次结构。与公司不同的是，个人都有适合各自情况的不同字段。Python 的继承系统自动从 Contact 类中提取字段，并使它们在 Person 和 Company 类中可用。你也可以对这些子类做进一步的划分，提供诸如 Employee、Friend 和 FamilyMember 的 Person 类型，如下所示：

```
class Employee(Person):
    employer = RelatedContact(Company)
    job_title = TextField()
    office_email = EmailAddressField()
    office_phone = PhoneNumberField()
    extension = ExtensionField()

class Friend(Person):
```

```
        relationship = TextField()

class FamilyMember(Person):
    relationship = TextField()
    birthday = DateField()
```

注意，尽管 Friend 和 FamilyMember 都有彼此相同的 relationship 字段，但 FamilyMember 并不是从 Friend 继承的。家庭成员也未必是朋友，Person 类的层次结构反映了这一点。每个新的子类都会自动被认为是父类的特例，所以继承方案必须反映出编码化的实际关系，这一点很重要。

这可能看起来像是一个哲学问题，但它在代码中却有实际的影响。正如 4.1.5 节所示，使用 Python 代码可以查看类的继承结构，因此任何的不匹配都会导致代码将一种类型的类与另一个类搞混淆。避免这些问题的最佳方法是考虑对象实际上是如何相互关联的，并尝试在代码中重新创建这些关系。

4.1.1　多重继承

在 Python 中，允许子类一次性定义多个基类。通过这种方式，一个类就可以从许多不同的其他类中获得行为，而不必深入到更多层级。当然，这意味着采用不同的逻辑方法，因为已不再通过增加特异性来定义类。相反，在多重继承的某些用途中，实际上是将每个类构建为一组组件。

类的这种构建方式特别适合于以下情形：在应用程序中，你的类共享一些公共的行为，但在其他方面并不以分层的方式相互关联。为了理解这一点，通常需要从相当多的组件中构建大量的类。因为这不是大多数应用程序组合在一起的方式，所以正常情况下很少这么做。

相反，在应用被称为 Mixin 的支持类时，通常会调用多重继承。Mixin 类本身并不提供完整的功能，它们只提供一个附加功能，可以在不同的类上广泛使用。举例来说，一个 Mixin 类可能是这样的：当试图访问对象中任何不可用的成员变量时，这个 Mixin 类将返回 None 而不是引发 AttributeError，代码示例如下：

```
class NoneAttributes:
    def __getattr__(self, name):
        return None
```

每当请求的对象不可用时，就会调用__getattr__()方法，详见后面的 4.5 节。__getattr__()方法可以作为备选方法，所以它对于 Mixin 类来说是一种很好的选择。真正的类都会提供自己的功能，并在适当的地方添加 Mixin，代码示例如下：

```
class Example(BaseClass, NoneAttributes):
        pass

e = Example()
e.does_not_exist
```

在典型的应用程序中，垂直的层次结构可以提供大部分的功能，Mixin 类可以在必要时添加一些额外的功能。由于访问成员变量时可能涉及许多不同的类，因此更重要的是，要完全理解 Python 如何决定为每个被访问的成员变量和方法应用哪个类。换句话说，你需要知道 Python 在解析所要应用的方法时的先后顺序。

4.1.2 方法解析顺序

给定类的层次结构，Python 需要确定在尝试按名称访问成员变量时该使用哪个类。为此，Python 有一些规则用来管理在定义新类时该如何对一组基类进行排序。对于大多数类的基本用法，你实际上并不需要知道它们是如何工作的，但是如果使用多级或多重继承，那么本小节中的一些细节信息将有助于你理解实际发生了什么。

在仅存在垂直继承的简单场景中，很容易想象如何创建方法解析顺序(Method Resolution Order，MRO)。实际使用的类应该是队列中的第一个，然后是基类，再然后是基类的基类，以此类推，直到回到 object 类型为止。

对于这条链中的每一步，Python 都会检查类是否都有一个名称被请求的成员变量。如果有，那就是你将得到的结果；如果没有，就继续下一个。通过一个简单的例子我们很容易看出这一点，在提示符中输入以下内容并进行尝试：

```
>>> class Book:
...     def __init__(self, title):
...         self.title = title
...         self.page = 1
...     def read(self):
...         return 'There sure are a lot of words on page %s.' % self.page
...     def bookmark(self, page):
...         self.page = page
...
>>> class Novel(Book):
...     pass
...
>>> class Mystery(Novel):
...     def read(self):
```

```
...                return "Page %s and I still don't know who did it!" % self.page
...
>>> book1 = Book('Pro Python')
>>> book1.read()
'There sure are a lot of words on page 1.'
>>> book1.bookmark(page=52)
>>> book1.read()
'There sure are a lot of words on page 52.'
>>> book2 = Novel('Pride and Prejudice')
>>> book2.read()
'There sure are a lot of words on page 1.'
>>> book3 = Mystery('Murder on the Orient Express')
>>> book3.read()
"Page 1 and I still don't know who did it!"
>>> book3.bookmark(page=352)
>>> book3.read()
"Page 352 and I still don't know who did it!"
```

如你所见，当在 Mystery 对象上调用 read()时，将直接获得定义在 Mystery 类中的方法，而调用 bookmark()时则会使用 Book 类中实现的方法。同样，Novel 本身并没有定义任何内容，而仅用于建立一种更有意义的层次结构。所以，你可以访问的所有方法实际上都来自 Book 类。更直接地说，Mystery 的 MRO 是[Mystery, Novel, Book]，而 Novel 的 MRO 仅仅是[Novel, Book]。

那么，当使用多重继承的水平方法时会发生什么呢？为了简单起见，我们将为提供的每个基类创建一个继承层，使之成为一种纯粹的水平方法。在本例中，Python 会从左到右按照类被定义为基类的顺序进行解析。针对前面的示例，现在我们添加 purchase()方法，以允许用户购买一本书。如果仍然打开前面的终端会话，请尝试在我们先前已完成的操作之后，执行以下代码：

```
>>> class Product:
...     def purchase(self):
...         return 'Wow, you must really like it!'
...
>>> class BookProduct(Book, Product):
...     pass
...
>>> class MysteryProduct(Mystery, Product):
...     def purchase(self):
...         return 'Whodunnit?'
```

```
...
>>> product1 = BookProduct('Pro Python')
>>> product1.purchase()
'Wow, you must really like it!'
>>> product2 = MysteryProduct('Murder on the Orient Express')
>>> product2.purchase()
'Whodunnit?'
```

到目前为止，每个 MRO 都非常直截了当，易于理解，即使你不知道在后台
发生了什么。但是，当你开始组合这两种形式的继承时，事情会变得复杂起来，
甚至不需要例子就能说明这个问题。考虑一下，当你从具有基类和独立的 Mixin
的类继承时会发生什么？代码示例如下：

```
class A:
    def test(self):
        return 'A'
class B(A):
    pass
class C:
    def test(self):
        return 'C'
```

这个例子很简单。但是，如果你创建新类 D，而 D 同时又是 B 和 C 的子类，
这时调用 test() 方法会发生什么情况呢？与往常一样，在交互式解释器中可以很容
易地测试这一点，你看到的答案将取决于你先放置的是哪一个类。确保在同一个
会话中输入上述代码，然后尝试执行以下操作，查看结果如何：

```
>>> class D(B, C):
...     pass
...
>>> D().test()
'A'
>>> class D(C, B):
...     pass
...
>>> D().test()
'C'
```

从表面上看，似乎很容易认为 Python 采用的是深度优先策略：查看第一个基
类，并一直向下跟踪，查找请求的成员变量，只有在找不到所需的成员变量时才

会转移到下一个基类。对于这个示例，这种方式是正确的，但并非完全正确。对于实际将要发生的事情，应将整个继承方案考虑在内。

然而，在阐明完整的算法之前，让我们先解决一个问题。Python 查找的第一个命名空间始终是实例对象，如果找不到它，Python 将转到提供相应对象行为的实际类。实例对象与类始终是要检查的两个命名空间，而与正在使用的任何继承结构无关。只有在没有找到成员变量的情况下，Python 才会尝试通过类的继承来加以定位。

Python 并不是将整个继承结构看作一棵树，而是尝试将其展平为单个列表，在这个列表中每个类只出现一次。这是一个重要的区别，因为两个基类有可能在链中更深的位置对同一个类进行子类的划分，但是两次查看该类的话只会引起混淆。为了解决这个问题和潜在的其他问题，需要使用一个单一的、扁平的列表。

第一步是确定从一个类到它的基类可以采用的所有不同路径。即使没有基类，也至少有一条路径，原因有二。其一，给定类的 MRO 总是将类本身放置在第一个位置。从前面的描述来看，这似乎是显而易见的。其二，每个类都隐式地继承自 object 类，因此 object 位于每个 MRO 的末尾。

对于一个简单的类 A，它不继承任何东西，它的 MRO 只是一个包含两个元素的简单列表：[A, object]。如果还有另一个类 B，B 是 A 的子类，那么 B 的 MRO 也会变得相当明显：[B, A, object]。一旦引入了一些多重继承，同一个类就有可能在整棵类树中多次出现，所以我们需要做一些额外的工作来整理 MRO。

考虑一个新的类 C，C 同时继承了 B 和 A。现在类 A 出现在两个不同的分支下，去往新的类 C 有两条不同的路径。

注意 这样做可能没有意义，因为类 B 已经继承自类 A 了。但请记住，我们无法预先知道基类在后台做了什么。你可以扩展从其他地方传入代码中的类以及动态生成的类，如本章稍后所述。Python 不知道类是如何布局的，所以必须考虑到所有的可能性。

```
>>> class A:
...     pass
...
>>> class B(A):
...     pass
...
>>> class C(B, A):
...     pass
...
```

如你所料，object 类的 MRO 显然只是[object]，并且类 A 的 MRO 已经被证明是[A，object]。类 B 的 MRO 显然是[B, A, object]，但是类 C 呢？从深度优先的角度看，一旦重复的类 A 被删除，你就可能会猜测类 C 的 MRO 是[C, B, A, object]。而如果采取广度优先(水平优先于垂直)的方法，你将会得到[C, A, B, object]。

那么 Python 会采用什么方法呢？事实上，上述两种方法都不准确，Python 在这里使用了一种名为 C3 的算法。这种算法会考虑所有的继承，每次减少一层，直到只剩下一个列表。在每个层级，C3 算法会处理该级别由所有父类创建的类列表。因此，Python 会从最通用的 object 类开始，并从该类向外继续扩展。

有了类 C，我们最终就可以详细地知道算法是如何工作的。当 Python 遇到类 C 时，由于类 A 和 B 都已经被处理，因此它们的 MRO 是已知的。为了将它们组合在一起，C3 算法会查看每个父 MRO 中的第一个类，看看是否可以找到一个候选类，以便将其包含在类 C 的 MRO 中。这就引出了一个问题：究竟什么才是有效的候选类？

用于识别候选类的唯一标准是，该类是否仅存在于 MRO 列表中的第一个位置。候选类不必出现在所有的列表中，但是如果出现了，就必须是列表中的第一项。如果候选类出现在列表中的任何其他位置，C3 算法将跳过，执行下一次查找。一旦找到一个有效的候选类，就将其拉入新的 MRO 列表中，并使用相同的过程寻找下一个候选类。

4.1.3 示例：C3 算法

因为算法实际上只是代码，所以让我们组合一个简单的 C3 函数来执行必要的线性化，将继承树简化到单个列表中。然而，在深入研究完整的实现之前，先介绍一下函数调用，这样我们就知道将会用到哪些数据。对于类 C，MRO 看起来如下所示：

```
C3(C, [B, A, object], [A, object], [B, A])
```

第一个参数是类 C 本身，后面跟着父类的已知 MRO 列表，按照它们在类中定义的顺序依次列出。然而，最后一个参数仅仅是父类本身的列表，没有完整的 MRO。正如稍后对类 C 所做的修改所示，这个额外的参数对于解决一些歧义是很有必要的。

与任何函数一样，在完成真正繁重的工作之前，有一些枯燥的细节需要处理。在 C3 算法的这个例子中，我们将会对 MRO 列表进行一些修改。为了不影响调用 C3 函数的代码，必须制作它们的副本以进行修改。此外，需要设置新的列表来包含算法生成的最终 MRO，示例如下：

```
def C3(cls, *mro_lists):
    # Make a copy so we don't change existing content
    mro_lists = [list(mro_list[:]) for mro_list in mro_lists]

    # Set up the new MRO with the class itself
    mro = [cls]

    # The real algorithm goes here.

    return mro
```

在这里，我们不能只使用 mro_list[:]，因为它只复制外部列表。包含在外部列表中的所有其他列表都将保留，因此对它们所做的任何修改都将在函数外部可见。通过使用列表解析式并复制每个内部列表，我们可以得到所有相关列表的副本，现在可以安全地对它们进行修改了。

稳健性原则

如果已经了解 Python 中的 copy 模块(或者已经跳到了第 6 章)，你可能想知道为什么我们不直接使用 copy.deepcopy(mro_list)。至少你可能想知道，那个额外的列表(mro_list[:])是用来做什么的。通过显式地将每个内部序列强制转换为列表并将它们全部包装到列表解析式中，可以允许函数接收任意有效的序列类型，包括元组在内的那些在创建后不能被修改的类型(有点类似于常量)。这使得 C3 函数在能够接收的类型方面更加自由。

准备工作完成后，就可以继续讨论主算法了。因为事先不知道每个 MRO 中有多少个类，所以最好将主要的工作负载包装到一个简单的 while True 循环中，这个循环将无限期地执行下去，因此我们可以使用 break 和 continue 语句来控制流程。当然，这意味着无须立即执行这段代码，稍后我们会添加必要的控制代码。

该循环中的第一个任务将是循环遍历每个 MRO 列表，获取列表中处在第一个位置的类，并查看这个类是否处在任何其他列表中第一个位置以外的任意位置。如果是，那么这个类还不是有效的候选类，我们需要转到下一个列表中处在第一个位置的类。下面是在执行这些查找时必需的循环：

```
import itertools

def C3(cls, *mro_lists):
    # Make a copy so we don't change existing content
    mro_lists = [list(mro_list[:]) for mro_list in mro_lists]
```

```
# Set up the new MRO with the class itself
mro = [cls]

while True:
    for mro_list in mro_lists:
        # Get the first item as a potential candidate for the MRO.
        candidate = mro_list[0]

        if candidate in itertools.chain(*(x[1:] for x in mro_lists)):
            # The candidate was found in an invalid position, so we
            # move on to the next MRO list to get a new candidate.
            continue
        return mro ❶
```

这里使用的链用来将所有 MRO 列表中处在非第一个位置的所有类缩减为一个列表，因此更容易测试当前候选类是否有效。当然，当前代码只有在候选类无效时才会做出响应。如果在那个链中没有找到，那么它就是一个有效的候选类，可以立即被提升到最终的 MRO 中。

此外，我们需要从发现候选类的 MRO 列表以及其他任意可以找到候选类的列表中删除候选类。由于我们知道在任意列表中候选类只能是处在第一个位置的元素，并且不会出现在这一轮已经处理过的其他任何列表中，因此这变简单了一些。我们只需要查看每个列表中剩余的候选类并删除被提升的类。在任何情况下，这一轮都不应为新的候选类处理其他的 MRO 列表，因此还需要添加一条 continue 语句，代码如下：

```
while True:
    # Reset for the next round of tests
    candidate_found = False

    for mro_list in mro_lists:
        if not len(mro_list):
            # Any empty lists are of no use to the algorithm.
            continue

        # Get the first item as a potential candidate for the MRO.
        candidate = mro_list[0]

        if candidate_found:
            # Candidates promoted to the MRO are no longer of use.
            if candidate in mro:
                mro_list.pop(0)
```

```
    # Don't bother checking any more candidates if one was found.
    continue

if candidate in itertools.chain(*(x[1:] for x in mro_lists)) :
    # The candidate was found in an invalid position, so we
    # move on to the next MRO list to get a new candidate.
    continue

else:
    # The candidate is valid and should be promoted to the MRO.
    mro.append(candidate)
    mro_list.pop(0)
    candidate_found = True
```

注意　现在我们正在从 MRO 列表中删除元素，我们还必须添加额外的代码来处理其中一个列表被完全清空的情况。因为空的列表中没有任何值，所以循环仅移到下一个列表。

完成候选类的挑选后，剩下唯一要做的事情就是告诉算法：工作应何时完成，以及何时应退出循环。就目前的情况而言，首先会完全清空列表，然后永远地循环遍历它们，而不会返回新的 MRO。识别这种情况的关键是检查所有列表是否被清空。因此，我们可以检查剩余的 MRO 列表，查看是否还有剩余的类。如果没有了，就说明已执行完毕，现在可以结束这个循环了，代码示例如下：

```
while True:
    # Reset for the next round of tests
    candidate_found = False

    for mro_list in mro_lists:
        if not len(mro_list):
            # Any empty lists are of no use to the algorithm.
            continue

        # Get the first item as a potential candidate for the MRO.
        candidate = mro_list[0]

        if candidate_found:
            # Candidates promoted to the MRO are no longer of use.
            if candidate in mro:
                mro_list.pop(0)
            # Don't bother checking any more candidates if one was found.
            continue

        if candidate in itertools.chain(*(x[1:] for x in mro_lists)) :
            # The candidate was found in an invalid position, so we
            # move on to the next MRO list to get a new candidate.
            continue
        else:
```

```
# The candidate is valid and should be promoted to the MRO.
mro.append(candidate)
mro_list.pop(0)
candidate_found = True

if not sum(len(mro_list) for mro_list in mro_lists):
    # There are no MROs to cycle through, so we're all done.
    # note any() returns false if no items so it could replace sum(len)
    break
```

在前面提到的 C3 函数中，这个循环可以为 Python 中任何有效的继承方案成功地创建 MRO。

回到前面提到的对 C 这个类的函数调用，我们将得到以下结果。请注意，为了方便演示，我们在这里使用的是字符串而不是实际的类。关于 C3 算法的任何内容，实际上都不是绑定到类的，所有这些都只是为了将包含重复项的层次结构平铺出来。

```
>>> C3('C', ['B', 'A', 'object'], ['A', 'object'], ['B', 'A'])
['C', 'B', 'A', 'object']
```

这一切看上去都很好，但是还有一种相关的情况需要注意：当 C 在 B 之前从 A 继承时会发生什么？可以从逻辑上假设，在 A 中找到的任何成员变量都将会在 B 中发现的成员变量之前使用，即使在 B 的 MRO 中将 B 放在 A 之前。这会违背类继承中十分重要的一致性原则：MRO 中元素的顺序，应该在所有未来的子类中得以保持。

那些子类将被允许向它们的 MRO 中添加新的元素，甚至将它们插入基类的 MRO 中的元素之间，但是所有涉及的 MRO 应该仍然保持它们最初的顺序。因此，当执行类似 C(A, B)这样的操作时，正确的结果实际上与用户期望的不一致。

这就是为什么 C3 算法要求将基类本身添加到传入的 MRO 列表中的原因。如果没有它们，可以使用这个新的构造调用 C3 算法，并获得与原始排序相同的结果，代码如下：

```
>>> C3('C', ['B', 'A', 'object'], ['A', 'object'])
['C', 'B', 'A', 'object']
>>> C3('C', ['A', 'object'], ['B', 'A', 'object'])
['C', 'B', 'A', 'object']
```

尽管看起来这两种操作的执行结果不同，但它们实际上却做了同样的事情。在末尾添加额外的类列表后，C3 算法的行为稍微发生了一些变化。第一个候选类是 A，它位于 B 的 MRO 中的第二个位置，因此在此次循环中跳过了 A。下一个候选类是 B，它位于我们为最后一个参数添加的列表中，所以也被跳过了。当检查最终列表时，再次跳过了 A。

这意味着 C3 算法完成了一次循环，但却没有找到任何有效的候选类，因而不适合检测像 C(A, B)这样的构造。如果没有有效的候选类，就不会从任何列表中删除任何元素，并且主循环将使用完全相同的数据再次运行。如果对这种无效的情况不进行任何额外的处理，我们目前所实现的 C3 算法将会无限期地执行下去。最好的情况是抛出异常，我们可通过使用 C(A, B)检查 Python 自己的行为来验证这个假设。假设你已经输入前面示例中的代码，请尝试进行以下操作：

```
>>> class A:
...     pass
...
>>> class B(A):
...     pass
...
>>> class C(A, B):
...     pass
...
Traceback (most recent call last):
  ...
TypeError: Cannot create a consistent method resolution
order (MRO) for bases B, A
```

这里出现了 TypeError，Python 的类系统不允许这种构造，目的是强制开发人员创建可用的类。在知道如何识别一种无效的类定义后，在自己的 C3 类中复制这个功能就会变得相当容易。我们要做的就是在循环的末尾进行检查，看看是否能找到一个有效的候选类。如果找不到，可以抛出 TypeError：

```
import itertools

def C3(cls, *mro_lists):
    # Make a copy so we don't change existing content
    mro_lists = [list(mro_list[:]) for mro_list in mro_lists]

    # Set up the new MRO with the class itself
    mro = [cls]

    while True:
        # Reset for the next round of tests
        candidate_found = False

        for mro_list in mro_lists:
            if not len(mro_list):
```

```
        # Any empty lists are of no use to the algorithm.
        continue

    # Get the first item as a potential candidate for the MRO.
    candidate = mro_list[0]

    if candidate_found:
        # Candidates promoted to the MRO are no longer of use.
        if candidate in mro:
            mro_list.pop(0)
        # Don't bother checking any more candidates if one
        # was found.
            continue

    if candidate in itertools.chain(*(x[1:] for x in
        mro_lists)):
        # The candidate was found in an invalid position, so
        # we move on to the next MRO list to get a new candidate.
        continue

    else:
        # The candidate is valid and should be promoted to
        # the MRO.
        mro.append(candidate)
        mro_list.pop(0)
        candidate_found = True

    if not sum(len(mro_list) for mro_list in mro_lists):
        # There are no MROs to cycle through, so we're all done.
        break

    if not candidate_found:
        # No valid candidate was available, so we have to
        # bail out.
        break
        raise TypeError("Inconsistent MRO")

return mro
```

以上这部分代码就位之后，我们自己实现的 C3 算法就能够与 Python 自身的行为相匹配了，同时也将涵盖所有最基本的功能。大多数任意类的继承结构都可以简化为有效的 MRO，因此通常不需要考虑算法是如何工作的。但是，类还有一个依赖于 MRO 的特性，就是 super() 函数。

4.1.4　使用 super()函数将控制权传递给其他类

创建子类的最常见原因是为了对一些现有方法的行为进行重写，既可以像每次调用方法时记录日志那样简单，也可以像使用不同的实现完全替换行为那样复杂。在前一种情况下，只需要调整现有的行为，能够直接使用原始实现是最好的，这样就不必为了进行一些细微改动而重复编码。

为了实现这一点，Python 提供了内置的 super()函数，但这个函数经常被大家误解。对 super()函数的常见解释是，该函数允许在子类的重写方法中调用基类的方法，这种描述在一定程度上是没什么问题的。但在更全面地阐述 super()函数之前，我们先看一下该函数在简单情况下是如何运行的。

```python
class A(object):
    def afunction(self):
        print('afunction from Class A')
class B(A):
    def __init__(self):
        print('B is constructed!!!') # constructor for B
    def afunction(self):
        return super(B, self).afunction()
sample1=B()
print(sample1.afunction())
```

在上面这个简单的例子中，super()会返回方法的基类。为了能够使用类 A 的方法，super()会查看 MRO 中的下一个类，在这个例子中是类 A。注意，我们说的是"重写"，因为这里有两个名为 afunction 的函数。

接下来，考虑一个需要创建字典的应用程序，对于那些没有关联值的键，字典会自动返回 None。这与 defaultdict 非常相似，但这里我们不必每次都创建一个新的值，而只是返回 None。

```python
>>> class NoneDictionary(dict):
... def __getitem__(self, name):
...     try:
...         return super(NoneDictionary, self).__getitem__(name)
...     except KeyError:
...         return None
...
>>> d = NoneDictionary()
>>> d['example']
>>> d['example'] = True
>>> d['example']
True
```

在进行更深入的研究之前，有必要了解 super()在这里发挥的真正作用。在某些语言中，super()只是一种语言特性，被编译为一些特殊的代码以访问其他类的方法。然而，在 Python 中，super()会返回一个实际的对象，该对象具有一组基于真实使用位置的成员变量和方法。

看看这个简单的例子，super()似乎只提供对基类中方法的访问。但这里可能涉及任意数量的基类，并且为每个类指定的基类可能不止一个。鉴于某些继承结构的复杂性，Python 现在将使用 MRO 来确定应该使用哪个方法。然而，对于在查找方法时使用的是哪种 MRO，这一点可能并不明显。

乍一看，你可能认为 Python 使用了 super()所在类的 MRO，在本例中是 NoneDictionary。因为大多数情况看起来与这个例子非常相似，所以这个假设将足以解释大多数情况。然而，更复杂的类层次结构提出了如下问题：当 MRO 在子类中发生更改时会发生什么？请考虑下面的一组类。请另外启动一个新的 Python 会话窗口，因为这些类定义与第一个示例略有不同，代码示例如下：

```
>>> class A:
...     def test(self):
... return 'A'
...
>>> class B(A):
...     def test(self):
...         return 'B->' + super(B, self). test()
>>> B().test()
'B->A'
```

在这个例子中，正如预期的那样，在 B 的内部使用 super()引用了 B 的基类 A。test()方法包含对自身的引用，因此如果其中的某些因素发生了变化，我们将能够看到这些变化。与 B 一起，我们还可以定义另一个类 C，C 也是 A 的子类。为了更好地说明将要出现的问题，C 将实现自己的 test()方法，而不是使用 super()。

```
>>> class C(A):
...     def test(self):
...         return 'C'
...
>>> C().test()
'C'
```

到目前为止，这并没有产生什么异常或问题，因为我们不会以任何方式与 A 或 B 进行交互。有趣的是，当创建新的类 D 时，D 同时继承了 B 和 C 的子类，因为不需要 test()方法，所以我们只需要将主体留空，使其尽可能简单即可。下面看看 test()方法现在发生了什么，示例如下：

```
>>> class D(B, C):
...     pass
...
>>> D().test()
'B->C'
```

我们可以看到：test()在 B 上被调用，导致 test()在输出中被引用。但是，当调用 super().test()时，引用的是 C 而不是 A 中的方法。如果 Python 此时使用的是定义了 test()方法的类的 MRO，那么将引用 A 而不是 C 中的方法。但由于使用的是 C 中的方法，因此我们可以更深入地理解 super()是如何工作的。

在最常见的情况下(包括这里展示的用法)，super()接收两个参数：类以及类的实例。正如以上示例所示，实例对象用于确定使用哪个 MRO 来解析结果对象的成员变量；提供的类用于确定 MRO 的一个子集，而 super()仅使用那些出现在 MRO 中的条目。

推荐的用法是提供一个类，这个类将 super()作为第一个参数，将标准的 self 实例作为第二个参数。生成的对象将保留 self 实例的 namespace 字典，但仅检索稍后在 MRO 中找到的类中定义的成员变量，而不是检索提供的类。然而，从技术上讲，可以传入不同的类并获得不同的结果。

```
>>> class B(A):
...     def test(self):
...             return 'B->' + super(C, self). test()
...
>>> class D(B, C):
...     pass
...
>>> D().test()
'B->A'
```

在上面这个例子中，B 在调用 super()时实际上引用了 C，生成的 MRO 跳过 C，直接转到 A，当再次调用 test()时就可以看出这一点。但这么做通常是一件很危险的事情，正如在尝试单独使用 B 时那样：

```
>>> B().test()
Traceback (most recent call last):
  ...
TypeError: super(type, obj): obj must be an instance or subtype of
type
```

在本例中，因为 self 不是 C 的子类，所以 C 不在 MRO 中，因此 super()无法确定应该从哪里开始查找成员变量。与其创建为所有内容抛出 AttributeError 的无用对象，还不如在 super()第一次调用失败时提供错误消息。

警告：请小心参数

在使用 super()时，常见的错误是在一个方法(该方法在所有不同的类中并不总是具有相同的签名)上使用它。在我们的示例中，test()方法不接收任何参数，因此很容易确保它在所有方面都是相同的。但是对于许多其他的情况，例如前面展示的__getitem__()，这些都是标准协议，任何子类都不应该过多改动它们的函数签名。第 5 章将更详细地展示这样的情况。

遗憾的是，你不可能总是知道另一个类会做什么，因此有时使用 super()会为给定的类提供错误的参数，从而产生其他问题。这实际上与传递具有与 super()返回结果相同的对象没有什么不同。

在使用 super()时，值得注意的是，我们假设你知道实际调用的是哪个函数。如果对于 MRO 如何工作，以及 super()如何确定使用哪些成员变量等概念没有扎实的理解，就会出现很多问题。针对这些问题唯一真正的解决方法是，对所有涉及的类之间达成方法签名不变更的约定。

4.1.5　自省

给定所有可用的不同继承方案，Python 提供了许多工具来标识类使用的结构是否恰当。与类一起使用时，效果最显著的自省任务是确定对象是否是某个类的实例。这种行为是使用内置的 isinstance()函数提供的，isinstance()函数将任意对象作为第一个参数，并将 Python 类作为第二个参数。只有当给定的类位于对象类的继承链中的任意位置时，isinstance()才会返回 True，示例如下：

```
>>> isinstance(10, int)
True
>>> isinstance('test', tuple)
False
```

isinstance()能够确定一个类是否为另一个类的子类。你可以为 isinstance()提供一个额外功能，用于确定一个类在继承链中的相应位置是否有另一个类。这个功能可由内置的 subclass()函数提供，工作方式与 isinstance()类似，只是 subclass()操作的是类而不是类的实例。如果第一个类在继承链中的任何位置都有第二个类，那么 issubclass()将返回 True，示例如下：

```
>>> issubclass(int, object)
True
>>> class A:
...       pass
...
>>> class B(A):
...       pass
...
>>> issubclass(B, A)
True
>>> issubclass(B, B)
True
```

最后这个例子看起来可能有些奇怪，B 显然不可能是自身的子类，但这种行为是为了与 isinstance()保持一致。如果所提供对象的类型与随之一起提供的类完全相同，那么 isinstance()将返回 True。简而言之，两者之间的关系可以用一个简单的表达式来描述，这个表达式总是成立，如下所示：

```
isinstance(obj, cls) == issubclass(type(obj), cls)
```

如果想了解关于特定类的继承结构的更多信息，有几种工具可助你一臂之力。例如，如果想知道一个特定的类定义了哪些基类，只需要访问它的成员变量__bases__即可，该成员变量将在一个元组中包含这些基类。但是，成员变量__bases__只是为我们提供了最近一层的基类，而没有提供深度拓展之后的那些类。

```
>>> B.__bases__
(<class '__main__.A'>,)
```

另一方面，每个类都有__subclasses__()方法，该方法会返回正在处理的类的所有子类的列表。与__bases__一样，__subclasses__()方法提供给我们的类信息只与正在使用的类相差一个层级。任何更深层次的子类，都需要使用一些其他机制来跟踪，其中一些将在本书的后面进行讨论。

```
>>> A.__subclasses__()
[<class '__main__.B'>]
```

如果想要得到更多的信息和控制，每个类还应包含成员变量__mro__，从而在一个元组中包含完整的 MRO 信息。如前所述，这还包括传入的实际类及其任何父类。你甚至可以在前面使用 super()的第一个示例中尝试这个操作，示例如下：

```
>>> B.__mro__
(<class '__main__.B'>, <class '__main__.A'>, <class 'object'>)
```

4.2 如何创建类

在 Python 中，类的定义方式与许多其他语言中的定义方式是不同的，尽管这种差异并不是很明显。在 Python 中定义类的方式看起来很简单：提供一个名称，可以是一个要继承的基类，再提供一些成员变量和一些方法。

首先，类声明的主体是一个代码块。就像 if、for 和 while 代码块一样，类代码块的主体可以包含任何有效的 Python 代码，这些代码将从上到下执行，包括执行函数调用、执行错误处理、读取文件或任何其他要求它们做的事情。事实上，代码块在类声明中非常有用，示例如下：

```
>>> try:
...     import custom_library
... except ImportError:
...     custom_library = None
...
>>> class Custom:
...     if custom_library is not None:
...         has_library = True
...     else:
...         has_library = False
...
>>> Custom.has_library
False
```

提示 此例仅限于演示目的。如果希望获得此处展示的确切效果，更实际的做法是将表达式 custom_library is not None 直接分配给 has_library 属性。这里无论如何都会返回一个布尔值，最终结果是相同的。但这是完成任务的一种更为常见的方法。

在 Python 执行完内部的代码后，你会注意到 has_library 成了类对象的一个属性，该属性可供其余代码使用。这样做是可行的，因为 Python 的类声明工作起来有点像函数。当发现一个新的类时，Python 首先为其中的代码块创建一个新的命名空间。在执行代码块时，任何赋值都是在这个新的命名空间中进行的，创建的命名空间将用于填充实现了新类的新对象。

4.2.1 在运行时创建类

Python 在执行、编译和解释代码时可以动态创建 object 对象。我们也可以在 Python 运行时，动态地将某些函数加载到整个流程中，这种做法就利用了 Python 的动态加载特性。

真正重要的事情发生在类的内容被处理之后。此时，Python 获取类的命名空间并与其他一些信息一起传递给内置的 type()，从而创建或"实例化"新的类对象。这意味着所有的类实际上都是 type()的子类。具体而言，type()用来实例化类的如下三部分信息：

- 名称，在声明类时提供。
- 基类，在定义类时被继承的类。
- 命名空间字典，在执行类的主体时被填充。

在表示整个类时这些信息是必需的，Python 通过检查类的声明可以自动获得这些信息，你也可以通过直接传入这些值来创建类型。

名称是最简单的，因为它只是一个带有类名的字符串。基类就稍微复杂了一些，但也相当简单，你需要提供一个包含新类继承的现有类对象的序列。命名空间字典恰好包含了通过名称附加到新类的所有内容。下面这个示例说明了如何以两种不同的方式创建同一个类，代码示例如下：

```
>>> class Example(int):
...     spam = 'eggs'
...
>>> Example
<class '__main__.Example'>
>>> Example = type('Example', (int,), {'spam': 'eggs'})
>>> Example
<class '__main__.Example'>
```

DRY 原则

注意，在这个例子中，必须写 Example 两次，这似乎违反了 DRY 原则。但实际上，这里做了两件并不相互关联的事情。Example 首次出现时是为了创建 Example 类，Example 再次出现时是为了将新类的名称绑定到命名空间。

在这个示例中，我们对这两步操作使用了相同的名称，一方面是为了方便，另一方面是为了与上面的原生类声明相兼容。然而，命名空间的分配完全独立于类的创建，因此可以使用任意的名字。事实上，大多数情况下你甚至无法事先知道类的名称，因此在实际的操作中几乎总是使用不同的名称。

与大多数情况一样，可以低级别地访问 type()，这是一个常用的功能，但 type() 也会带来大量问题。

type() 的三个参数之一是要创建的类的名称，因此可以使用相同的名称创建多个类。此外，可以通过传入成员变量的命名空间来生成新的成员变量__module__。这虽然实际上不会将类放在指定的模块中，但却可能欺骗稍后会对模块进行内省的代码。如果有两个具有相同名称和模块的类，就可能导致用于确定层次结构的内省模块工具出现问题。

当然，即使不直接使用 type()，也有可能遇到这些问题。如果创建一个类，为它分配另一个不同的名称，然后创建一个与原始名称相同的新类，那么你可能会遇到名称完全相同的命名冲突问题。此外，Python 允许在标准的类声明中提供成员变量__module__，因此命名冲突有可能发生在没有控制权的代码中。

这些问题即使在不直接使用 type() 的情况下也可能遇到，但 type() 的出现导致问题产生的可能性会更高些。对于 type()，提供的值可能来自用户输入、自定义设置或其他任何位置，并且代码看起来不会出现任何此类问题。

遗憾的是，对于这些问题并没有真正的保护措施，你只能采取其他方法来帮助降低风险。一种方法是将所有自定义类的创建代码包装在一个函数中，该函数会跟踪那些已被分配的名称，并在出现重复时做出适当的反应。另一种更实用的方法就是确保任何内省代码都能够处理遇到重复的情况。具体使用哪种方法取决于代码的需求。

4.2.2　元类

到目前为止，类是由内置的 type() 定义的，内置的 type() 接收类名、基类和命名空间字典作为参数。但是就像其他任何类一样，type() 也是类，不同之处在于 type() 是用来创建类的类，称为元类。同样，与任何其他的类一样，元类也可以被子类化，以便为我们的应用程序提供定制的行为。在 Python 中，元类可以传递完整的类声明，因此我们可以利用元类来尝试开发更多的新特性。

通过子类化 type()，既可以自定义元类，也可以创建新类，以更好地满足应用程序的需要。与自定义类一样，这是通过创建 type() 的子类，并重写对手头执行的任务有帮助的方法来完成的。在大多数情况下，要么是__new__()，要么是__init__()。后面的 4.5 节将解释这两个方法之间的区别，但是对于本次讨论而言，我们只使用__init__()。

如前所述，type() 接收三个参数，所有参数都必须在子类中进行说明。考虑下面的元类，它会打印出遇到的每个类的名称：

```
>>> class SimpleMetaclass(type):
...     def __init__(cls, name, bases, attrs):
...         print(name)
...         super(SimpleMetaclass, cls).__init__(name, bases, attrs)
...
```

仅凭以上代码就足以捕获类的声明。在这里，使用 super()还可确保完成其他必要的初始化工作。尽管 type()在自己的__init__()中不做任何事情，但也请记住本章前面的内容，type()可能是更大的继承结构的一部分。无论在给定的上下文中有什么作用，使用 super()都可以确保类被正确地初始化。

为了将这个元类应用到新类并打印出名称，Python 中的类定义允许在父类的旁边指定元类。虽然看起来像关键字参数，但却不是函数调用，而实际上是类声明语法的一部分。下面这个例子演示了 SimpleMetaclass 如何工作：

```
>>> class Example(metaclass=SimpleMetaclass):
...     pass
...
>>> Example
```

这里需要做的就是在类定义中提供元类，Python 会自动将类定义传递给元类进行处理。这与标准类定义之间的唯一区别在于使用了 SimpleMetaclass 而不是标准类型。

注意　你可能认为元类的__init__()方法的第一个参数应该是 self，但通常为 cls，因为__init__()操作的是实例对象而不是类。一般来说都是这样，这个例子也不例外。这里唯一的区别在于实例本身是类对象，所以使用 self 仍然是准确的。为了更好地区分类和对象之间的差异，我们仍然将类对象称为 cls 而不是 self。

如果不使用真实的例子来说明元类的用处，你可能很难理解元类。接下来就来看看如何使用简单的元类为注册和使用插件提供强大的框架。

4.2.3　示例：插件框架

随着应用程序规模的增长，灵活性变得越来越重要，因此人们的注意力往往转向插件以及应用程序是否可以适应这种级别的模块化。实现插件系统和单个插件的方法有很多，但它们都有三个共同的核心特性。

首先，你需要一种方法来定义可以使用插件的位置。为了插入一些东西，还要有一个插座来插入插头。此外，你需要非常明显地体现如何在此过程中实现单个插件。最后，框架需要提供一种简单的方法来访问找到的所有插件，以便能够使用它们。有时你会在顶部添加其他功能，但这些是构成插件框架的要素。

有几种方法能够满足这些要求，因为插件实际上是一种扩展形式，所以可以让它们扩展基类。这样第一个需求就相当容易定义：可以连接自己的插件应该是类。作为类，插件利用了 Python 自身的扩展特性，不仅使用内置的子类语法，而且允许基类提供一些方法，这些方法构成默认功能或为公共插件需求提供帮助。下面的示例演示了插件挂载点如何寻找用于验证用户输入的应用程序：

```
class InputValidator:
    """
    A plugin mount for input validation.
    Supported plugins must provide a validate(self, input) method,
    which receives input as a string and raises a ValueError if the
    input was invalid. If the input was properly valid, it should just
    return without error. Any return value will be ignored.
    """
    def validate(self, input):
        # The default implementation raises a NotImplementedError
        # to ensure that any subclasses must override this method.
        raise NotImplementedError
```

即使没有任何使插件工作的框架级代码，这个例子也演示了可扩展系统最重要的方面之一：文档。只有通过正确地记录插件的安装文件，才能期望插件的作者正确地遵守期望。插件框架本身不会对应用程序做出任何假设，因此我们可以自行决定如何编写文档。

编写了挂载点之后，只需要编写已有挂载点的子类就可以轻松创建各个插件。通过提供新的或重写的方法来满足记录的需求，它们可以将自己的一小部分功能添加到整个应用程序中。下面的验证器能确保提供的输入仅由 ASCII 字符组成：

```
class ASCIIValidator(InputValidator):
    """
    Validate that the input only consists of valid ASCII characters.

    >>> v = ASCIIValidator()
    >>> v.validate('sombrero')
    >>> v.validate('jalapeño')
    Traceback (most recent call last):
      ...
    UnicodeDecodeError: 'ascii' codec can't decode character '\xf1' in
```

```
position 6: ordinal not in range(128)
"""
def validate(self, input):
    # If the encoding operation fails, str.enc ode() raises a
    # UnicodeDecodeError, which is a subclass of ValueError.
    input.encode('ascii')
```

提示 这里也提供了文档。因为插件也是它们自己的类，所以它们可以通过更专业的插件进行子类化。这体现了即使在这个级别也要包含完整的文档的重要性，以确保以后可以正确使用。

我们现在已经完成了三个组件中的两个，在将它们组合在一起之前，剩下唯一要做的事情就是演示如何访问任何已定义的插件。因为代码已经知道了插件挂载点，所以很容易找到访问它们的位置，并且因为这里可能存在数百个插件，所以最好迭代它们，而不必关心具体有多少个插件。下面的示例函数将使用任意的所有可用插件来确定用户提供的某些输入是否有效：

```
def is_valid(input):
    for plugin in InputValidator.plugins:
        try:
            plugin().validate(input)
        except ValueError:
            # A ValueError means invalidate input
            return False
    # All validators succeeded
    return True
```

有了插件后，就意味着即使像这样的简单函数，也可以对它的功能进行扩展，而无须稍后再次修改代码。你只需要添加一个新的插件，确保它被导入，剩下的工作将由框架完成。这样就可以解释这个框架及其如何将所有这些部分联系在一起。因为我们使用的类定义不仅仅指定了它们的行为，所以元类将是一种理想的技术。

对于所有的元类，真正需要做的就是识别插件挂载类和插件子类之间的区别，并在插件挂载的列表中注册任意插件，以后可以在列表中访问它们。这听起来太简单了，其实则不然。事实上，整个框架只需要几行代码就可以表达出来，并且只需要为插件挂载类额外添加一行代码就可以激活整个框架，代码示例如下：

```
class PluginMount(type):
```

```
"""
Place this metaclass on any standard Python class to turn it into
a plugin mount point. All subclasses will be automatically
registered as plugins.
"""
def __init__(cls, name, bases, attrs):
    if not hasattr(cls, 'plugins'):
        # The class has no plugins list, so it must be a mount
        # point,so we add one for plugins to be registered in later.
        cls.plugins = []
    else:
        # Since the plugins attribute already exists, this is an
        # individual plugin, and it needs to be registered.
        cls.plugins.append(cls)
```

这就是为提供整个插件框架所需要的全部内容。当元类在插件挂载点被激活时，__init__()方法识别出成员变量 plugins 尚不存在，因此创建并返回 plugins 变量而不做任何其他事情。当遇到插件的子类时，成员变量 plugins 可以通过父类获得，因此元类将这个新类添加到现有列表中，从而注册以备后用。

将以上功能添加到前面描述的 InputValidator 挂载点，就像将元类添加到类定义中一样简单。

```
class InputValidator(metaclass=PluginMount):
    ...
```

单独的插件仍然被定义为标准插件，不需要承担额外的工作量。因为所有的子类都继承了元类，所以插件行为是自动添加的。

4.2.4 控制命名空间

也可以借助元类来控制 Python 处理类声明的方式。与其等待类被创建后再进行操作，还不如在 Python 处理类的原始组件时就处理它们。这是通过名为__prepare__()的特殊元类来实现的。

通过给元类提供__prepare__()方法，就可以提前访问类声明。事实上，这发生在类定义的主体还没有被处理之前。__prepare__()方法只接收类名以及基类元组，与获取命名空间字典作为参数不同，__prepare__()负责返回字典本身。

当 Python 执行类定义的主体时，__prepare__()返回的字典将被用作命名空间。这样就可以在将每个成员变量分配给类之后立即拦截它们，以便可以立即进行处理。我们通常采用这种方式来返回一个有序的字典，这样成员变量就可以按照它

们在类中声明的顺序来存储。作为参考，让我们看看元类在不使用__prepare__()
的情况下是如何工作的，代码示例如下：

```
>>> from collections import OrderedDict
>>> class OrderedMeta(type):
...     def __init__(cls, name, bases, attrs):
...         print(attrs)
...
>>> class Example(metaclass=OrderedMeta):
...     b = 1
...     a = 2
...     c = 3
...
{'a': 2, '__module__': '__main__', 'b': 1, 'c': 3}
```

默认行为是返回一个标准字典，该字典不跟踪键是如何添加的。现在，我们
添加简单的__prepare__()方法，它的作用是在类被处理之后，使所有内容的排序
不变，代码示例如下：

```
>>> class OrderedMeta(type):
...     @classmethod
...     def __prepare__(cls, name, bases):
...         return OrderedDict()
...     def __init__(cls, name, bases, attrs):
...         print(attrs)
...
>>> class Example(metaclass=OrderedMeta):
...     b = 1
...     a = 2
...     c = 3
...
OrderedDict([('__module__', '__main__'), ('B', 1), ('A', 2), ('c', 3)])
```

注意　成员变量__module__位于成员变量列表的开头，因为__module__是在
调用了__prepare__()之后，在 Python 开始处理类的主体之前添加的。

能力越大，责任越大

通过控制用于命名空间字典的对象，可以对整个类声明的行为进行控制。当
类中的某一行引用变量或分配成员变量时，自定义的命名空间可以干预并更改标

准行为。一种可能性是提供装饰器，当在类中定义方法时可以使用这些装饰器，而不需要在定义类时单独导入它们。同样，可以通过更改成员变量的名称、将成员变量包装在辅助对象中或者从命名空间中完全删除成员变量来控制成员变量的分配方式。

这种强大的功能和灵活性很容易被滥用。对于只使用代码而不完全理解代码是如何实现的开发人员来说，Python 看上去非常不一致。更糟糕的是，如果用户试图将你的工具结合其他工具一起使用，那么你对类声明所做的任何重大更改都会影响到用户。第 5 章将介绍如何通过扩展字典来启用这些特性，但是在这样做时你要非常小心。

4.3　成员变量

一旦对象被实例化之后，与之关联的任何数据都将保留在特定于那个实例的命名空间字典中。对该字典的访问由成员变量进行处理，这比使用字典的键更容易访问。就像字典的键一样，可以根据需要检索、设置和删除成员变量的值。

通常，访问成员变量时需要事先知道成员变量的名称。在提供变量替代字面值方面，成员变量的语法并没有提供像字典的键那样的灵活性，因此如果需要获取或设置具有来自其他位置名称的成员变量，功能似乎有限。Python 没有提供使用这种方式处理成员变量的特殊语法，相反，Python 为我们提供了三个函数。

第一个函数是 getattr()，在给定的变量包含成员变量名称的情况下，用于检索成员变量引用的值。第二个函数是 setattr()，用于接收成员变量的名称和值，并将值附加到具有给定名称的成员变量。最后一个函数是 delattr()，用于删除那些将给定名称作为参数的成员变量的值。在编写代码的过程中，若使用这些函数，则可以在不知道成员变量名称的情况下处理任何对象的任意成员变量。

4.3.1　属性

属性不仅仅充当标准命名空间字典的代理，还为允许成员变量访问 Python 全部功能的方法提供支持。通常，属性是使用内置的@property 装饰器函数定义的。当把属性应用于一个方法时，无论何时将函数的名称作为成员变量名进行访问，都会强制调用该方法，代码示例如下：

```
>>> class Person:
...     def __init__(self, first_name, last_name):
...         self.first_name = first_name
```

```
...             self.last_name = last_name
...         @property
...         def name(self):
...             return '%s, %s' % (self.last_name, self.first_name)
...
>>> p = Person('Marty', 'Alchin')
>>> p.name
'Alchin, Marty'
>>> p.name = 'Alchin, Martin' # Update it to be properly legal
Traceback (most recent call last):
    ...
AttributeError: can't set attribute
```

上面对最后一个错误的描述不是很合适，但是基本上用这种方法定义的属性
只检索成员变量的值，而不是设置它们。函数调用只是一种方式，所以为了设置
值，我们需要添加另一个方法。这个新方法将接收另一个变量——为成员变量设
置的值。

为了将新方法标记为属性的 setter，它被装饰得很像 getter 属性。但是，getter
没有使用内置的装饰器，而是获得可用于装饰新方法的成员变量 setter。这符合装
饰器典型的基于名词的命名约定，同时也描述了被管理的属性。

```
>>> class Person:
...     def __init__(self, first_name, last_name):
...         self.first_name = first_name
...         self.last_name = last_name
...     @property
...     def name(self):
...         return '%s, %s' % (self.last_name, self.first_name)
...     @name.setter
...     def name(self, value):
...         return '%s, %s' % (self.last_name, self.first_name)
...
>>> p = Person('Marty', 'Alchin')
>>> p.name
'Alchin, Marty'
>>> p.name = 'Alchin, Martin' # Update it to be properly legal
>>> p.name
'Alchin, Martin'
```

必须确保 setter 方法的名称与原始 getter 方法的名称相同，否则就不能正常工

作。这样做的原因是：name.setter 实际上并没有用 setter 方法更新原始属性，而是将 getter 方法复制到新的属性，并将它们都分配给 setter 方法的名称。4.3.2 节将更好地解释这在后台意味着什么。

除了获取和设置值之外，属性还可以使用类似于 setter 的装饰器删除当前值。通过将 name.deleter 应用于只接收常规 self 的方法，可以使用该方法从成员变量中删除值。对于此处显示的 Person 类，这意味着同时清除 first_name 和 last_name：

```
>>> class Person:
...     def __init__(self, first_name, last_name):
...         self.first_name = first_name
...         self.last_name = last_name
...     @property
...     def name(self):
...         return '%s, %s' % (self.last_name, self.first_name)
...     @name.setter
...     def name(self, value):
...         return '%s, %s' % (self.last_name, self.first_name)
...     @name.deleter
...     def name(self):
...         del self.first_name
...         del self.last_name
...
>>> p = Person('Marty', 'Alchin')
>>> p.name
'Alchin, Marty'
>>> p.name = 'Alchin, Martin' # Update it to be properly legal
>>> p.name
'Alchin, Martin'
>>> del p.name
>>> p.name
Traceback (most recent call last):
  ...
AttributeError: 'Person' object has no attribute 'last_name'
```

4.3.2 描述器

潜在的问题是，属性需要将所有方法定义为类定义的一部分。如果可以控制类，那么可以向类添加功能，但是当构建包含在其他代码中的框架时，我们需要另一种方法。描述器允许你定义一个对象，该对象可以与任意分配给它的类的属性拥有相同的行为方式。

事实上，属性和方法都是作为描述器在后台实现的，稍后将对此进行解释。这使得描述器可能成为类行为的最基本方面之一。描述器通过三种可能的方法来处理值，包括获取、设置和删除值。

第一个方法是__get__()，用于管理对成员变量的值的检索。但与属性不同的是，描述器可以管理对类及其实例的成员变量的访问。为了识别差异，__get__()接收对象实例及其所有者的类作为参数。可始终提供所有者的类，但如果直接对类而不是实例访问描述器，那么实例参数将为 None。

仅使用__get__()方法的简单描述器，可用于在请求时始终提供最新的值。最明显的例子是：对象返回当前的日期和时间，而不需要单独的方法调用。

```
>>> import datetime
>>> class CurrentTime:
...     def __get__(self, instance, owner):
...             return datetime.datetime.now()
...
>>> class Example:
...     time = CurrentTime()
...
>>> Example().time
datetime.datetime(2009, 10, 31, 21, 27, 5, 236000)
>>> import time
>>> time.sleep(5 * 60) # Wait five minutes
>>> Example().time
datetime.datetime(2009, 10, 31, 21, 32, 15, 375000)
```

相关的__set__()方法用于为描述器管理的成员变量设置值。与__get__()方法不同，此操作只能针对实例对象。如果为类中的给定名称赋值，那么实际上是用新值覆盖描述器，从而在类中删除所有功能。这是故意为之，因为一旦将描述器分配给类，就再也无法修改或删除了。

因为不需要接收所有者的类，所以__set__()方法只接收实例对象和分配的值。但是，仍然可以通过访问提供的实例对象的成员变量__class__来确定类，因此不会丢失任何信息。通过为描述器定义__get__()和__set__()方法，我们可以做一些更有用的事情。例如，在下面这个例子中有一个简易的描述器，它的行为就像成员变量，只在每次更改值时才会进行记录。

```
>>> import datetime
>>> class LoggedAttribute:
```

```
...     def __init__(self):
...         self.log = []
...         self.value_map = {}
...     def __set__(self, instance, value):
...         self.value_map[instance] = value
...         log_value = (datetime.datetime.now(), instance, value)
...         self.log.append(log_value)
...     def __get__(self, instance, owner):
...         if not instance:
...             return self # This way, the log is accessible
...         return self.value_map[instance]
...
>>> class Example:
...     value = LoggedAttribute()
...
>>> e = Example()
>>> e.value = 'testing'
>>> e.value
'testing'
>>> Example.value.log
[(datetime.datetime(2009, 10, 31, 21, 49, 59, 933000), <__main__.Example
object at 0x...>, 'testing')]
```

在继续之前，还有几点需要注意。首先，注意当为描述器设置值时，__set__()使用实例作为键将值添加到字典中。这样做的原因是：描述器对象可在附加的类的所有实例之间共享。如果将值设置为描述器的 self，那么值也将在所有这些实例之间共享。

注意　使用字典只是确保处理实例的一种方法，但并不是最佳方法，在这里是因为首选方法(直接分配给实例的命名空间字典)只有在知道成员变量的名称之后才是可行的。描述器本身没有访问成员变量名的权限，因此在此使用字典。第 11 章将展示一种可以解决该问题的基于元类的方法。

其次，请注意，如果没有传入实例，那么__get__()将返回 self。因为描述器是基于设置值工作的，所以当调用类时，并不能提供额外的值。当描述器处于这种情况时，抛出 AttributeError 更有意义，以防止用户尝试一些没有意义的值。在此这样做意味着这些值的日志将永远不可用，因此描述器会返回自身。

除了获取和设置值之外，描述器还可以删除成员变量以及成员变量的值，可以使用__delete__()方法管理这种行为。因为该方法只对实例起作用，而不关心值，所以它接收实例对象作为唯一的参数。

除了管理成员变量外，描述器还可用于实现面向对象编程的最重要的一块内容：方法。

4.4 方法

当函数定义在类中时，函数被认为是方法。尽管在一般情况下，方法仍然像普通函数一样工作，但方法具有可用的类信息，因为它们实际上也是描述器。然而，方法有两种截然不同的类型：非绑定方法和绑定方法。

4.4.1 非绑定方法

因为可以从类及其实例访问描述器，所以也可以通过它们两者访问方法。当访问类的函数时，称之为非绑定方法。描述器接收类，但方法通常需要实例，因此在没有实例的情况下访问时，称之为非绑定方法。

这实际上更像是一种命名约定，而不是任何正式的声明。当访问类的函数时，得到的只是函数对象本身，代码示例如下：

```
>>> class Example:
...     def method(self):
...         return 'done!'
...
>>> type(Example.method)
<class 'function'>
>>> Example.method
<function method at 0x...>

# self isn't passed automatically

>>> Example.method()
Traceback (most recent call last):
  ...
TypeError: method() takes exactly 1 position argument (0 given)
```

非绑定方法仍然是可调用的，就像其他任何标准函数一样，但同时也携带了关于自身被附加到哪个类的信息。注意，非绑定方法中的 self 参数不会自动传递，因为没有可用于绑定的实例对象。

4.4.2　绑定方法

一旦类被实例化之后,每个方法描述器都会返回一个绑定到那个实例的函数,仍然由相同的函数支持,并且原始的非绑定方法仍然可用。但是,绑定方法现在自动接收实例对象作为第一个参数,代码示例如下:

```
>>> ex = Example()
>>> type(ex.method)
<class 'method'>
>>> ex.method
<bound method Example.method of <__main__.Example object at 0x...>>

# self gets passed automatically now

>>> ex.method()
'done!'

# And the underlying function is still the same

>>> Example.method is ex.method.__func__
True
"""

# is and == have related yet different functionality and == could have
replaced is in this instance, yet since is checks to see if two arguments
refer to the same object versus == checks to see if two object have same
value, is works better for our needs.
"""
```

如你所见,绑定方法仍然由与非绑定方法相同的函数支持。真正唯一的区别是:绑定方法将一个实例作为第一个参数。同样重要的是要认识到:实例对象是作为位置参数传递的,因此参数名称不需要是 self 就可以正常工作。

提示　因为绑定方法接收一个实例作为第一个参数,所以可以通过向非绑定方法显式地提供一个实例作为第一个参数来伪造绑定方法。对于方法来说,看起来都是一样的,在将函数作为回调传递时,这可能是一种有用的途径。

但有时候无论类是否已实例化,方法都不需要访问实例对象。这些方法分为两类:类方法和静态方法。

1. 类方法

当一个方法只需要访问它所附加的类时,它将被认为是类方法,Python 通过使用内置的@classmethod 装饰器来支持类方法。这确保了方法将始终接收类对象作为第一个位置参数，而无论是作为类的成员变量还是作为实例被调用，示例如下：

```
>>> class Example:
...     @classmethod
...     def method(cls):
...         return cls
...
>>> Example.method()
<class __main__.Example at 0x...>
>>> Example().method()
<class __main__.Example at 0x...>
```

一旦应用了@classmethod 装饰器(有关装饰器的信息，请参阅本章后面的章节)，method()方法就把类本身或其子类之一作为第一个参数，而不会接收 Example 实例作为第一参数。cls 参数将始终是用于调用方法的任何类，而不仅仅是定义方法的类。

虽然从前面的示例中可能看不太清楚，但类方法实际上是绑定的实例方法，就像前面描述的那样。因为所有类实际上都是内置类型的实例，所以类方法被绑定到类本身。

```
>>> Example.method
<bound method type.method of <class '__main__.Example'>>
```

类方法也可以用另一种稍微间接的方式来创建。因为所有类实际上都只是元类的实例，所以也可以为元类定义方法。然后所有的实例类，都可以将类方法作为标准的绑定方法进行访问，而不需要使用@classmethod 装饰器，因为类方法已经使用前面描述的标准行为绑定到了类，如下所示：

```
>>> class ExampleMeta(type):
...     def method(cls):
...         return cls
...
>>> class Example(metaclass=ExampleMeta):
...     pass
...
>>> Example.method
<bound method ExampleMeta.method of <class '__main__.Example'>>
>>> Example.method()
<class __main__.Example at 0x...>
```

以这种方式构造的方法在大多数方面与常规类方法相同，因为它们在内部都以相同的方式进行构建。它们可以从类本身调用，而不需要实例，并且它们总是接收类对象作为隐式的第一个参数。但不同的是，类方法仍然可以从实例中调用，而绑定的类方法只能从类本身进行调用。

出现这种行为的原因是，方法是在元类命名空间中定义的，并且只将方法放在元类实例的 MRO 中。所有引用元类的类都可以访问这个方法，但实际上在它们的定义中并没有这个方法。使用@classmethod 装饰的方法可以直接放在定义它们的类的命名空间中，这使得类的实例也可以使用它们。

虽然基于元类的类方法看起来只是标准装饰类方法的低级版本，但它们对应用程序可能是有益的，原因有二。首先，类方法通常被期望作为类的成员变量进行调用，并且很少从实例对象中调用。值得注意的是，这并不是一条普遍的规则，当然也不足以证明元类的使用本身是合理的。

其次，更重要的是，许多已经使用元类的应用程序也需要将类方法添加到使用元类的类中。在这种情况下，只为现有元类定义方法，而不是使用单独的类保存类方法。当额外的类本身没有任何有价值的东西要添加时，这尤其有用。如果元类是重要的部分，那么最好将所有内容都保留下来。

2. 静态方法

有时，即使是类，所需的信息也比方法执行任务时的信息还要多，于是就出现了静态方法。使用@staticmethod 装饰器，静态方法在任何时候都不会接收任何隐式参数，如下所示：

```
>>> class Example:
...     @staticmethod
...     def method():
...         print('static!')
...
>>> Example.method
<function method at 0x...>
>>> Example.method()
static!
```

如你所见，静态方法看起来不像方法，它们只是放在类中的标准函数。接下来将展示如何利用 Python 的动态特性在实例上实现类似的效果。

3. 将函数分配给类和实例

Python 允许通过简单地分配新值来覆盖大多数成员变量，示例如下：

```
>>> def dynamic(obj):
...     return obj
...
>>> Example.method = dynamic
>>> Example.method()
Traceback (most recent call last):
  ...
TypeError: dynamic() takes exactly 1 positional argument (0 given)
>>> ex = Example()
>>> ex.method()
<__main__.Example object at 0x...>
```

注意，这里仍然需要编写分配给类的函数，该函数接收一个实例作为第一个参数。一旦编写了这个函数，该函数就会像常规的实例方法那样工作，因此参数要求根本不会改变。将函数分配给实例在语法上是类似的，因为函数从来没有分配给类，所以根本不涉及任何绑定。直接分配给实例成员变量的函数的工作方式，与附加到类的静态方法类似，代码示例如下：

```
>>> def dynamic():
...     print('dynamic!')
...
>>> ex.method = dynamic
>>> ex.method()
dynamic!
>>> ex.method
<function dynamic at 0x...>
```

4.5　魔术方法

Python 中的对象可以通过多种不同的方式进行创建、操作和销毁，并且大多数行为都可以通过自己的自定义类来修改。一些更专业的定制可以在第 5 章中找到，但是这里有几个特殊的方法对于所有类型的类都是通用的。这些方法可以根据它们处理的类的不同方面进行分类，因此本节将分别依次介绍这些不同的方法。

4.5.1 创建实例

从类到对象的转换称为实例化。实例只不过是对提供行为的类以及命名空间字典的引用，命名空间字典对于实例是唯一的。在不覆盖任何特殊方法的情况下创建新对象时，实例命名空间只是等待数据的空字典。

因此，大多数类实现的第一个方法是__init__()，目的是用一些有用的值初始化命名空间。在有用的数据到来之前这些只是占位符，而在其他时候，有用的数据以参数的形式直接进入方法。之所以会发生这种情况，是因为传递给实例的参数都会沿着路径直接传递给__init__()，示例如下：

```
>>> class Example:
...     def __init__(self):
...         self.initialized = True
...
>>> e = Example()
>>> e.initialized = True
>>> class Example2:
...     def __init__(self, name, value="):
...         self.name = name
...         self.value = value
...
>>> e = Example2()
Traceback (most recent call last):
  ...
TypeError: __init__() takes at least 2 positional arguments (1 given)
>>> e = Example2('testing')
>>> e.name
'testing'
>>> e.value
"
```

与其他的 Python 函数一样，可以在__init__()中随意执行任何操作，但请记住这只是为了初始化对象。一旦__init__()执行完毕，对象就可以用于实际的目的，除了基本设置之外的任何东西都应该移交到其他的方法中。

当然，初始化的真正定义对于不同的对象含义可能有所不同。对于大多数对象，只需要将一些成员变量设置为某些默认值，或者设置为传递给__init__()的值。其他时候，这些初始值可能需要计算，例如将不同的时间单位转换为秒，因此一切都需要规范化。

在一些不太常见的情况下，初始化可能包括更为复杂的任务，例如数据验证、文件检索甚至是网络流量。例如，用于处理 Web 服务的类可能会将 API 令牌作为__init__()中的唯一参数。然后可能会调用 Web 服务以将 API 令牌转换为经过身份验证的会话，从而允许执行进一步的操作。其他所有的操作都需要单独的方法调用，但是作为这些操作的基础，身份验证可能会发生在__init__()中。

你在__init__()中要做的事情太多，这会引发如下问题：没有迹象可以表明正在进行的事情，缺少文档说明。遗憾的是，无论文档写得多详细，一些用户都不会阅读，他们仍然希望初始化是一项十分简单的操作。有关解决此问题的方法，请参阅 4.5.2 节中的示例。

尽管__init__()可能是所有方法中最著名的魔术方法，但却不是在创建新对象时执行的第一个方法。记住，__init__()毕竟用于初始化对象，而不是创建新对象。至于创建新对象，Python 为我们提供了__new__()方法，该方法的参数与__init__()的大部分参数都相同，但__new__()方法负责在初始化之前创建新的对象。

与典型的 self 实例对象不同，__new__()的第一个参数实际上是正在创建的对象的类。这使得__new__()看起来很像类方法，但是不需要使用任何装饰器来使其以这种方式工作——这是 Python 中的特例。但从技术上讲，__new__()是静态方法，所以如果试图直接调用，就需要提供类。__new__()永远不会隐式地被发送，就像是真正的类方法一样。

在类参数(通常命名为 cls，就像常规的类方法一样)之后，__new__()方法将接收所有参数，这些参数与__init__()方法接收的参数相同。在尝试创建对象时，传递给类的任何内容都将传递给__new__()。在根据手头的需求定制新对象时，这些参数通常很有用。

这通常不同于初始化，因为__new__()常用于更改正在创建的对象，而不仅仅是设置一些初始值。

4.5.2　示例：自动化子类

有些库由各种各样的类组成，其中大部分共享一组公共的数据，但可能具有不同的行为。这通常要求库的用户跟踪所有不同的类，并确定数据的哪些特性对应于适当的类。

与之不同的是，提供用户可以实例化的类会更有帮助，这个类实际上将会返回一个对象，该对象可以属于另一个不同的类，具体取决于参数。通过使用__new__()自定义新对象的创建过程，可以非常简单地实现这一点。确切的行为将取决于手头的应用程序，但基本技术很容易用通用的例子来说明。

给定这样一个类，它在实例化为对象时会随机选取一个子类。当然，这并不

是最实用的用法，但却说明了整个过程。在 random.choice() 中使用 __subclasses__()
方法选择可用的值，然后实例化找到的子类，而不是定义子类，代码示例如下：

```
>>> import random
>>> class Example:
...     def __new__(cls, *args, **kwargs):
...         cls = random.choice(cls.__subclasses__())
...         return super(Example, cls).__new__(cls, *args, **kwargs)
...
>>> class Spam(Example):
...     pass
...
>>> class Eggs(Example):
...     pass
...
>>> Example()
<__main__.Eggs object at 0x...>
>>> Example()
<__main__.Eggs object at 0x...>
>>> Example()
<__main__.Spam object at 0x...>
>>> Example()
<__main__.Eggs object at 0x...>
>>> Example()
<__main__.Spam object at 0x...>
>>> Example()
<__main__.Spam object at 0x...>
```

在另一个实际的例子中，可以将文件的内容传递给单个 File 类，并自动实例
化一个子类，该子类的成员变量和方法是专为提供的文件格式构建的。这对于诸
如音乐或图像的大型文件特别有用，这些文件从表面上看，大多数的行为相似，
但具有潜在可以抽象出来的差异。

4.5.3　处理成员变量

对于正在使用的对象，更常见的需求是与其成员变量进行交互。通常情况下，
这就像直接分配和访问属性一样简单，给定它们的名称即可，例如 instance.attribute。
在少数情况下，这种类型的访问是不够的，你需要更多的支持。

如果在编写应用程序时不知道成员变量的名称，可以使用内置的 getattr() 函数

为名称提供变量。例如，instance.attribute 将变为 getattr(instance，attribute_name)，其中 attribute_name 的值可以从任意地方提供，只要是字符串即可。

以上仅适用于将名称作为字符串的情况，并且需要查找名称引用的实例成员变量。在等式的另一边，还可以告诉类如何处理没有显式管理的成员变量，此行为由 __getattr__()方法控制。

如果定义了 __getattr__()方法，那么每当请求尚未定义的成员变量时，Python 就会调用该方法。该方法接收所请求的成员变量的名称，这样类就可以决定如何处理了。常见的例子是字典，字典允许按成员变量来检索值，而不只是使用标准的字典语法，示例如下：

```
>>> class AttributeDict(dict):
...     def __getattr__(self, name):
...         return self[name]
...
>>> d = AttributeDict(spam='eggs')
>>> d['spam']
'eggs'
>>> d.spam
'eggs'
```

注意　__getattr__()方法的一个不太明显的特性是，它只被实际上不存在的成员变量调用。如果直接设置成员变量，那么将在不调用 __getattr__()的情况下检索成员变量。如果需要捕获每个成员变量，那么请改用 __getattribute__()。它接收与 __getattr__()相同的参数和函数，只不过即使成员变量已经在实例中，它也会被调用。

当然，如果成员变量是只读的，那么允许成员变量访问的字典的意义就不大了。为了完成这幅成员变量访问图，我们还应该支持在成员变量中存储值。除了以上这个简单的字典示例之外，还需要考虑在为成员变量设置值时发生的情况。如你所料，Python 通过 __setattr__()方法实现了这一切。

由于还有一个值需要进行管理，因此新方法需要一个额外的参数。通过定义 __setattr__()，可以截获这些值，并根据应用程序的需要来处理它们。将 __setattr__() 应用到 AttributeDict，过程与前面的示例一样简单。

```
>>> class AttributeDict(dict):
...     def __getattr__(self, name):
...         return self[name]
...     def __setattr__(self, name, value):
...         self[name] = value
```

```
...
>>> d = AttributeDict(spam='eggs')
>>> d['spam']
'eggs'
>>> d.spam
'eggs'
>>> d.spam = 'ham'
>>> d.spam
'ham'
```

提示　就像 getattr()支持用变量代替硬编码的名称来访问成员变量一样，Python 提供了 setattr()来设置成员变量。setattr()的参数与__setattr__()的参数相匹配，也接收对象、成员变量名和值。

尽管这看起来像是一幅完整的成员变量访问图，但仍然缺少一个组件。当不再使用某个成员变量并希望将其从对象中完全删除时，Python 为我们提供了 del 语句。但是，当使用由这些特殊方法管理的伪成员变量时，del 语句就不起作用了。

为了处理这种情况(如果存在的话)，Python 提供了__delattr__()方法。因为值不再相关，所以这个方法只接收成员变量的名称以及标准的 self。将该方法添加到现有的 AttributeDict 很容易，代码示例如下：

```
>>> class AttributeDict(dict):
...     def __getattr__(self, name):
...         return self[name]
...     def __setattr__(self, name, value):
...         self[name] = value
...     def __delattr__(self, name):
...         del self[name]
...
>>> d = AttributeDict(spam='eggs')
>>> d['spam']
'eggs'
>>> d.spam
'eggs'
>>> d.spam = 'ham'
>>> d.spam
'ham'
>>> del d.spam
>>> d.spam
```

```
Traceback (most recent call last):
  ...
KeyError: 'spam'
```

<table>
<tr><td>警告：引发正确的异常</td></tr>
</table>

以上示例中的错误消息引出一个重要问题。异常在函数中的处理方式很容易被忽略，最终触发的异常可能是毫无意义的。如果某个成员变量不存在，那么合理的预期是希望看到的是 AttributeError 而非 KeyError。

这似乎是一个很容易被忽略的细节，但请记住，大多数代码都会显式地捕获特定类型的异常。因此，如果引发了错误的类型，可能会导致其他代码采用错误的路径。当遇到缺少成员变量或类似的情况时，一定要显式地抛出 AttributeError。例如，根据伪成员变量的作用，错误可能是 KeyError、IOError，甚至可能是 UnicodeDecodeError。

这一现象将在本书以及其他实际编程场景中频繁出现。第 5 章涵盖了各种协议，在这些协议中，正确地处理异常和使用参数一样重要。

4.5.4　字符串表示

在 Python 的所有不同对象类型中，最常见的是字符串。从读写文件到与 Web 服务交互和打印文档，字符串主宰软件执行的许多方面。尽管我们的大多数数据都以其他形式存在，但迟早都会转换为字符串。

为了使转换过程尽可能简单，Python 提供了一种额外的方式来将对象转换为字符串。当在类中实现__str__()方法时，允许使用内置的 str()函数将类的实例转换为字符串，在使用 print()或格式化字符串时也会使用 str()函数。关于这些特性的详细信息可以参阅第 7 章，但是现在，我们来看看__str__()在简单的类中是如何工作的。

```
# First, without __str__()
>>> class Book:
...     def __init__(self, title):
...         self.title = title
...
>>> Book('Pro Python')
<__main__.Book object at 0x...>
>>> str(Book('Pro Python'))
'<__main__.Book object at 0x...>'
```

```
# And again, this time with __str__()
>>> class Book:
...     def __init__(self, title):
...         self.title = title
...     def __str__(self):
...         return self.title
...
>>> Book('Pro Python')
<__main__.Book object at 0x...>
>>> str(Book('Pro Python'))
'Pro Python'
```

在添加__str__()之后，当允许类指定在将对象表示为字符串时，应该显示对象的哪些方面。在这个例子中，要显示的是一本书的书名，但也可以是人的姓名、地理位置的经纬度，或者其他任何可以简洁地在一组对等对象中标识某特定对象的信息。虽然不必包含关于对象的所有内容，但需要有足够的信息来区分不同的对象。

你还需要注意的是，当交互式解释器中的表达式不包含对 str()的调用时，也将不再使用__str__()返回的值。相反，解释器使用对象的不同表示，目的是更准确地表示对象的代码性质。对于自定义的类，这种字符串表示没有提供什么帮助，仅仅显示了类的名称和模块以及类在内存中的地址。

但对于其他类型，你会注意到这种字符串在表示确定对象的全部内容时非常有用。事实上，这种表示的理想目标是呈现字符串。如果在控制台中输入字符串，将重新创建对象，这对于在交互式控制台中感知对象非常有用。

```
>>> dict(spam='eggs')
{'spam': 'eggs'}
>>> list(range(5))
[0, 1, 2, 3, 4]
>>> set(range(5))
{0, 1, 2, 3, 4}

>>> import datetime
>>> datetime.date.today()
datetime.date(2009, 10, 31)
>>> datetime.time(12 + 6, 30)
datetime.time(18, 30)
```

这种替代表示是由__repr_()方法控制的，主要用于描述交互式控制台中的对象。当在解释器中单独引用对象时，会自动触发对__repr_()方法的调用，该方法有时也会用于__str__()无法提供足够详细信息的日志记录应用程序。

对于内置的列表和字典等，表示形式是文字表达式，可以很容易地再现对象。对于其他不包含太多数据的简单对象，例如日期和时间，只需要提供实例化调用就可以做到这一点。当然，必须首先导入 datetime。

在由于对象表示的数据太多而不能压缩成简单的字符串表示的场景中，最好的方法是提供用尖括号括起来的字符串，这样就可以通过更合理的细节来描述对象。这通常会涉及显示类名和一些可以标识它们的数据片段。对于如下 Book 示例(在现实世界中，将具有更多的成员变量)，对象的描述可能如下所示:

```
>>> class Book:
...     def __init__(self, title, author=None):
...         self.title = title
...         self.author = author
...     def __str__(self):
...         return self.title
...     def __repr__(self):
...         return '<%s by %s>' % (self.title, self.author or 、
...             '<Unknown Author>')
...
>>> Book('Pro Python', author='Marty Alchin')
<Book: Pro Python by Marty Alchin>
>>> str(Book('Pro Python', author='Marty Alchin'))
'Pro Python'
```

4.6 令人兴奋的 Python 扩展: 迭代器

迭代器是可以迭代的对象。换句话说，就是"可迭代的"或"可循环的"一些项。列表、元组和字符串是可迭代的，它们包含很多项，因此是可迭代的容器。Python 有两种迭代器对象。第一种迭代器是序列迭代器，可用于任意序列。第二种迭代器则对可调用对象进行迭代，并以标记值结束迭代过程。为了更好地解释这一点，下面介绍它们的实现方式。

以下是一个非常简单的例子: 增强的 for 循环，用于迭代容器中的所有项(必须有多个项)。

```
my_string=('Hello Python!')
for item in my_string:
```

```
            print(item)
my_list=[1,2,3,4]
for item in my_list:
            print (item, end=' ')
#Note newline after printing is replaced with space
print()
my_tuple='Fred','Wilma', 1, 3
for item in my_tuple:
            print (item)
```

现在，如果 Python 脚本所在的文件夹中有一个文本文件，比如一个包含数据的 CSV 文件，那么可以执行以下操作：

```
for the_line in open("file.csv"):
            print (the_line)
```

借助 Python 迭代器，还可以组合结构以增强功能，一定要保持代码的可读性。注意，我们正在循环遍历字符串，并对字符 'b' 的实例进行计数。

```
#Combine control structures
my_string=('ababaaaabbbbaaaabb')
counter=0
for character in [char for char in my_string if char == 'b']:
        counter +=1
print('There were ', counter, ' letter b')
```

另一个例子是恺撒加密：

```
#Secret message Ceasar cipher!
my_string = input('Type secret message: ')
print (my_string)
new_string = ' '
z=input('How much to Ceasar shift by? ')
for letter in my_string:
        x=ord(letter)
        t=x+int(z)
        print (chr(t),)
```

现在查看一下迭代协议。next()函数对第一个元素进行迭代，并继续直到最后一个元素，但在尝试打印第四个元素时返回了 StopIteration 错误，因为当前列表中已经没有元素了。

```
# Simple iteration over a list
simple_list = [1, 3, 2]
simple_iter = iter(simple_list)
counter = 1
while counter <=4:
        print(next(simple_iter))
        counter +=1
```

现在，可以添加 try 和 except 语句让示例保持运行，在此仅展示了一般情况下迭代器的工作方式。请在迭代器上花费一些时间进行钻研，定能让你得到很好的回报。

4.7 小结

无论是对于简单的个人项目，还是对于为大规模分发而构建的大型框架，对类有了透彻了解将能够为应用程序提供更多的可能性。另外，还有一组既有的协议，可以让类像其他知名的 Python 模块那样工作。

第 5 章

通用协议

通常，你可能需要定义一些高度自定义的对象来满足应用程序的需要。这意味着你要创建自己的接口和 API，这些接口和 API 对于你的代码来说是独一无二的。这样做的灵活性对于任何系统的扩展能力都是必不可少的，但这是有代价的，你实现的所有新东西都必须记录下来，以便需要使用它们的人能够理解。

即使有适当的记录可帮助理解如何使用框架提供的各种类，对于使用框架的用户来说也可能是一件相当麻烦的事情。减轻用户负担的一种好办法是模仿他们已经熟悉的接口。在 Python 编程中，有许多现成的标准问题类型，并且大多数都具有接口，使用户可以在自定义类中实现。

方法是实现现有接口的最明显方式，但对于许多内置类型，大多数操作都是使用原生 Python 语法执行的，而不是使用显式的方法调用。当然，这些语法特性都是由后台的实际方法提供支持的，因此可以重写这些方法来完成行为的定制工作。

本章将展示如何在自定义代码中模仿你在 Python 中经常使用的一些最常见类型的接口，但这绝不是 Python 附带的所有类型的详尽列表，也不代表每个方法。相反，本章是学习某些方法的参考，这些方法不太明显，因为它们被语法糖掩盖了。

5.1　基本运算

尽管 Python 中提供了各种各样的对象类型，但它们大多数都共享一组通用的运算。这些运算被认为是核心特征集的一部分，代表了对象操作的最常见但又最高级的方面,其中许多方面与简单的数字一样,适用于许多其他对象。

在所有编程语言中,包括 Python,最简单、最常见的需求是计算表达式的布尔值,以便可以用来做出简单的决策。通常,这会用在 if 代码块中,但是当使用 while 和诸如 and 和 or 的布尔操作时,这些决策也会发挥作用。在 Python 中,当遇到这些情况时,将依赖于__bool__()方法的行为来确定对象的布尔值。

__bool__()方法只接收通常的 self,并且必须返回 True 或 False。这允许任意对象可以通过使用适当的方法或属性,来确定在给定表达式中应该被认为是 True 还是 False。

```
>>> bool(0)
False
>>> bool(1)
True
>>> bool(5)
True
```

考虑另一个例子,定义一个用于表示矩形的类,我们可以使用矩形的面积来确定这个矩形是 True 还是 False。因此,使用__bool__()方法时只需要检查是否存在非零的宽度或高度,因为 0 表示 False,而任何其他正值(通常为 1)表示 True。这里我们使用内置的 bool()函数,通过调用__bool__()方法将计算结果转换为布尔值:

```
>>> class Rectangle:
...     def __init__(self, width, height):
...         self.width = width
...         self.height = height
...     def __bool__(self):
...         if self.width and self.height:
...             return True
...         return False
...
>>> bool(Rectangle(10, 15))
True
>>> bool(Rectangle(0, 0))
False
>>> bool(Rectangle(0, 15))
False
```

提示 __bool__()方法并不是用于自定义 Python 布尔行为的唯一方法。作为替代方法，如果对象提供了__len__()方法(详见 5.4 节)，那么 Python 可以使用该方法，当遇到任何非零长度时视为 True，而当长度为零时视为 False。

考虑到对象的真实性，你可以自主控制 and、or 和 not 等运算符的行为。然而，实际上并没有单独的方法可以重写以定制这些运算符。

除了能够确定对象的真实性之外，Python 还在其他操作中提供了极大的灵活性。特别是，标准的数学运算可以被重写，因为其中的许多运算可以应用于各种对象，而不仅仅是数字。

5.1.1 数学运算

一些最早的数学形式来源于我们对周围世界的观察。因此，我们在小学学到的大多数数学知识都很容易应用于其他类型的对象，就像应用于数字一样。例如，加法可以被看作简单地将两个事物放在一起(连接)，比如将两个字符串捆绑在一起以形成一个更长的字符串。

如果只是从纯数学角度看，可以认为真的只是把两个长度相加在一起，从而产生一个更长的长度。但是，当你看到实际发生的事情时，你会发现，你现在有了一个全新的字符串，这不同于最初的两个字符串。

这种类比也很容易扩展到 Python 字符串中，可以使用标准加法将它们连接起来，而不需要单独的命名方法。类似地，如果需要多次写出相同的字符串，简单地用字符串乘以对应的次数即可，这与普通数字的乘法相同。这些类型的操作在 Python 中非常常见，它们是实现常见任务的最简单方法。

```
>>> 2 + 2
4
>>> 'two' + 'two'
'twotwo'
>>> 2 * 2
4
>>> 'two' * 2
'twotwo'
```

与__bool__()方法类似，这些数学运算的行为可以由它们自己的特殊方法来控制。它们中的大多数方法都相当直截了当，既接收通常的 self 参数，也接收额外的参数。这些方法通常被绑定到运算符的左侧对象，但也有方法被绑定到右侧对象。

四种基本的算术运算(加、减、乘、除)在 Python 中依次使用标准运算符+、–、

*和/来表示。前三种运算在后台分别由__add__()、__sub__()和__mul__()方法的实现提供支持。除法有点复杂,我们很快就会讲到,但是现在,让我们看看运算符重载是如何工作的。

考虑一个类,它围绕一个值充当简单的代理。在现实世界中,这样的类并没有多大用处,但却是很好的起点,可以解释一些事情。

```
>>> class Example:
...     def __init__(self, value):
...         self.value = value
...     def __add__(self, other):
...         return self.value + other
...
>>> Example(10) + 20
30
```

以上只是你可以定制的一些基本算术运算的简单示例。在本章的其余部分,你会发现更多高级操作。表 5-1 列出了基本的算术运算符。

表 5-1　基本的算术运算符

运算名称	运算符	实现自定义行为时使用的方法
加法	+	__add__()
减法	−	__sub__()
乘法	*	__mul__()
除法	/	__truediv__()

在这里,你可能会注意到,实现除法时用到的方法并不像你所期望的那样是__div__()。在 Python 中之所以这么做,是因为除法有两种不同的工作方式。当使用计算器时,得到的除法结果在 Python 中称为真除法,并且使用了__truediv__()方法,这种工作方式和你所预期的除法行为是一致的。

真除法是唯一可以接收两个整数并返回非整数的算术运算,然而在某些应用程序中,始终返回一个整数则是很有用的。例如,在以百分比形式显示应用程序执行进度的场景中,实际上是不需要以完整的浮点数来进行显示的。

取而代之的是另一种操作,称为地板除,又称为整数除法。如果真除法的结果落在两个整数之间,地板除将只返回两个整数中较小的那个,因此返回的总是整数。正如你可能期望的那样,地板除是使用单独的__floordiv__()方法实现的,并使用运算符//进行访问,示例如下:

```
>>> 5 / 4
1.25
>>> 5 // 4
1
```

还有模运算，并且也与除法有关。在除法运算产生余数的情况下，使用模运算将返回余数。模运算的运算符是%，模运算是使用__mod__()方法来实现的。在字符串中，可使用%进行标准的变量解释，这与除法无关，示例如下。

```
>>> 20 // 6
3
>>> 20 % 6
2
>>> 'test%s' % 'ing'
'testing'
```

实际上，可以使用地板除和模运算来分别获得除法运算的整数结果以及产生的余数，从而可以保留除法运算结果的所有信息。这种做法有时比使用真除法更有价值，因为真除法只是简单地产生一个浮点数。考虑一个计算分钟和小时的函数，要求这个函数必须返回一个同时包含小时数和分钟数的字符串，代码如下：

```
>>> def hours_and_minutes(minutes):
...     return minutes // 60, minutes % 60
...
>>> hours_and_minutes(60)
(1, 0)
>>> hours_and_minutes(137)
(2, 17)
>>> hours_and_minutes(42)
(0, 42)
```

事实上，像这样的基础任务非常常见，以至于 Python 提供了自己的函数：divmod()。通过传入基值以及另一个用来除以基值的值，可以同时得到地板除和模运算的结果。然而，Python 不会简单地单独使用__floordiv__()和__mod__()方法，而是尝试调用__divmod__()方法，这允许自定义的实现更加高效。

我们可以使用与 hours_and_minutes()函数相同的技术来演示__divmod__()方法，以代替更有效的实现。我们所要做的就是接收第二个参数，以便将硬编码的60 从方法中取出，代码示例如下：

```
>>> class Example:
...     def __init__(self, value):
...         self.value = value
...     def __divmod__(self, divisor):
...         return self.value // divisor, self.value % divisor
...
>>> divmod(Example(20), 6)
(3, 2)
```

Python 还支持一种乘法的扩展运算，称为指数运算，这种运算会将一个值与其自身相乘若干次。鉴于指数运算与乘法的关系，Python 使用双星号**表示法来执行这种运算。这种运算是使用__pow__()方法实现的，代码示例如下。

```
>>> class Example:
...     def __init__(self, value):
...         self.value = value
...     def __pow__(self, power):
...         val = 1
...         for x in range(power):
...             val *= self.value
...         return val
...
>>> Example(5) ** 3
125
```

与其他运算不同，指数运算也可以通过内置的 pow()函数以另一种方式执行。之所以使用 pow()函数，是因为它允许传入一个额外的参数。这个额外的参数是在执行指数运算之后应该用于执行模运算的值。这种额外的行为使我们能够更有效地执行诸如查找素数之类的任务，这通常被广泛应用于密码学。

```
>>> 5 ** 3
125
>>> 125 % 50
25
>>> 5 ** 3 % 50
25
>>> pow(5, 3, 50)
25
```

为了使用__pow__()方法支持这种行为，你可以选择接收一个额外的参数，该参数将用于执行模运算。为了支持普通的运算符**，这个新参数必须是可选的。
为了能够在没有合理默认值的情况下随意使用而不导致标准的指数运算出现问题，这个新参数应该默认为 None，以确定是否应该执行模运算。

```
>>> class Example:
...     def __init__(self, value):
...         self.value = value
...     def __pow__(self, power, modulo=None):
...         val = 1
...         for x in range(power):
...             val *= self.value
...         if modulo is not None:
...             val %= modulo
...          return val
...
>>> Example(5) ** 3
125
>>> Example(5) ** 3 % 50
25
>>> pow(Example(5), 3, 50)
25
```

警告　与前面所示的__divmod__()实现一样，这并不是解决问题的一种非常有效的方法。虽然也确实产生了正确的值，但这仅仅是为了演示说明。

5.1.2　按位运算

按位运算通常用于处理二进制文件、密码学、编码、硬件驱动程序和网络协议等场景。因此，它们常常与底层编程相关联，但它们肯定不是专为该领域而保留的。通过按位运算，一组单独的运算并不直接作用于值，而是作用于比特序列。在这个层次上，有几种不同的操纵值的方法，它们不仅适用于数字，也适用于一些其他类型的序列。最简单的按位操作是移位，也就是将值中的位向右或向左移动，从而产生新的值。

在二进制运算中，将位向左移动一位会将数值乘以 2。就像十进制运算那样：将所有数字移到左边数字的位置，并用零填充右边的空位，这实际上相当于把数值乘以 10。这种行为对于任意编号的基数都是成立的，因为计算机是以二进制形式工作的，所以移位运算也是如此。

向左移位、向右移位可分别使用运算符<<和>>来实现，运算符的右侧表示应该移动多少位。在 Python 内部，可通过使用__lshift__()和__rshift__()方法来支持这些操作，其中每个方法都接收要移动的位的个数，并作为唯一的附加参数。

```
>>> 10 << 1
20
>>> 10 >> 1
5
```

除了打乱位的顺序外，还有一些操作可以对每个值中的位彼此进行比较，从而产生一个新的数值，这个新的数值表示两个单独值的某种组合。常见的按位比较运算有四种，分别是&、|、^和~，依次表示按位与、按位或、按位异或和按位取反。

对于按位与(AND)比较，仅当要比较的各个位都为 1 时才会返回 1；如果是其他任何组合，那么执行结果将为 0。按位与(AND)通常被用于创建位掩码，在位掩码中，可以通过应用 AND 将所有不相关的值重置为 0，方法是把每个有用的位置为 1，而将其余的位置为 0。这将清除你不感兴趣的任何位，从而可以轻松地与二进制标志集进行比较。要在代码中支持按位与(AND)，需要使用__and__()方法。

对于按位或(OR)比较，只要被比较的各个位中的任何一位是 1，就返回 1；如果两个位都是 1，这并不重要，只要其中至少一位是 1，执行结果就是 1。按位或(OR)通常用于将一组二进制标志集连接在一起，以便在结果中设置来自运算符两侧的所有标志。为了支持此功能，使用所需的方法是__or__()。

标准的 OR 运算符有时被称为 inclusive OR，这与 exclusive OR(异或)形成对比，exclusive OR(异或)通常缩写为 XOR。在 XOR 运算中，只有当一位是 1 而另一位不是 1 时，执行结果才为 1。如果两个位都是 1 或都是 0，执行结果将为 0。XOR 运算是由__xor__()方法提供支持的。

最后，Python 还为我们提供了按位取反运算，其中每个位都会翻转为与当前值相反的值，1 变为 0，反之亦然。这会在负值和正值之间进行交换，但不是简单地改变正负符号。下面是一个使用~运算符反转数字的示例，让我们看看执行结果如何。

```
>>> ~42
-43
>>> ~-256
255
```

这样的行为是基于计算机处理有符号值的方式导致的。最高位用于确定值是正值还是负值，因此翻转最高位会更改正负符号。反转之后的绝对值发生变化是由于缺少-0。当 0 被反转时，将变成-1 而不是-0，因此其他所有的值都会受到影响。

当你拥有一组已知的所有可能值的集合，以及这些值的各个子集时，反转通常是最有用的。反转这些子集将删除任何现有的值，并将它们替换为来自主集合的任意值，而这些值不在子集中。

可以通过为对象提供__invert__()方法来实现这种行为。然而，与其他按位运算方法不同的是，__invert__()方法是一元的，因此不接收除标准 self 外的任何其他参数。

注意　这里描述的反转行为对于使用二进制补码方法编码的数字是有效的，可用于处理有符号的数字。如果自定义的 number 类提供了__invert__()方法来执行此操作，那么还可以使用其他可用的选项[1]，它们的行为可以与此处描述的行为不同。默认情况下，Python 只能使用二进制补码的编码方法。

5.1.3　运算符的变体

除了运算操作的正常行为外，还可以通过几种不同的方式访问它们。最明显的问题是，方法通常是绑定到运算符左侧对象的值。如果自定义对象被放置在运算符右侧，那么很有可能不知道如何使用运算符左侧的值，因此最终将得到 TypeError 而不是可用的值。

这种行为是可以理解的。然而，如果自定义对象知道如何与其他值进行交互，那么无论它们处于运算符的哪一侧，都可以实现。为了实现这一点，Python 为运算符右侧的值提供了返回有效值的机会。

当表达式的左侧无法产生值时，Python 会检查右侧的值与表达式左侧是否属于同一类型。如果是的话，那就没有理由期望能够比第一次做得更好，所以 Python 只会抛出 TypeError。但是，如果右侧的值与表达式左侧是不同的类型，Python 将对右侧的值调用一个方法，并将左侧的值作为参数传入。

以上过程交换了周围的参数，并将方法绑定到右侧的值。对于某些操作，如减法和除法，值的顺序很重要，因此 Python 使用不同的方法来指示顺序的更改。这些单独方法的名称大多与左侧方法相似，只是开头多了字母 r。

```
>>> class Example:
...     def __init__(self, value):
...         self.value = value
...     def __add__(self, other):
...         return self.value + other
```

---

1 http://en.wikipedia.org/wiki/Signed_number_representations

```
...
>>> Example(20) + 10
30
>>> 10 + Example(20)
Traceback (most recent call last):
  ...
TypeError: unsupported operand type(s) for +: 'int' and 'Example'
>>> class Example:
...     def __init__(self, value):
...         self.value = value
...     def __add__(self, other):
...         return self.value + other
...     def __radd__(self, other):
...         return self.value + other
...
>>> Example(20) + 10
30
>>> 10 + Example(20)
30
```

提示 在这种情况下，值的顺序不会影响结果。实际上，只需要将左侧的方法分配给右侧方法的名称即可。请记住，并不是所有的操作都是这样工作的，所以不要在尚未确保方法有意义的情况下，盲目地将方法复制到运算符的两边。

使用这些运算符的另一种常见方式，是修改现有的值并将结果直接赋给原始值，正如本章前面演示的那样，另一种替代的赋值形式可以满足这些修改要求。只需要简单地将=附加到所需的运算符之后，就可以将运算结果赋值给运算符的左侧变量。

```
>>> value = 5
>>> value *= 3
>>> value
15
```

默认情况下，对于这种形式的增量赋值，使用标准运算符的方式与本章前面描述的相同。但是，你需要首先在操作后创建新值，然后使用新值重新绑定到现有的值。相反，有时在适当的位置修改值可能是有利的，前提是可以确定何时执行赋值操作。

与运算符右侧的方法一样，in-place(原地修改)操作使用的方法名在本质上也与标准运算符相似，但这次多了字母 i。然而在运算符的右侧，是没有原地修改 (in-place)这种等效操作的，因为赋值是用左侧的变量来完成的。考虑到所有因素，表 5-2 列出了可用的所有运算符，以及定制它们各自行为所需的方法。

表 5-2　可用的所有运算符

运算名称	运算符	用于运算符左侧的方法	用于运算符右侧的方法	内联方法
加法	+	__add__()	__radd__()	__iadd__()
减法	–	__sub__()	__rsub__()	__isub__()
乘法	*	__mul__()	__rmul__()	__imul__()
真除法	/	__truediv__()	__rtruediv__()	__itruediv__()
地板除	//	__floordiv__()	__rfloordiv__()	__ifloordiv__()
取模运算	%	__mod__()	__rmod__()	__imod__()
division & modulo	divmod()	__divmod__()	__rdivmod__()	N/A
指数运算	**	__pow__()	__rpow__()	__ipow__()
按位左移	<<	__lshift__()	__rlshift__()	__ilshift__()
按位右移	>>	__rshift__()	__rrshift__()	__irshift__()
按位与	&	__and__()	__rand__()	__iand__()
按位或	|	__or__()	__ror__()	__ior__()
按位异或	^	__xor__()	__rxor__()	__ixor__()
按位取反	~	__invert__()	N/A	N/A

注意　对于 division & modulo 运算是没有内联方法的，因为无法作为支持赋值的运算符使用，并且只有 divmod()方法可以调用，没有内联功能。此外，按位取反是一元操作，因此运算符没有可用的右侧方法或内联方法。

尽管这些操作主要针对数字，但其中的大部分操作对于其他类型的对象也是有意义的。然而，还有另一组行为，它们只对数字和那些拥有与数字同样行为的对象才会有意义。

5.2　数字

在所有计算机操作的背后都是关于数字的，因此数字很自然地在大多数应用程序中扮演了重要的角色。除了之前概述的运算之外，数字还表现出许多不同的行为，这些行为可能不那么明显。

自定义数字可以拥有的最基本行为，是让 Python 相信它们实际上就是数字。当试图将对象用作序列中的索引时，这是很有必要的。Python 要求所有的索引都是整数，因此需要有一种方法将对象强制为整数，以便用作索引。为此，Python 使用了__index__()方法，如果该方法不存在或者返回的不是整数，便会抛出 TypeError，代码示例如下：

```
>>> sequence = [1, 2, 3, 4, 5]
>>> sequence[3.14]
Traceback (most recent call last):
  ...
TypeError: list indices must be integers, not float
>>> class FloatIndex(float):
...     def __index__(self):
...         # For the sake of example, return just the integer portion
...         return int(self)
...
>>> sequence[FloatIndex(3.14)]
4
>>> sequence[3]
4
```

除了简单的索引访问外，__index__()方法还可用于切片。为了进行切片，可使用__index__()方法将值强制转换为整数，并使用内置的 bin()、hex()和 oct()函数生成用于转换的起始值。在一些明确强制使用整数的其他场景中，还可以使用__int__()方法，该方法使用的是内置的 int()函数。对于其他类型的转换，可以使用__float__()执行转换以支持 float()函数，使用__complex__()执行转换以支持 complex()函数。

在将一个数字转换为另一个数字时，最常用的操作之一是四舍五入。与 int()不同，四舍五入可以更好地控制最终得到的值的类型和保留的精度，而 int()只会盲目地截断数值中不是整数的那部分。

当把十进制数或浮点数传递给 int()时，效果在本质上等同于执行地板运算。与前面提到的地板除法一样，地板运算在两个整数之间取一个数字，并返回两个整数中较小的那个。math 模块提供了 floor()函数以执行此操作。

正如你所预期的那样，这依赖于自定义对象的__floor__()方法来执行地板运算。除了通常的 self 之外，__floor__()方法不需要任何参数，并且应该始终返回一个整数。然而，实际上 Python 并没有对返回值做任何强制要求。因此，如果使用的是 Integer 的某个子类，那么可以返回其中的一个。

相比之下，你可能需要使用两者中较高的那个，这将是上限运算，这是使用 math.ceil()方法完成的。就像__floor__()一样，相应的__ceil__()方法不接收任何额外的参数，同时将返回一个整数。

更广泛的是，你需要将一个数值四舍五入到特定的位数。这是使用 round()函数来实现的，round()函数是 Python 内置函数，不在 math 模块中。round()函数最多接收两个参数，可通过对自定义对象使用__round__()方法来实现。

round()函数的第一个参数是__round__()方法将被绑定到的对象，因此可作为标准的 self 出现。但是，第二个参数就有点微妙了，小数点右边的数字是有意义的，因此应该保留在结果中。如果没有提供的话，round()会假设这些数字都不重要并返回一个整数，示例如下：

```
>>> round(3.14, 1)
3.1
>>> round(3.14)
3
>>> round(3.14, 0)
3.0
>>> import decimal
>>> round(decimal.Decimal('3.14'), 1)
Decimal('3.1')
>>> round(decimal.Decimal('3.14'))
3
```

如你所见，给 round()函数的第二个参数传递 0 和根本不传递第二个参数，实际上还是有区别的。它们的返回值在本质上是相同的，但是当不传入第二个参数时，你应该总是得到一个整数。当给第二个参数传入 0 时，你将获得与传入的值相同的类型，但只包含有效数字。

除了小数点右边的四舍五入数字之外，round()也可以对小数点左边的数字起作用。通过传入负数，可以指定小数点的左侧应该舍入的位数，其余的数字将会保留。

```
>>> round(256, -1)
260
>>> round(512, -2)
500
```

5.2.1 符号运算

这里还有一系列的一元操作，可用于调整数值的符号。第一个符号是负号(-)，用于在正值和负值之间交换。可通过提供__neg__()方法来自定义这种行为，该方法除了 self 之外，不接收任何额外的参数。

作为补充，Python 还支持正号，使用+表示。因为数字通常被假设为正值，所以这个符号实际上什么都不会做，而只是返回未更改的数字。但是，如果自定义对象需要附加到对象的实际行为，则可以使用__pos__()方法来完成。

最后，数字也可以有绝对值，绝对值通常被定义为这个数字到数字 0 的距离。对于绝对值，这里的符号是无关紧要的，所有的值都将变成正值。因此，对数字应用 abs()方法后，会删除负号(如果存在的话)，同时保留正值不变。这种行为可由__abs__()方法进行修改定制。

5.2.2 比较运算

到目前为止，我们演示的运算都会返回一个修改后的值，至少部分基于一个或多个现有的值。相比之下，比较运算根据两个值之间的关系返回 True 或 False。

使用最基本的比较运算符 is 和 is not，可直接对每个对象的内部标识进行操作。由于标识通常作为对象在内存中的地址来实现，而 Python 代码是无法更改内存地址的，因此无法重写这种行为。标识通常用于与已知常量(例如 None)进行比较。

这里有一些可用的运算符用来表示标准的数值比较，它们用于检测一个值是否大于、小于还是恰好等于另一个值。我们通常使用==来测试是否相等。由于这种比较并不局限于数值，许多其他的类型都可以拥有彼此认为相等的对象，因此等式比较十分普遍。这种行为可由__eq__()方法控制。

在 Python 中，不等式由运算符!=表示。你可能没有想到的是，这个功能并没有以任何方式绑定到==。在 Python 中，不等式的计算并不是简单地调用__eq__()方法，再通过反转得到最终的结果，而是依赖于单独的__ne__()方法进行处理。因此，如果实现了__eq__()方法，请始终记住，还应同时提供__ne__()方法以确保一切都可以按预期工作。

此外，可以使用<和>来比较一个值是否小于或大于另一个值，具体可分别使用__lt__()方法和__gt__()方法来实现。等式比较也可以与<或>结合使用，例如一个值可以大于或等于另一个值。这些操作均使用运算符<=和>=来表示，并由__lte__()方法和__gte__()方法提供支持。

这些比较通常用于主要由数字表示对象的场景，即使对象本身远不止于此。日期和时间就是易于比较的对象的典型例子，因为它们在本质上都是一系列数字。

如果需要的话，日期和时间中的每个数字都可以单独进行比较。

```
>>> import datetime
>>> a = datetime.date(2019, 10, 31)
>>> b = datetime.date(2017, 1, 1)
>>> a == b
False
>>> a < b
True
```

就比较而言，字符串是十分有趣的示例。尽管字符串在某种意义上不是数字，但字符串中的每个字符都只是数字的另一种表示，因此字符串也可用于比较。这些比较驱动了字符串的排序功能。

5.3 可迭代对象

我们接下来要介绍的是与序列相关的内容，但首先要考虑的是一种更通用的形式。如果一个对象可以一次产生另一个对象(通常在 for 循环中)，那么第一个对象会被认为是可迭代对象。这个定义之所以这么简单，是因为即便从更深层次看，可迭代对象实际上也没有超出这个范围。然而，Python 确实对可迭代对象有更具体的定义。

特别是，如果将对象传递给内置的 iter()函数会返回迭代器的话，那就说明对象是可迭代的。在内部，iter()函数会检查传入的对象，首先查找__iter__()方法。如果找到这个方法，就可以在没有任何参数的情况下调用它，并且期望返回一个迭代器。如果__iter__()方法不可用，就会执行另一个步骤，但是现在，让我们将重点放在迭代器上。

尽管对象被认为是可迭代的，但真正做了所有工作的是迭代器。对于__init__()方法应该是什么样子并没有要求，因为具体是在主对象的__iter__()方法中实例化的，所需的接口仅包含两个方法。

迭代器的第一个方法是__iter__()，这可能会令人感到惊讶。迭代器本身也应该始终是可迭代的，所以它们必须提供__iter__()方法。不过，在这个方法中一般不会执行什么特殊操作，所以通常被实现为只返回 self。如果不在迭代器中提供__iter__()方法，那么在大多数情况下，主对象仍然是可迭代的，但是一些代码会期望它们的迭代器也可以单独使用。

更重要的是，迭代器必须始终提供__next__()方法，所有实际要做的工作都是在该方法中进行的。Python 将调用__next__()方法以从迭代器中检索下一个值，这些值将在任何称为迭代器代码的主体中使用。当代码需要新值时，通常用于循环中的下一次传递，可再次调用__next__()以获取新值。这个过程会一直持续下去，直到发生某件事情。

如果 Python 遭遇任何导致循环完成的状况，但在迭代器中仍然有可以生成的项，那么迭代器将会等待，等待其他一些代码请求另一个项。如果这种情况永远不会发生，那么最终将不会有更多的代码知道迭代器，因此 Python 将从内存中删除它们。第 6 章将更详细地介绍以上这种垃圾回收过程。

有一些不同的情况，迭代器可能没有机会完成。最明显的是遇到 break 语句，这将暂停循环，然后继续。此外，return 或 raise 语句可隐式地中断它们所属的任何循环，因此迭代器将保持与发生中断时相同的状态。

然而更常见的情况是，循环会让迭代器一直运行下去，直到不再产生任何项为止。使用生成器时，当函数返回而不产生新的值时，迭代器将自动处理这种情况。对于迭代器，必须显式地提供以上行为。

因为 None 是完全有效的对象，可以合理地从迭代器中产生，所以 Python 不能只对__next__()做出反应而无法返回值。相反，StopIteration 异常为__next__()方法提供了一种途径，可用来表示已经没有更多的项。当 StopIteration 异常被触发时，循环被认为已经完成，并且开始执行循环结束后的下一行代码。

为了说明上述内容是如何组合在一起的，让我们看一下内置函数 range()的行为。range()函数不是生成器，因此可以反复迭代。为了提供类似的功能，我们需要返回一个可迭代对象，然后根据需要进行多次迭代，代码示例如下：

```python
class Range:
    def __init__(self, count):
        self.count = count
    def __iter__(self):
        return RangeIter(self.count)

class RangeIter:
    def __init__(self, count):
        self.count = count
        self.current = 0

    def __iter__(self):
        return self

    def __next__(self):
        value = self.current
        self.current += 1
```

```
            if self.current > self.count:
                raise StopIteration
            return value
>>> def range_gen(count):
...     for x in range(count):
...         yield x
...
>>> r = range_gen(5)
>>> list(r)
[0, 1, 2, 3, 4]
>>> list(r)
[]
>>> r = Range(5)
>>> list(r)
[0, 1, 2, 3, 4]
>>> list(r)
[0, 1, 2, 3, 4]
```

迭代器是实现可迭代的最强大、最灵活的方法，因此迭代器通常是首选方式，但也有另一种方式可以实现类似的效果。对象可迭代的原因在于 iter() 函数会返回一个迭代器，因此值得注意的是，iter() 函数还支持某种特殊情况。

如果一个对象没有 __iter__() 方法，但包含了 __getitem__() 方法，那么 Python 可以在一个特殊的迭代器中使用这个对象，而这个特殊迭代器的存在就是为了处理这种场景。有关序列的更多细节，我们将在 5.4 节中进行讨论，但基本思想是：__getitem__() 接收一个索引并期望返回相应位置的元素。

如果找到了 __getitem__() 而不是 __iter__() 方法，Python 将自动创建一个迭代器来使用。这个新的迭代器会多次调用 __getitem__()，每次都使用从零开始的一系列数字，直到 __getitem__() 抛出 IndexError 异常。因此，我们可以非常简单地对定制的 Range 迭代器进行重写，示例如下：

```
class Range:
    def __init__(self, count):
        self.count = count

    def __getitem__(self, index):
        if index < self.count:
            return index
        raise IndexError
```

```
>>> r = Range(5)
>>> list(r)
[0, 1, 2, 3, 4]
>>> list(r)
[0, 1, 2, 3, 4]
```

注意　仅当__iter__()方法不存在时，Python 才会使用__getitem__()方法。如果为类同时提供了这两个方法,那么Python将使用__iter__()方法来控制迭代行为。

5.3.1　示例：可重复使用的生成器

在显式的可迭代对象的众多类型中，具有多次对对象进行迭代的能力十分常见，但使用生成器通常更为方便。如果需要一个可以在每次访问迭代器时重新启动自身的生成器，那么你可能会陷入这样的困境：要么失去功能，要么添加一堆其他不必要的代码，而这些代码的存在只是为了进行适当的迭代。

相反，与许多其他行为一样，我们可以依赖 Python 的标准方式来扩展函数并将其分解为装饰器。当应用于生成器函数时，新的装饰器可以处理创建迭代器所需的一切，每次请求新的迭代器时，迭代器都会从头开始重新触发生成器。

```python
def repeatable(generator):
    """
    A decorator to turn a generator into an object that can be
    iterated multiple times, restarting the generator each time.
    """
    class RepeatableGenerator:
        def __init__(self, *args, **kwargs):
            self.args = args
            self.kwargs = kwargs
        def __iter__(self):
            return iter(generator(*self.args, **self.kwargs))

    return RepeatableGenerator

>>> @repeatable
... def generator(max):
...     for x in range(max):
...         yield x
...
>>> g = generator(5)
```

```
>>> list(g)
[0, 1, 2, 3, 4]
>>> list(g)
[0, 1, 2, 3, 4]
```

通过创建可以在调用生成器函数时实例化的新类，可调用新类而不是生成器的__iter__()方法。这样，每次在新循环开始时，都可以从头开始调用生成器，产生一个新的序列，而不是试图从停止的地方恢复，导致返回空的序列。

注意　尽管大多数生成器每次都返回类似的序列，并且可以轻松地重启，但并不是所有的生成器都以这种方式运行。如果一个生成器根据调用的时间、在后续调用中停止的地方或产生的副作用更改输出，那么不建议使用这个生成器。通过将行为更改为每次显式地重新启动生成器，新的生成器可能会产生不可预测的结果。

然而，代码本身也存在问题。装饰器@repeatable 接收一个函数，但是返回一个类，虽然可以很好地工作，但也会带来一些麻烦。首先，请记住第 3 章介绍的包装器具有新的属性，因此这个问题可以使用装饰器@functools.wraps 进行修复。

然而，在我们考虑使用另一个装饰器之前，我们必须解决如下更大的问题：返回的类型与原始函数完全不同。通过返回类而不是函数，将导致任何期望返回函数的代码出现问题，包括其他装饰器。更糟糕的是，返回的类不能作为方法使用。

为了解决这些问题，必须在类的周围引入包装器，用于实例化对象并将其返回。这样，我们就可以使用@functools.wraps 尽可能多地保留原始装饰器。更好的是，你还可以返回一个函数，该函数可以轻松地绑定到类和实例，而不会有任何麻烦。

```
import functools


def repeatable(generator):
    """
    A decorator to turn a generator into an object that can be
    iterated multiple times, restarting the generator each time.
    """
    class RepeatableGenerator:
        def __init__(self, *args, **kwargs):
            self.args = args
            self.kwargs = kwargs
```

```
    def __iter__(self):
        return iter(generator(*self.args, **self.kwargs))

@functools.wraps(generator)
def wrapper(*args, **kwargs):
    return RepeatableGenerator(*args, **kwargs)
return wrapper
```

5.4 序列

继数字之后，序列可能是包括 Python 在内的所有编程语言中最常用的数据结构。列表、元组甚至字符串都是共享了一组公共特征的序列，它们实际上是一种特殊类型的迭代器。除了能够单独产生一系列元素之外，序列还具有额外的属性和行为支持，从而能够立即获取序列中的所有元素。

这些额外的行为并不一定要求将所有的元素同时加载到内存中。通过迭代，实现的效率增益与序列一样有效，与任何其他可迭代对象一样，因此这种行为不会改变。相反，添加的选项只是将集合作为整体进行引用，包括集合的长度和获取子集的能力，以及在不获得整个序列的情况下访问单个元素。

序列最明显的特征是能够确定长度。对于可以包含任意多个元素的对象，这需要知道(或可能计算)所有这些元素。对于其他场景，对象可以使用一些其他信息来达到相同的结果。可通过提供__len__()方法来实现以上行为的定制，当对象被传递到内置的 len()函数时，__len__()方法将在内部进行调用。

继续前面那个例子，下面的 Range 类演示了如何使用配置知识来返回长度，而不需要生成单个值：

```
class Range:
    def __init__(self, max):
        self.max = max

    def __iter__(self):
        for x in range(self.max):
            yield x

    def __len__(self):
        return self.max
```

因为序列包含固定的元素集合，所以它们不仅可以从头到尾进行迭代，而且可以反向迭代。Python 提供了 reversed()函数，它接收一个序列作为唯一的参数，并返回一个可迭代函数，这个可迭代函数以相反的方式从序列中生成元素。这可能会极大提升效率，因此定制的序列对象可以提供__reversed__()方法来自定义reverted()的内部行为。

将以上概念引入 Range 类，使用 range()函数的另一种形式提供反转的区间，代码示例如下：

```python
class Range:
    def __init__(self, max):
        self.max = max
    def __iter__(self):
        for x in range(self.max):
            yield x

    def __reversed__(self):
        for x in range(self.max - 1, -1, -1):
            yield x
```

既然我们已经能够对序列进行正向迭代和反向迭代，并计算序列的长度，那么下一步是对各个元素进行访问。在普通的可迭代对象中，只能通过作为循环的一部分，一次检索一个元素来访问它们。如果预先知道序列中的所有值，自定义类就可以随时对任意元素进行访问。

最明显的任务是检索给定的预先知道的索引项。例如，如果自定义对象包含在命令行中传入的参数，应用程序将知道每个参数的特定含义，并且通常会通过索引访问它们，而不是简单地遍历整个序列。这里使用的是标准的 sequence[index]语法，行为由__getitem__()方法控制。

使用__getitem__()方法可以从序列中挑选出单独的元素，或在必要时从一些其他数据结构中进行检索。我们继续讨论 Range 这个话题，使用__getitem__()方法可以在不需要遍历序列的情况下计算出适当的值。事实上，甚至可以支持内置的 range()函数中的所有可用参数。

```python
class Range:
    def __init__(self, a, b=None, step=1):
        """
        Define a range according to a starting value, an end value
        and a step. If only one argument is provided, it's taken to
        be the end value. If two arguments are passed in, the first
        becomes a start value, while the second is the end value. An
        optional step can be provided to control how far apart each
```

```
        value is from the next.
        """
        if b is not None:
            self.start = a
            self.end = b
        else:
            self.start = 0
            self.end = a
        self.step = step
    def __getitem__(self, key):
        value = self.step * key + self.start
        if value < self.end:
            return value
        else:
            raise IndexError("key outside of the given range")
>>> r = Range(5)
>>> list(r)
[0, 1, 2, 3, 4]
>>> r[3]
3
>>> r = Range(3, 17, step=4)
>>> list(r)
[3, 7, 11, 15]
>>> r[2]
11
>>> r[4]
Traceback (most recent call last):
    ...
IndexError: indexed value outside of the given range
```

如果传入的索引超出可用元素的范围，__getitem__()应该抛出 IndexError。高度专业化的应用程序可以定义更具体的子类来抛出异常，但在大多数场景中只能自己捕获 IndexError。

除了满足大多数 Python 程序员期望的行为之外，正确地触发 IndexError 对于允许序列作为可迭代对象使用，而不需要实现__iter__()方法是至关重要的。Python 将简单地传入整数索引，直到__getitem__()方法抛出 IndexError，此时将停止对序列的迭代。

除了一次只访问单个元素之外，还可以通过切片的方式对序列内容的子集进行访问。当使用切片语法时，__getitem__()将接收特殊的切片对象而不再是整数索引。切片对象具有切片的起始、终止和步长部分的专用属性，这些属性可用于确定返回哪些元素。下面这段代码演示了在使用切片之后，对我们一直研究的 Range 对象所产生的影响：

```python
class Range:
    def __init__(self, a, b=None, step=1):
        """
        Define a range according to a starting value, an end value
        and a step. If only one argument is provided, it's taken
        to be the end value. If two arguments are passed in, the first
        becomes a start value, while the second is the end value. An
        optional step can be provided to control how far apart each
        value is from the next.
        """
        if b is not None:
            self.start = a
            self.end = b
        else:
            self.start = 0
            self.end = a
        self.step = step

    def __getitem__(self, key):
        if isinstance(key, slice):
            r = range(key.start or 0, key.stop, key.step or 1)
            return [self.step * val + self.start for val in r]
        value = self.step * key + self.start
        if value < self.end:
            return value
        else:
            raise IndexError("key outside of the given range")
```

　　下一个逻辑步骤是允许对序列中的单个元素根据索引进行设置。这种原地赋值使用了与之前基本相同的 sequence[index]语法，但赋值操作的目标由__setitem__()方法中的自定义对象提供支持，该方法同时接收要访问的索引以及要存储到对应索引位置的值。

　　然而与__getitem__()一样，__setitem__()方法也可以接收切片对象作为索引，而不再使用整数索引。但是，因为切片定义了序列的子集，所以传递的值应该是另一个新的序列。然后，这个新序列中的值将取代由切片引用的子集中的那些值。

然而事情并不完全像它们看起来的那样，因为分配给切片的序列，实际上并不需要与切片本身具有相同数量的元素。事实上，大小是任意的，无论是大于还是小于分配的切片。__setitem__()的预期行为只是删除切片引用的元素，然后将新元素放在间隙的空白位置，根据需要扩展或收缩总列表的大小，以容纳新值。

注意　__setitem__()方法仅用于替换序列中的现有值，而不是严格地添加新的元素。为此，还需要实现 append()和 insert()方法，以使用与标准列表相同的接口。

可以通过以下两种不同的方式从列表中删除元素。显式的方法是 remove()，例如 my_list(range(10，20).remove(5))，这里使用的是应该删除的元素的索引。然后将位于已移除元素之后的剩余元素移至左侧以填充间隙，同样的行为也可以使用 del sequence[index]语句来完成。

remove()方法的实现非常简单，del 语句的情况与 remove()类似，但使用的是__delitem__()方法。事实上，如果删除单个元素最为重要，那么可以简单地将现有的 remove()方法分配给__delitem__属性。然而，切片会使问题变得复杂。

从切片中删除元素的方式与__setitem__()的切片行为的第一部分类似。然而，序列应该简单地移动元素以填补空白，而不是使用新的序列替换切片中的元素。

默认情况下，Python 将简单地遍历序列(使用前面 5.3 节中列出的技术)，直至找到要测试的元素或耗尽迭代器提供的所有值为止。这允许对任何类型的迭代器进行成员资格测试，而不受限于完整的序列。

为了提高效率，序列还可以通过__contains__()方法来重写这一行为。__contains__()方法的函数签名看起来很像__getitem__()，但是不接收索引，而是接收对象。如果给定的对象出现在序列中，则返回 True，否则返回 False。在前面的 Range 示例中，可以根据对象的配置动态计算出__contains__()的结果，代码示例如下：

```python
class Range:
    def __init__(self, a, b=None, step=1):
        """
        Define a range according to a starting value, an end value
        and a step. If only one argument is provided, it's taken
        to be the end value. If two arguments are passed in, the first
        becomes a start value, while the second is the end value. An
        optional step can be provided to control how far apart each
        value is from the next.
        """

        if b is not None:
```

```
            self.start = a
            self.end = b
        else:
            self.start = 0
            self.end = a
        self.step = step

    def __contains__(self, num):
        return self.start <= num < self.end and \
            not (num - self.start) % self.step
>>> list(range(5, 30, 7))
[5, 12, 19, 26]
>>> 5 in Range(5, 30, 7)
True
>>> 10 in Range(5, 30, 7)
False
>>> 33 in Range(5, 30, 7)
False
```

这里给出的用于序列的许多方法，对于容器类型也是有效的，可将一组键映射到关联的值。

5.5　映射

尽管序列是对象的连续集合，但映射的工作方式略有不同。在映射中，单个元素实际上由键值对组成。键不需要进行排序，因为迭代它们通常不是重点。相反，我们的目标是对给定键引用的值进行快速访问。键通常预先已经知道，并且在大多数常见用法中都需要用到。

通过键来访问值的语法，与在序列中使用索引的语法相同。事实上，Python并不知道也不关心是否实现了序列、映射或其他完全不同的对象。无论使用哪种类型的对象，都可以重复使用相同的__getitem__()、__setitem__()和__delitem__()方法来支持 obj[key]语法。然而，这并不意味着这些方法的实现可以是相同的。

映射使用键作为索引。尽管两者在语法上没有区别，但键可以允许支持更广泛的对象。除了普通整数之外，键可以是任何散列的 Python 对象，如日期、时间或字符串，其中字符串最常用。然而，使用什么类型的对象取决于应用程序，应用程序可以决定是否应该接受或拒绝哪些键。

事实上，Python 为我们提供了很大的灵活性，你甚至可以使用标准的切片语法，而无须考虑切片中包含哪些值。Python 只是传递切片中引用的任意对象，因此由映射决定如何处理它们。默认情况下，列表通过显式地查找整数来处理切片，必要时使用__index__()方法将对象强制转换为整数。相比之下，对于字典来说，由于切片对象是不可散列的，因此不允许将它们用作键。

提示 在大多数情况下，你可以接收自定义字典中的任何内容，即使只打算使用特定的类型(如字符串)作为键。只要是在自己的代码中使用，就不会有任何区别，因为可以控制所有用途。如果所做的修改在应用程序之外被证明有用，其他开发人员则会根据自己的需要加以利用。因此，只有在确实需要时才应该限制可用的键和值；否则，最好留有选择余地，即便对自己也是如此。

尽管本章不涉及任何直接作为公共接口的一部分来调用的方法，但是映射有三个特别有用的方法用来对内部组件进行访问，你应该始终实现这些方法。这些方法是必需的，因为映射在本质上包含两个单独的集合——键的集合和值的集合，然后通过关联将它们连接在一起，而序列只包含一个集合。

在这些额外的方法中，第一个方法是 keys()，用于迭代映射中的所有键，而不考虑它们的值。默认情况下，键可以任何顺序返回，但一些更专业的类可以选择为这些键提供显式的顺序。对映射对象本身的迭代也会提供相同的行为，因此请确保始终提供与 key()执行相同操作的__iter__()方法。

values()方法与 keys()方法是互补的，用于对映射中的值进行迭代。与键一样，这些值通常不会按任何顺序排列。对于值的排序，实际上 Python 的 C 实现使用了与键相同的顺序，但也不能保证顺序，即使在同一对象的键和值之间也是如此。

为了可靠地获取关联对中的所有键和值，映射提供了 items()方法。这将遍历整个集合，以键值对的形式将每个关联对作为元组生成。由于通常比遍历键并使用 mapping[key]获取关联值更有效，因此所有映射都应该提供 items()方法，并使其尽可能高效。

5.6 __call__()方法

在 Python 中，可以随时调用函数和类来执行代码，但这并不是唯一可以执行这种操作的对象。事实上，只需要将__call__()方法附加到类定义中，Python 中的任意类就都可以被调用。

对于__call__()方法可以接收什么参数并没有特殊的要求，因为__call__()方法的工作方式与任何其他方法一样。唯一的区别是，__call__()方法还接收自身作为第一个参数被附加到的对象，代码示例如下：

```
>>> class CallCounter:
...     def __init__(self):
...         self.count = 0
...     def __call__(self, *args, **kwargs):
...         self.count += 1
...         return 'Number of calls so far: %s' % self.count
...     def reset(self):
...         self.count = 0
...
>>> counter = CallCounter()
>>> counter()
'Number of calls so far: 1'
>>> counter()
'Number of calls so far: 2'
>>> counter()
'Number of calls so far: 3'
>>> counter.reset()
>>> counter()
'Number of calls so far: 1'
```

注意　__call__()方法可以被装饰任意次数。作为方法，任何应用于__call__()的装饰器都必须能够处理作为对象实例传入的第一个参数。

至于__call__()方法可以做什么，具体是没有限制的。目的仅仅是允许对象可调用，而在调用过程中发生的事情完全取决于手头的需求。上面这个例子表明，__call__()还可以接收可能需要的任何附加参数，就像任何其他方法或函数那样。然而__call__()方法最大的优势在于，允许提供本质上可以自己定制的功能，而不需要任何装饰器。

5.7　上下文管理器

正如第 2 章简要提到的，对象也可以用作上下文管理器，以便在 with 语句中使用。这允许对象定义自身在上下文中工作的含义，在执行所包含的代码之前进行设置，并在执行完毕后进行清理。

常见的例子是文件处理，因为在使用文件之前，必须为特定类型的访问打开文件。然后当不再使用时，还需要关闭文件，以便将任何挂起的变更刷新到磁盘。这可以确保其他代码在稍后打开相同的文件时，不会与任何打开的文件发生引用冲突。在这两个操作之间发生的操作将在所打开文件的上下文中执行。

如前所述，上下文管理器将执行两个不同的步骤。首先，需要初始化上下文，以便在 with 代码块中执行的代码可以利用上下文提供的特性。在执行内部代码块之前，Python 将为对象调用__enter__()方法。这个方法不接收任何额外的参数，只接收实例对象本身。__enter__()方法的职责是为代码块提供必要的初始化，无论这意味着要修改对象本身还是要进行全局更改。

如果 with 语句包含 as 子句，那么__enter__()方法的返回值将用于填充 as 子句中引用的变量。重要的是要意识到对象本身不一定就是那个值，尽管从 with 语句的语法看可能是这样的。使用__enter__()的返回值可以使上下文对象更加灵活，尽管该行为可以通过简单地返回 self 来实现。

一旦 with 代码块中的代码执行完毕，Python 就为对象调用__exit__()方法。接下来，__exit__()方法将负责清理在__enter__()方法调用期间所做的任何更改，将上下文返回到处理 with 语句之前的任何状态。对于文件，这意味着将要关闭文件，但实际上关闭的可以是任何对象。

当然，with 语句的执行可以用多种方式来完成。最明显的例子是，如果代码是独立完成的，没有任何问题或其他流控制，那么诸如 return、yield、continue 和 break 的语句也可以停止代码块的执行。在这种情况下仍然会调用__exit__()方法，因为清理仍然是必要的。事实上，即使抛出异常，__exit__()方法也仍然有机会撤销在__enter__()方法调用期间应用的任何更改。

为了识别代码是正常结束的还是通过异常提前终止的，__exit__()方法将被赋予三个额外的参数。第一个参数是引发异常的类。第二个参数是类的实例，这是代码中实际引发的内容。最后，__exit__()方法还将接收一个回溯对象，用于表示抛出异常时的执行状态。

所有这三个参数都将被传递进来，所以任何的__exit__()实现都必须接收它们。如果执行完毕而没有引发任何异常，那么仍然会提供参数，但它们的值将简单地被设置为 None。通过访问异常和回溯，可以实现__exit__()方法，以便可以智能地对任何错误和导致问题的原因做出反应。

提示　__exit__()方法本身不会抑制任何异常。如果方法执行完毕而没有返回值，那么原始异常(如果有的话)将自动重新启动。如果需要显式地捕获 with 代码块中发生的任何错误，只需要从__exit__()方法返回 True 即可，而不是从末尾脱落下来，这将返回隐式的 None。

下面考虑一个使用上下文管理协议来消除 with 代码块内引发的任何异常的类。在这种情况下，由于异常处理将在 __exit__()中完成，因此 __enter__()将不需要做任何事情。

```
>>> class SuppressErrors:
...     def __init__(self, *exceptions):
...         if not exceptions:
...             exceptions = (Exception,)
...         self.exceptions = exceptions
...     def __enter__(self):
...         pass
...     def __exit__(self, exc_class, exc_instance, traceback):
...         if isinstance(exc_instance, self.exceptions):
...             return True
...         return False
...
>>> with SuppressErrors():
...     1 / 0 # Raises a ZeroDivisionError
...
>>> with SuppressErrors(IndexError):
...     a = [1, 2, 3]
...     print(a[4])
...
>>> with SuppressErrors(KeyError):
...     a = [1, 2, 3]
...     print(a[4])
...
Traceback (most recent call last):
  ...
IndexError: list index out of range
```

5.8　令人兴奋的 Python 扩展：Scrapy

如果需要从 Internet 上提取数据，特别是如果想要使从网站上获取的数据有意义，那么网络抓取工具将会非常有用。Scrapy 是一个开源的、功能齐全的网络抓取工具。如果听说过 "spider(蜘蛛)" 或 "web crawling(网络爬虫)" 之类的术语，那么说明你已经熟悉网络抓取的一些概念，其实它们都是一样的。从广义上讲，网络抓取工具是大数据处理的一部分。网络抓取工具让你能够从 Internet 上挖掘数据信息,而其他工具让你能够对它们进行清理,其他人则可以对你获得的原始数据和清理后的数据进行分类。在 Python 中,你可以很容易地构建 spider。请继续阅读,了解如何使用 Scrapy 获取原始数据。

5.8.1　安装 Scrapy

首先,你需要安装网络抓取工具的 Scrapy 库。要执行此操作,请转到具有管理员权限的命令提示符(Windows 操作系统)并输入以下内容:

pip install scrapy (按回车键)

macOS 和 Linux 操作系统下的安装方式与上面相似,详情可访问 scrapy.org 网站。

5.8.2　运行 Scrapy

可以通过 run spider 命令直接运行 spider,也可以创建能够容纳一个或多个 spider 的项目目录。对于快速工作,比如只运行一个 spider,需要执行的只是一行简单的命令:scrapy runspider my_spider.py。然而有时,可能需要项目目录,以便能够有序地存储配置信息和多个 spider。就当前而言,我们使用一个 spider 就足够了。

5.8.3　项目设置

首先要做的是查找并下载 Web 页面,然后根据给定的标准从页面中提取信息。为此,需要将 spider 放在选择的文件夹中,以便将所有内容组织到单个区域内。可创建一个文件夹,要求是能够轻松地在命令提示符中导航到该文件夹。例如,为了进入 Windows 系统中 C 盘的根目录,可执行如下命令:

md firstspider (按回车键)

在哪里创建文件夹并不重要,但一定要确保能够导航到这个文件夹。接下来,使用 Python IDLE IDE 编写最基本的 spider 代码,然后将脚本保存为 scraper.py,放置到刚刚创建的文件夹中。

```
import scrapy
# filename scraper.py
class QuotesSpider(scrapy.Spider):
    name = "quotes"

    def start_requests(self):
```

```
        urls = [ 'http://quotes.toscrape.com/page/1/' ]
        for url in urls:
                yield scrapy.Request(url=url, callback=self.parse)

    def parse(self, response):
        print('\nURL we went to: ', response, '\n')
```

运行上述代码，结果并不让人兴奋。为达到此处的目的，可使用 Scrapy 命令接口，通过命令行更好地运行 Scrapy，这非常类似于通过命令行运行 Python 脚本的方式。对于 Python，可使用 python name_of_file.py 方式执行脚本；而对于 Scrapy，运行方式也是类似的。切换到刚刚创建的文件夹(请确保将脚本文件也保存在这里)，执行 scrapy runspider scraper.py(按回车键)。如果一切运行正常，你应该会看到图 5-1 所示的内容。

```
2018-07-20 09:50:55 [scrapy.core.engine] DEBUG: Crawled (200) <GET http://quotes
.toscrape.com/page/1/> (referer: None)

URL we went to:  <200 http://quotes.toscrape.com/page/1/>

2018-07-20 09:50:55 [scrapy.core.engine] INFO: Closing spider (finished)
2018-07-20 09:50:55 [scrapy.statscollectors] INFO: Dumping Scrapy stats:
{'downloader/request_bytes': 225,
 'downloader/request_count': 1,
 'downloader/request_method_count/GET': 1,
 'downloader/response_bytes': 2333,
 'downloader/response_count': 1,
 'downloader/response_status_count/200': 1,
 'finish_reason': 'finished',
 'finish_time': datetime.datetime(2018, 7, 20, 13, 50, 55, 719471),
 'log_count/DEBUG': 2,
 'log_count/INFO': 7,
 'response_received_count': 1,
 'scheduler/dequeued': 1,
 'scheduler/dequeued/memory': 1,
 'scheduler/enqueued': 1,
 'scheduler/enqueued/memory': 1,
 'start_time': datetime.datetime(2018, 7, 20, 13, 50, 55, 255135)}
2018-07-20 09:50:55 [scrapy.core.engine] INFO: Spider closed (finished)
```

图 5-1　通过终端运行示例的屏幕截图

如果遇到任何错误，那么可能是因为未设置或驱动器搜索不到 Scrapy 的路径。对于 Windows 系统，可能会遇到 win32api 错误，这就需要下载并安装好 pypiwin32。如有需要，请在具有管理员权限的命令提示符中执行以下命令来完成安装操作：

```
pip install pypiwin32api  (按回车键)
```

就结果本身而言，这令人兴奋，因为没有错误(希望如此)，并且展示了我们想要访问的 URL。现在让我们做一些更有成效的工作。

5.8.4　使用 Scrapy 获取 Web 数据

Scrapy 拥有非常方便的命令行界面。当然，也可以直接在 Python IDE 中编写 spider 脚本。接下来，我们考虑如何使用 Scrapy 浏览网页。

5.8.5 通过 Scrapy 浏览网页

在具有管理员权限的命令提示符中，输入 scrapy view http://quotes.toscrape.com/page/1/，这会使 Scrapy 在浏览器中加载指定的 URL。这很方便，因为你可能希望 Scrapy 在提取数据之前检查站点。注意一下页面的标题，接下来我们将只提取标题。

5.8.6 shell 选项

当然，你还需要知道哪些 shell 选项是可用的。要查看它们，请使用交互式 shell 并在命令行中输入 scrapy shell http://quotes.toscrape.com/page/1/，现在就可以看到所有 shell 选项了。可在命令提示符中尝试输入 response.css('title')。请注意，目前仍然处在 Scrapy 交互式 shell 中，这时可以看到返回了 HTML 标记中的标题。使用 Ctrl+Z 可以退出 shell。

可使用 Python 以编程方式执行相同的操作，请参考以下代码：

```python
import scrapy

class QuotesSpider(scrapy.Spider):
    name = "quotes"
    def start_requests(self):
    urls = [
        'http://quotes.toscrape.com/page/1/' ]
    for url in urls:
        yield scrapy.Request(url=url, callback=self.parse)

    def parse(self, response):
        print()
        print("Title will follow: \n")
        print(response.css("title"))
        print()
```

以上代码将使用标记标签从页面中提取标题，如图 5-2 所示。

```
2018-07-20 09:04:43 [scrapy.extensions.telnet] DEBUG: Telnet console listening o
n 127.0.0.1:6023
2018-07-20 09:04:44 [scrapy.core.engine] DEBUG: Crawled (200) <GET http://quotes
.toscrape.com/page/1/> (referer: None)

Title will follow:

[<Selector xpath='descendant-or-self::title' data='<title>Quotes to Scrape</titl
e>'>]

2018-07-20 09:04:44 [scrapy.core.engine] INFO: Closing spider (finished)
2018-07-20 09:04:44 [scrapy.statscollectors] INFO: Dumping Scrapy stats:
```

图 5-2   以编程方式提取页面的标题

现在，稍微清理一下，请将以下这行代码

```
print(response.css("title"))
```

修改为

```
print(response.css("title").extract_first(),)
```

保存并重新运行 spider，你将注意到 HTML 标记和标题的输出更为清晰可用。*extract_first()*方法的作用是返回找到的第一个匹配项的字符串。

5.9　小结

对于本章列出的所有协议，也许有一件事是最重要的，那就是它们并不相互排斥。为单个对象实现多个协议是可行且有益的。例如，序列还可以作为可调用对象和上下文管理器使用，前提是这两种行为对给定的类来说是有意义的。

本章主要讨论了对象的行为，这些行为是由它们所属的类提供的。第 6 章将介绍在工作代码中对这些对象及其数据进行实例化之后，如何管理它们。

第 6 章

对象管理

一旦有了对象，就可以用它们做很多事情，创建类的实例只是开始。当然，这是显而易见的，因为对象具有用于控制其行为的方法和成员变量，但这些方法和成员变量是由每个类定义的。作为整体，对象具有一组额外的特性，允许以多种不同方式管理它们。

为了理解这些特性，首先需要了解对象的构成。从更深层次上讲，对象只是数据和行为的产物，但在内部，Python 将对象视为三种特定事物的组合(如果算上基类和成员变量，总共有五种)。

- Identity(标识)：每个对象都是唯一的，具有专用的标识，可以用来比较对象之间的差异，而不必再去查看任何其他细节。然而，使用运算符 is 进行这种比较时要求非常严格，而不涉及第 5 章讲述的任何微妙之处。在实际的实现中，对象的标识只是对象在内存中的地址，因此任何两个对象都不可能拥有相同的标识。

- Type(类型)：根据前两章介绍的内容，对象的类型是由对象所属的类和任何支持对象的基类定义的。与标识不同，类型会在所有实例之间共享；每个对象只包含对所属类的引用。

- Value(值)：对象通过共享类型来提供行为，每个对象也有值，用于区别对等的其他对象。值由特定于给定对象的命名空间字典提供，其中可以存储和检索对象个性的任意方面。然而，这与标识不同，因为值被设计为与类型一起使用以执行有用的操作。标识与类型完全无关，因此也与为类指定的行为没有任何关系。

标识、类型和值可以被引用，并且在某些情况下，可以根据应用程序的需要进行更改。对象的标识在任何时候都不能修改，因此标识在对象的生命周期内是恒定的。但是一个对象一旦被销毁，它的标识就可以(而且经常会)被重新用于另一个对象。

如果想随时检索标识，可以将对象传入内置的 id()函数，因为对象本身并不知道自己的标识(ID)。事实上，标识与对象的任何特定内容都没有关系，对象的任何成员变量都与标识无关。因此，即使实例化原本相同的对象，也不会得到相同的标识。对象的标识还会根据可用内存的不同而变化，因此在不同的会话中，对象在内存中的位置(通常以整数形式返回)很可能也是不同的。前两章已经详细介绍了 Type(类型)，因此很明显，下一个将要详细介绍的对象组成部分是 Value(值)，值是通过命名空间字典的方式实现的。

6.1 命名空间字典

如前所述，对象的命名空间被实现为字典，命名空间字典是在实例化每个新对象时创建的。然后，可使用命名空间字典来存储对象中所有成员变量的值，从而构成整个对象的值。

然而，与标识不同的是，命名空间字典可以在运行时进行访问和修改，因为这种字典可用作对象的__dict__成员变量。事实上，由于是成员变量，因此这种字典甚至可以被新字典完全替换。

6.1.1 示例：Borg 模式

Borg 模式允许大量实例共享同一个命名空间。通过这种方式，可以让每个对象的标识保持不同，但属性和行为却能始终与对等对象保持相同。这主要是为了在多次实例化的应用程序中使用类，并且每次都可以进行修改。通过使用Borg 模式，这些更改可以累积在单个命名空间中，因此每个实例都反映了对每个对象所做的所有更改。

这是通过将字典附加到类，然后在实例化每个对象时再将字典分配给每个对象的命名空间来实现的。正如第 4 章所示，可以使用__init__()和__new__()这样的方法来实现。因为这两个方法都是在对象实例化过程中执行的，所以它们看起来似乎都是同样可行的选择。不过，让我们看看它们各自是如何工作的。

我们通常从__init__()方法开始，因为它更容易理解，而且应用更为广泛。该方法通常用于初始化实例的成员变量，因此需要在执行任何其他初始化操作之前进行字典的分配。不过，这很容易做到，只需要放在方法的开头即可。工作原理如下：

```
>>> class Borg:
...     _namespace = {}
...     def __init__(self):
...         self.__dict__ = Borg._namespace
..        . # Do more interesting stuff here.
...
>>> a = Borg()
>>> b = Borg()
>>> hasattr(a, 'attribute')
False
>>> b.attribute = 'value'
>>> hasattr(a, 'attribute')
True
>>> a.attribute
'value'
>>> Borg._namespace
{'attribute': 'value'}
```

上述方式当然可以做到这一点，但是这种方式的实现存在一些缺陷，特别是当你开始使用继承时。所有子类都需要确保它们使用了 super()，以便从 Borg 类调用初始化过程。如果任何子类都没有这样做，将不会使用共享的命名空间，即使它们确实使用了 super()。此外，子类应该在对自己的任何成员变量进行赋值之前使用 super()。否则，这些值将被共享的命名空间覆盖。

然而，只有当 Borg 被应用到其他知道 Borg 的类时，这才适用。当把 Borg 作为 Mixin 使用时，这个问题会更加明显。但因为它们的结合是必然的，所以有必要研究一下将会发生什么。

```
>>> class Base:
...     def __init__(self):
...         print('Base')
...
>>> class Borg:
...     _namespace = {}
...     def __init__(self, *args, **kwargs):
...         self.__dict__ = Borg._namespace
...         print('Borg')
...
>>> class Testing(Borg, Base):
...     pass
```

```
...
>>> Testing()
Borg
<__main__.Testing object at 0x...>
>>> class Testing(Base, Borg):
...     pass
...
>>> Testing()
Base
<__main__.Testing object at 0x...>
```

如你所见，上面这个例子呈现了不使用 super()时的典型问题：基类的顺序可以完全排除一个或多个基类的行为。当然，解决方案就是只使用 super()，但在作为 Mixin 使用的情况下，通常不能同时控制涉及的两个类。在 Borg 先于相应的对等对象出现的情况下，添加 super()就足够了，但是 Mixin 通常在它们的对等对象之后应用，所以实际上并没有提供多大帮助。

考虑到这一点，有必要采用另一种方式：使用__new__()方法。所有方法都容易受到与在__init__()中显示相同类型这一问题的影响，但至少我们可以减少导致这些问题发生的可能性。由于__new__()方法很少被实现，因此遇到冲突的概率要小得多。

当使用__new__()实现 Borg 模式时，必须同时创建对象，这通常是通过调用 object 基类的__new__()方法来实现的。然而，为了作为 Mixin 并很好地与其他类进行协作，这里还是使用 super()更合适一些。一旦对象被创建，就可以将其命名空间字典替换为适用于整个类的命名空间字典。

```
>>> class Base:
...     def __init__(self):
...         print('Base')
...
>>> class Borg:
...     _namespace = {}
...     def __new__(cls, *args, **kwargs):
...         print('Borg')
...         obj = super(Borg, cls).__new__(cls, *args, **kwargs)
...         obj.__dict__ = cls._namespace
...         return obj
...
>>> class Testing(Borg, Base):
```

```
...         pass
...
>>> Testing()
Borg
Base
<__main__.Testing object at 0x...>
>>> class Testing(Base, Borg):
...         pass
...
>>> Testing()
Borg
Base
<__main__.Testing object at 0x...>
>>> a = Testing()
Borg
Base
>>> b = Testing()
Borg
Base
>>> a.attribute = 'value'
>>> b.attribute
'value'
```

在最常见的情况下，Borg 排在第一位，我们对任何与它们一起运行的类都没有特殊的要求。但以上实现仍然存在问题，虽然从这个例子来看并不是很明显。作为 Mixin，Borg 可以应用于任何类定义，并且你可能期望 Borg 的命名空间行为被限制在定义的类及其子类中。但这种情况不会发生。_namespace 字典因为位于 Borg 本身，所以能够在从 Borg 继承的所有类之间共享。为了打破这一局限性，并且为了应用到那些应用了 Borg 的类，需要采用一种稍微不同的技术。

因为__new__()方法接收类作为第一个位置参数，所以 Borg 可以将对象单独用作命名空间，从而将托管的字典拆分成单独的命名空间，使用的每个类都对应一个命名空间。简而言之，Borg.__new__()必须为遇到的每个新类创建一个新的字典，并使用类对象作为键，赋给现有_namespace 字典中的值，代码示例如下：

```
>>> class Borg:
...         _namespace = {}
...         def __new__(cls, *args, **kwargs):
...             obj = super(Borg, cls).__new__(cls, *args, **kwargs)
..          .  obj.__dict__ = cls._namespace.setdefault(cls, {})
```

```
... return obj
...

>>> class TestOne(Borg):
...     pass
...
>>> class TestTwo(Borg):
...     pass
  ...
>>> a = TestOne()
>>> b = TestOne()
>>> a.spam = 'eggs'
>>> b.spam
'eggs'
>>> c = TestTwo()
>>> c.spam
Traceback (most recent call last):
...
AttributeError: 'TestTwo' object has no attribute 'spam'
>>> c.spam = 'burger'
>>> d = TestTwo()
>>> d.spam
'burger'
>>> a.spam
'eggs'
```

如你所见，通过使用 cls 作为自身的一种命名空间，我们可以基于每个类来划分托管的值。TestOne 的所有实例都共享同一个命名空间，而 TestTwo 的所有实例都共享单独的命名空间，因此两者之间永远不会有任何重叠。

6.1.2　示例：自缓存属性

尽管成员变量是访问对象的命名空间字典的主要方法，但请记住，在第 4 章中我们提到，成员变量的访问可以使用特殊方法进行自定义，例如__getattr__()和__setattr__()。它们是 Python 在访问成员变量时实际使用的方法，在命名空间字典内部查找内容时就取决于这些方法。如果要在纯 Python 中定义它们，它们看起来应该是这样的：

```
class object:
    def __getattr__(self, name):
```

```
        try:
            return self.__dict__[name]
        except KeyError:
            raise AttributeError('%s object has no attribute named %s'
                % (self.__class__.__module__, name))

    def __setattr__(self, name, value):
        self.__dict__[name] = value

    def __delattr__(self, name):
        try:
            del self.__dict__[name]
        except KeyError:
            raise AttributeError('%s object has no attribute named %s'
                % (self.__class__.__module__, name))
```

如你所见，对成员变量的每次访问都会在命名空间中执行查找。如果不存在，则会引发错误。这意味着为了检索成员变量，必须先创建并存储成员变量的值。在大多数情况下，这么做是没有问题的，但是在某些情况下，成员变量的值可能是创建成本较高的复杂对象，并且可能不会(被)经常使用，因此将成员变量与宿主对象一起创建并不是十分有利。

这种场景下的典型示例是位于应用程序代码和关系型数据库之间的对象关系映射(Object-Relational Mapping，ORM)。当检索关于某个人的信息时，你会在Python 中获得 Person 对象。那个人还可能有配偶、孩子、房子、雇主，甚至有装满衣服的衣橱，所有这些信息都可以在数据库中表示为与检索到的人相关。

如果我们将所有这些信息作为成员变量进行访问，那么前面描述的简单方法将要求在每次检索一个人的信息时，需要从数据库中提取出相关的所有数据。然后，必须将所有这些数据收集到每种数据类型(如 Person、House、Company、Clothing)的单独对象中，此外可能还有许多其他类型的数据。更糟糕的是，每一个相关的对象都有其他可以作为成员变量访问的关系，你很快会发现，在每次进行查询时，都需要加载整个数据库。

相反，最直接的解决方案是仅在请求时加载信息。通过跟踪个人的唯一标识符以及一组知道如何检索相关信息的查询，可以添加能够在必要时检索信息的方法。

然而，方法每次被调用时都要执行它们的任务。例如，如果需要个人的雇主信息，就必须调用 Person.get_employer()方法，该方法将在数据库中执行一个查询并返回结果。如果再次调用该方法，则会执行另一个查询，尽管这通常是不必要的。可以通过将雇主信息存储为一个单独的变量来避免这种情况发生，可以重用这个单独的变量，而不是再次调用该方法。但是，一旦开始将 Person 对象传递给可能具有不同需求的不同函数，这种方案就行不通了。

更好的解决方案是创建一个成员变量，这个成员变量以尽可能少的信息开始，甚至可能根本没有信息。然后，当访问该成员变量时，执行数据库查询，返回适当的对象。可以将相关的对象存储在主对象的命名空间字典中，稍后可以在那里直接访问，而无须再次访问数据库。

实际上，在访问成员变量时查询数据库是一项相当简单的任务。将装饰器 @property 应用于一个函数即可产生预期的效果，每当访问成员变量时都会调用该函数。然而，缓存返回值需要更多的技巧，但也确实相当简单。如果对象的命名空间中已经有值，那么只需要覆盖现有的值或者创建新值。

以上这些功能可以简单地添加到现有属性的行为中，因为只需要几行额外的代码即可提供支持。以下就是所需的全部内容：

```
class Example:
    @property
    def attribute(self):
        if 'attribute' not in self.__dict__:
            # Do the real work of retrieving the value
            self.__dict__['attribute'] = value
        return self.__dict__['attribute']
```

注意 当以这种方式缓存属性值时，请小心检查计算的值不应根据其他成员变量的值进行更改。例如，基于名字和姓氏计算姓名时不适合使用缓存，因为更改名字或姓氏也会更改姓名；缓存可以防止发生不正确的行为。

然而请注意，这实际上只是在真实代码的前后执行一些工作，从而成为装饰器的理想任务：

```
import functools

def cachedproperty(name):
    def decorator(func):
        @property
        @functools.wraps(func)
        def wrapper(self):
            if name not in self.__dict__:
                self.__dict__[name] = func(self)
            return self.__dict__[name]
```

```
            return wrapper
        return decorator
```

在应用于函数之后，cachedproperty()将会像标准属性一样工作，但会自动应用缓存行为。区别是，除了命名要装饰的函数之外，还必须将成员变量的名称作为参数提供给 cachedproperty()。假设已经输入前面那个要装饰的函数，代码将会如下所示：

```
>>> class Example:
...     @cachedproperty('attr')
...     def attr(self):
...         print('Getting the value!')
...         return 42
...
>>> e = Example()
>>> e.attr
Getting the value!
42
>>> e.attr
42
```

为什么名称必须提供两次？正如前几章中提到的，问题在于描述符(包括属性)无法访问我们为它们指定的名称。因为缓存的值是根据成员变量的名称存储在对象命名空间中的，所以我们需要一种方法来将名称传递给属性本身。然而，这显然违反了 DRY 原则，所以让我们看看还有哪些其他的技术可用，以及它们的缺陷是什么。

其中一种选择是直接为缓存的属性描述符存储字典，使用对象实例作为字典的键。每个描述符都将得到一个唯一的字典，每个键都是一个唯一的对象，因此可以存储与附加的成员变量等量的值。

```
def cachedproperty(func):
    values = {}

    @property
    @functools.wraps(func)
    def wrapper(self):
        if self not in values:
            values[self] = func(self)
        return values[self]
    return wrapper
```

上面这个新的装饰器使你可以在不指定名称的情况下缓存成员变量。但是，如果你对此持怀疑态度，那么你可能想知道在不引用成员变量名称的情况下，如何将这些值存储在所有对象的单个字典中。毕竟，这似乎意味着如果一个对象有多个缓存的属性，它们的值将相互覆盖，而这将会导致各种混淆。

在这种情况下，这不是问题，因为字典是在 cachedproperty() 函数内部创建的，这意味着每个属性都有自己的字典名称。这样，无论在一个对象中放置多少缓存的属性，都不会发生冲突。仅当将现有属性分配给新名称而不重新定义时，才会共享字典。在这种情况下，第二个名称的行为应该始终与第一个名称的完全相同，并且此处描述的缓存仍将保持这种行为。

但是，这里还存在另一个问题，虽然可能不是那么明显。这里存在内存泄漏，无论你是否相信，如果不补救，反而在应用程序中大量应用的话，就可能造成严重的危害(稍后将对此进行更详细的讨论)。

在某些情况下，最好的解决方法是简单地回到本章描述的第一种情形，其中明确提供了成员变量的名称。因为名称未提供给描述符，所以这种方法需要使用元类。当然，对于这样的简单场景，使用元类是没有必要的，有些大材小用。但在由于其他原因必须使用元类的场景中，拥有有效的名称可能是非常有用的。第 11 章将展示一个框架，我们将在这个框架中为你呈现使用元类方法后产生的巨大影响。

为了避免使用元类，首先需要了解什么是内存泄漏，为什么会发生，以及如何避免。这一切都与 Python 在不再使用对象时如何从内存中删除对象有关，这一过程被称为垃圾回收。

6.2　垃圾回收

与 C 这样的底层编程语言不同，Python 不要求编程人员自行管理内存的使用情况。既不必为对象分配一定数量的内存，当不再需要对象时也不必删除对所占用内存的声明。事实上，甚至不需要担心对象将占用多少内存，Python 将在后台处理这些棘手的细节。

垃圾回收很容易理解：Python 将删除任何被标识为垃圾的对象，清除它们占用的任何内存，以便这些内存可用于其他对象。如果没有这个过程，创建的每个对象都将永远留在内存中，因而会慢慢地(或快速地)耗尽内存。

你可能已经注意到，有效的垃圾回收首先需要能够可靠地将对象标识为垃圾。即使能够从内存中删除垃圾，未能识别垃圾也会导致内存泄漏，并渗透到应用程序中。需要注意的是，由于 Python 不是强类型语言(没有显式地声明变量类型)，因此，如果在命令会话期间使用以前使用过的值重新声明变量，将会重新引用在命令会话期间更改的变量。下一个终端提示符将通过显示变量在内存中的位置显示这一点，正如你可能注意到的那样，位置会随着原始值的变化而返回。

```
>>> x=10
>>> type(x)
<class 'int'>
>>> id(x) #location of x
1368047320
>>> x="foobar"
>>> type(x)
<class 'str'>
>>> id(x) #location of x as a string instead of int
62523328
>>> x=10
>>> id(x) #back to the original location of x as an int at 10
1368047320
```

6.2.1　引用计数

从更高层面上讲，当一个对象不再被任何代码访问时，它将被认为是垃圾。为了确定一个对象是否可访问，Python 会计算在任何给定时间内有多少数据结构引用了该对象。

引用对象的最明显方式是在任何命名空间中给对象赋值，包括模块、类、对象甚至字典。其他类型的引用包括任何类型的容器对象，如列表、元组或集合。更不明显的是，每个函数都有自己的命名空间，其中可以包含对象的引用，即使在闭包中也是如此。事实上，任何提供对对象进行访问的容器都会增大对象的引用计数。反过来，从这样的容器中移除对象会减小引用计数。

下面是一些可能会创建新引用的例子：

```
>>> a = [1, 2, 3]
>>> b = {'example': a}
>>> c = a
```

在执行以上三行代码之后，现在有三个指向列表[1,2,3]的引用，其中有两个相当明显，首先被分配给 a，然后被分配给 c。然而，b 的字典中也有指向列表[1,2,3]的引用，作为字典中 example 键的值。

del 语句可能是删除对象引用的最明显方法，但不是唯一选择。如果用一个对象的引用替换另一个对象的引用(重新绑定)，那么还将隐式删除第一个对象的引用。例如，执行下面的两行代码，最后只得到一个指向列表[1,2,3]的引用：

```
>>> del c
>>> a = None
```

即使在根名称空间中不再可用，列表[1,2,3]也仍然可以作为字典的一部分使用，而字典本身仍然可以作为变量进行访问。因此，它们都只有一个引用，并且都不会被垃圾回收。如果现在使用 del b，字典的引用计数就会变成零，并且可以进行垃圾回收。一旦收集到这些数据，列表[1,2,3]的引用计数就会减少到零，并作为垃圾进行回收。

提示　默认情况下，Python 只清除对象占用的内存。你不需要做任何事情来支持这种行为，而且垃圾回收在大多数情况下都可以正常工作。在极少数情况下，对象在删除时有一些特殊的需求，可以使用__del__()方法提供这种定制。

除了删除对象，还可以对它们执行许多其他操作。

6.2.2　循环引用

考虑如下场景：你有一个字典，这个字典将列表作为其中的一个值进行引用。因为列表也是容器，所以实际上也可以将字典作为值附加到列表中，你最终得到的是一个循环引用，其中的每个对象都引用了另一个对象。作为对前面例子的扩展，让我们看看执行下面这行代码后会发生什么：

```
>>> b['example'].append(b)
```

在此之前，字典和列表各有一个引用，但是现在，字典通过内部列表的成员获得了另一个引用。这种情况在正常操作中可以很好地工作，但是当涉及垃圾回收时，这种场景却引出一个有趣的问题。

请记住，使用 del b 将使字典的引用计数减少 1，但是现在列表还包含对同一字典的引用，因此引用计数从 2 变为 1，而不是降到 0。由于引用计数大于 0，字典不会被认为是垃圾，而是与列表的引用一起保留在内存中。因此，列表的引用计数也为 1，并且也将保留在内存中。

那么，这里有什么问题呢？实际上，在删除变量 b 的引用之后，现在这两个对象对彼此的引用，是它们在整个 Python 解释器中的唯一引用。它们与任何将要继续执行的代码完全隔离，又因为垃圾回收使用了引用计数，它们将永远留在内存中，除非执行了其他操作。

为了解决这个问题，Python 的垃圾回收机制附带了设计用于在这些结构出现时发现它们的代码，这样就可以从内存中删除它们。任何时候，一组对象如果只被集合中的其他对象引用，而不是从内存中的其他任何地方引用，它们就会被标记为循环引用。这允许垃圾回收系统回收它们正在使用的内存。

然而，当实现__del__()方法时，事情开始变得非常棘手。通常情况下，__del__()方法可以正常地工作，因为 Python 可以智能地确定何时删除对象。因此，即使在短时间内删除了多个对象，也可以使用预测的方式执行__del__()方法。

当 Python 遇到任何其他代码都无法访问的循环引用时，Python 不知道循环中对象的删除顺序。这与自定义的__del__()方法有关，因为该方法也可以作用于相关对象。如果一个对象是孤立的引用循环的一部分，那么任何相关的对象也将被计划安排删除。于是问题来了，应该先触发删除哪一个对象呢？

毕竟，循环中的每个对象都可以引用同一循环中的一个或多个其他对象。如果没有事先考虑好，Python 将不得不简单地猜测应该先删除哪一个。但由此导致的行为不仅不可预测，而且很多情况下都不可靠。

因此，Python 只能采取仅有的两种可预测的、可靠的选择。一种选择是简单地忽略__del__()方法并删除对象，就像没有找到__del__()方法一样。但这会根据对象控制之外的内容改变对象的行为。

Python 实际可能采取的另一种选择是将对象保留在内存中。这避免了试图在维护对象本身行为的同时，尝试对各种__del__()方法进行排序的问题。然而，问题是，这实际上也会导致内存泄漏，因为 Python 无法对你的意图做出可靠的假设。

面对模棱两可，猜测并非可取之道

在循环引用中使用__del__()就是一个模棱两可的例子，因为没有明确的方法用来处理这种情况。Python 不是猜测，而是简单地将对象留在内存中来加以避开。这不是解决问题的最有效方法，但在这种情况下，一致性要重要得多。即使这潜在地意味着程序员需要做更多的工作，但这些额外的工作会产生更明确、更可靠的行为。

有三种方式可以避免这个问题。第一种方式是，可以避免在任何循环引用中包含任何具有__del__()方法的对象。要做到这一点，最简单的方法是完全避免使用__del__()方法。自定义对象拆解的大多数常见原因，在于更适合使用上下文管理器进行处理。

在极少数情况下，__del__()方法被证明是必要的，因此第二种方式是简单地避免对象出现在引用循环中。然而，这并不总是容易做到，因为这要求你必须能够完全控制对象所有可能的使用方式，这可能适用于一些高度内部化的实现细节。

最后一种方式是，如果不能防止循环被孤立，那么 Python 确实为我们提供了一种方法，让你可以检测它们，并有机会定期清理它们。一旦删除了所有其他引用并运行了垃圾回收循环，Python 就会通过将涉及的每个对象放入 gc 模块的一个特殊列表中，使整个循环保持活动状态。

gc 模块提供了一些选项，这些选项对于进入垃圾回收系统的内部非常有用，但这里需要考虑的因素是垃圾对象的成员变量。这些成员变量包含了一些在其他情况下无法访问的对象，但作为循环的一部分，却在循环的某个地方包含了 __del__()方法。建议将它们作为 gc.garbage 的一部分进行访问，从而允许在事件发生后尝试打破循环，进而允许释放它们占用的内存。

下面这个模块级函数展示了 gc.collect()的用法，你还可以手动运行垃圾回收器，以便检测循环引用并相应地放入 gc.garbage。

```
>>> import gc
>>> class Example:
...     def __init__(self, value):
...         self.value = value
...     def __repr__(self):
...         return 'Example %s' % self.value
...     def __del__(self):
...         print('Deleting %r' % self)
...
>>> e = Example(1)
>>> e
Example 1
>>> del e
>>> gc.collect()
Deleting Example 1
0

# Now let's try it with a cyclical reference

>>> e = Example(2)
>>> e.attr = e
>>> del e
>>> gc.collect()
2
>>> gc.garbage
```

```
# From here, we can break the cycle and remove it from memory

>>> e = gc.garbage[0]
>>> del e.attr
>>> del e
>>> gc.collect()
0
>>> gc.garbage

# Don't forget to clear out gc.garbage as well

>>> gc.garbage[:] = []
Deleting Example 2
>>> gc.garbage
[]
```

然而在实际编程中，很少需要使用__del__()方法，使用循环引用后也很少遇到非常严重的问题。更常见的情况是需要调整引用本身的创建方式，以及思考在并不真正需要完全属于自己的引用时应该做什么。

6.2.3 弱引用

正如你已经看到的，当为对象赋值时会创建指向对象的引用，并且这些引用会使对象在内存中保持活动状态。但是，当需要访问一个对象，但又不想让它保持活动状态时，会发生什么呢？为此，Python 提供了弱引用的概念，你可以在不增加引用计数的情况下获得指向对象的引用。

通过在不增加引用计数的情况下获取引用，就可以对对象执行操作，而不妨碍删除对象的方式。这对于注册对象供以后使用的应用程序来说非常重要。注册表本身保留了对所有已注册对象的引用，这些对象通常不会被删除，因为使用对象的应用程序通常对注册系统一无所知。

创建弱引用相当简单，这要归功于标准库中的 weakref 模块。使用 weakref 模块中的 ref()类可创建指向传进来的任何对象的弱引用，并允许稍后使用。为了提供对原始对象的访问，弱引用不带参数且返回原始对象的可调用对象。

为了看看发生了什么情况，我们必须首先在弱引用之外存储指向对象的引用。这样我们不仅可以创建弱引用来访问对象，还可以删除额外的引用来查看弱引用的行为，代码示例如下：

```
>>> import weakref
>>> class Example:
```

```
...       pass
...
>>> e = Example()
>>> e
<__main__.Example object at 0x...>
>>> ref = weakref.ref(e)
>>> ref
<weakref at ...; to 'Example' at ...>
>>> ref()
<__main__.Example object at 0x...>
>>> del e

>>> ref
<weakref at ...; dead>
>>> ref()
>>>
```

如你所见，只要有其他引用使对象保持活动状态，弱引用就可以轻松地访问对象。一旦对象在其他地方被删除，弱引用对象虽然本身仍然可用，但在调用时只返回 None。我们也可以让这个例子变得更加简单，方法是直接将新对象传递给弱引用。

```
>>> ref = weakref.ref(Example())
>>> ref
<weakref at ...; dead>
>>> ref()
>>>
```

等一下，刚刚发生了什么？Example 对象到哪里去了？上面这个简单的例子说明了弱引用可能会遇到的一个最常见的问题。由于将对象实例化为 ref() 调用的一部分，因此为对象创建的唯一引用位于 ref() 内部。

通常情况下，这样做是可行的，但是这个特定的引用并不能帮助保持对象处于活动状态，因此对象会立即被标记为回收。仅当有其他方法使对象保持活动状态时，弱引用才提供对对象的访问，因此在这个例子中，调用引用时只会返回 None。这种情况可能看起来很明显，但是在你最意想不到的时候，可能会出现其他一些情况。

一种可能出现的情况是在函数中创建弱引用：

```
>>> def example():
```

```
...        e = Example()
...        ref = weakref.ref(e)
...        return ref
...
>>> e = example()
>>> e
<weakref at ...; dead>
>>> e()
>>>
```

如你所见，即使 example()函数在自身内部存储了强引用，弱引用也会立即失效。这里的问题是，每个函数在每次执行时都会得到一个全新的命名空间，并且在函数完成后删除，因为只有执行才能使对象保持活动状态。

默认情况下，函数中的所有赋值都发生在命名空间中，因此一旦命名空间被销毁，任何赋值的对象也会被销毁，除非它们有存储在其他地方的引用。在这个例子中，对 Example 对象的唯一其他引用是弱引用，因此一旦 example()函数返回，Example 对象就会被销毁。

这里反复讨论的主题是弱引用在执行任何隐式引用删除时都可能导致问题。我们已经讨论了两种情况，但是还有其他类似的情况。例如，for 循环每次开始时都会自动分配至少一个变量，从而覆盖以前分配给相同名称的任何值。因为这也会破坏对上一次迭代中使用的任意对象的引用，所以在循环中创建的弱引用不足以使对象保持活动状态。

6.3 Python 对象的序列化

到目前为止，我们只讨论了如何在 Python 内部处理对象，但通常需要与外部进程(如文件、数据库和网络协议)交换数据。大多数情况下，Python 之外的数据结构已经建立，因此应用程序需要遵循这些数据结构。然而，在其他情况下，将数据发送到其他地方的唯一原因是为了存储它们一段时间，然后再将它们读回 Python 中。pickle 命令用于将 Python 对象(如列表或字典)转换为以后可以重新加载的持久字符流(进行数据持久化)，以便重新创建能在不同 Python 应用程序中使用的对象。pickle 命令可用于在文件之间序列化和反序列化 Python 对象。

在这种情况下，数据及数据结构对外部系统无关紧要。只要是系统可以理解的数据类型，就应该可用。注意，函数和类不能被序列化。由于最灵活且得到广泛支持的数据类型是字符串，因此有必要将 Python 的数据结构导出为字符串。为此，Python 提供了 pickle 模块。在 PEP 3137 中，Guido 为我们提供了一些关于字节类型和字符串的非常有趣的细节。

Python 对象的序列化操作是通过使用 pickle 模块的 dump()或 dumps()函数来执行的。这两个函数都可以将任何对象作为第一个参数，但它们在输出表示对象的字符串位置方面有所不同。对于 dump()，必需的第二个参数指定了一个类似于文件的可写对象，dump()将使用该对象作为序列化目标。与 dump()不同，dumps()只是直接返回字符串，允许由调用代码决定放置位置。除此之外，这两个函数基本上是相同的。在本节剩余部分的示例中，我们将使用 dumps()函数进行演示，因为这样更容易显示输出。

```
>>> import pickle
>>> pickle.dumps(1)
b'\x80\x03K\x01.'
>>> pickle.dumps(42)
b'\x80\x03K*.'
>>> pickle.dumps('42')
b'\x80\x03X\x02\x00\x00\x0042q\x00.'
```

如你所见，序列化之后的输出可以包含比原始对象更多的信息，由于还需要存储类型，因此可以稍后重新构建对象。

一旦对值进行了序列化，就可以根据应用程序的需要存储或传递结果字符串。当需要将对象检索回 Python 时，可使用 pickle 模块为我们提供两个附加函数——load()和 loads()。它们两者之间的区别类似于 dump()和 dumps()函数：load()接收一个类似于文件的可读对象，而 loads()接收一个字符串。

```
>>> pickled = pickle.dumps(42)
>>> pickled
b'\x80\x03K*.'
>>> pickle.loads(pickled)
42
```

然而，将对象转储到 pickle 字符串中并再次加载它们只是外部任务。与前面描述的许多协议一样，Python 允许使用单独的对象来控制它们是如何进行序列化和反序列化的。因为 pickle 代表对象在进行序列化时的一种快照，所以这些函数被命名为在给定时间引用对象时的状态。

你需要考虑的第一个方法是__getstate__()，它用于控制 pickle 值中包含的内容。该方法不需要任何额外的参数，并返回 Python 应该包含在 pickle 输出中的任何值。对于复杂的对象,值通常是字典或元组,但完全由每个类定义与对象相关的值。

例如,货币转换类 Money 可能包含用作当前金额的数字以及指示所代表货币的字符串。此外,你还需要有权访问一个代表当前汇率的字典,以便可以将金额转换为不同的货币。如果将对该字典的引用放置于对象本身,Python 会将它们全部序列化在一起。

```
>>> class Money:
...     def __init__(self, amount, currency):
...         self.amount = amount
...         self.currency = currency
...         self.conversion = {'USD': 1, 'CAD': .95}
...     def __str__(self):
...         return '%.2f %s' % (self.amount, self.currency)
...     def __repr__(self):
...         return 'Money(%r, %r)' % (self.amount, self.currency)
...     def in_currency(self, currency):
...         ratio = self.conversion[currency] / self.conversion[self.
...             currency]
...         return Money(self.amount * ratio, currency)
...
>>> us_dollar = Money(250, 'USD')
>>> us_dollar
Money(250, 'USD')
>>> us_dollar.in_currency('CAD')
Money(237.5, 'CAD')
>>> pickled = pickle.dumps(us_dollar)
>>> pickled
b'\x80\x03c__main__\nMoney\nq\x00)\x81q\x01}q\x02(X\x08\x00\x00\
x00currencyq\x03X\x03\x00\x00\x00USDq\x04X\x06\x00\x00\x00amountq\
x05K\xfaX\n\x00\x00\x00conversionq\x06}q]\x07(h\x04Kx01X\x03\x00
\x00\x00CADq\x08G?\xeefffffffuub.'
```

如你所见,这是一个相当大的值,在字典中只存储了两种货币。因为货币转换值并非特定于现有的实例,无论如何它们都会随着时间的推移而变化,所以没有理由将它们存储在序列化的字符串中,我们可以使用__getstate__()方法只提供那些真正重要的值。

如果仔细观察现有 Money 对象的序列化输出,你会注意到成员变量名也包括在内,因为 Python 不知道它们是否重要。它们可代替来自__getstate__()方法的任何显式指令,并且包含了尽可能多的信息,以确保稍后可以重新创建对象。因为我们已经知道只需要两个值，所以可以将这两个值作为元组返回。

```
>>> class Money:
...     def __init__(self, amount, currency):
...         self.amount = amount
...         self.currency = currency
...         self.conversion = {'USD': 1, 'CAD': .95}
...     def __str__(self):
...         return '%.2f %s' % (self.amount, self.currency)
...     def __repr__(self):
...         return 'Money(%r, %r)' % (self.amount, self.currency)
...     def __getstate__(self):
...         return self.amount, self.currency
...     def in_currency(self, currency):
...         ratio = self.conversion[currency] / self.conversion[self.
...             currency]
...         return Money(self.amount * ratio, currency)
...
>>> us_dollar = Money(250, 'USD')
>>> us_dollar
Money(250, 'USD')
>>> us_dollar.in_currency('CAD')
Money(237.5, 'CAD')
>>> pickled = pickle.dumps(us_dollar)
>>> pickled
b'\x80\x03c__main__\nMoney\nq\x00)\x81q\x01K\xfaX\x03\x00\x00\x00US
Dq\x02\x86q\x03b.'
```

如你所见，这会将序列化输出的大小减少到之前的三分之一左右。除了效率更高外，还更加实用，因为已不包含不必要的信息。其他的成员变量，包括初始化值、系统特定的详细信息和其他瞬时信息，都应该避免被序列化，这些信息只是与对象的值相关，而不是直接作为值的一部分。

然而，这只完成了一半。一旦定制了对象的序列化输出，如果不同时定制对象的反序列化，就无法将它们重新检索回 Python 对象。毕竟，通过将值存储为元组，我们已经删除了 Python 用于重建对象的一些提示，因此我们必须提供一种替代方案。

正如大家猜想的那样，作为__getstate__()方法的补充，__setstate__()方法只接收一个额外的参数：所要恢复的对象的状态。因为__getstate__()方法可以返回任何表示状态的对象，所以根本没有什么特定的类型被传递到__setstate__()。然而，这并不是完全随机的，传递给__setstate__()方法的值将与从__getstate__()方法返回的值完全相同。

在之前的货币转换示例中，状态由包含金额和货币的二元组表示：

```
>>> class Money:
...     def __init__(self, amount, currency):
...         self.amount = amount
...         self.currency = currency
...         self.conversion = {'USD': 1, 'CAD': .95}
...     def __str__(self):
...         return '%.2f %s' % (self.amount, self.currency)
...     def __repr__(self):
...         return 'Money(%r, %r)' % (self.amount, self.currency)
...     def __getstate__(self):
...         return self.amount, self.currency
...     def __setstate__(self, state):
...         self.amount = state[0]
...         self.currency = state[1]
...     def in_currency(self, currency):
...         ratio = self.conversion[currency] / self.conversion[self.
...             currency]
...         return Money(self.amount * ratio, currency)
...
>>> us_dollar = Money(250, 'USD')
>>> pickled = pickle.dumps(us_dollar)
>>> pickle.loads(pickled)
Money(250, 'USD')
```

有了这一点，现在的 Money 类已经完全可以控制值如何进行序列化和反序列化。这应该就结束了，对吧？为了保险起见，让我们再次测试 in_currency()方法：

```
>>> us_dollar = pickle.loads(pickled)
>>> us_dollar
Money(250, 'USD')
>>> us_dollar.in_currency('CAD')
Traceback (most recent call last):
  ...
AttributeError: 'Money' object has no attribute 'conversion'
```

为什么不起作用呢？当反序列化对象时，Python 不会沿途一直调用__init__()，因为这一步只应该在设置新对象时发生。由于在保存状态之前已经对序列化的对象

进行了一次初始化，因此尝试再次初始化时通常会报错。相反，可以在__setstate__()
方法中包含这样的初始化行为，以确保所有内容仍然正确到位。

```
>>> class Money:
...     def __init__(self, amount, currency):
...         self.amount = amount
...         self.currency = currency
...         self.conversion = self.get_conversions()
...     def __str__(self):
...         return '%.2f %s' % (self.amount, self.currency)
...     def __repr__(self):
...         return 'Money(%r, %r)' % (self.amount, self.currency)
...     def __getstate__(self):
...         return self.amount, self.currency
...     def __setstate__(self, state):
...         self.amount = state[0]
...         self.currency = state[1]
...         self.conversion = self.get_conversions()
...     def get_conversions(self):
...         return {'USD': 1, 'CAD': .95}
...     def in_currency(self, currency):
...         ratio = self.conversion[currency] / self.conversion[self.
                currency]
...         return Money(self.amount * ratio, currency)
...
>>> us_dollar = Money(250, 'USD')
>>> pickled = pickle.dumps(us_dollar)
>>> pickle.loads(pickled)
Money(250, 'USD')
>>> us_dollar.in_currency('CAD')
Money(237.5, 'CAD')
```

当然，所有这些只有在复制想要存储或发送给外部的非 Python 使用者的对
象时才有用。如果想要做的只是在 Python 内部使用，那么可以简单地在内部复制
对象。

6.4　复制

可变对象潜在的明显缺点，就在于对对象所做的更改，都可以从指向对象的

引用中看到。缘于 Python 引用对象的方式，所有可变对象都是以这种方式工作的，但这种行为并不总是有用。特别是当处理作为函数的参数传入的对象时，调用函数的代码通常会期望对象保持不变。如果函数在工作过程中需要进行修改，那么更需要格外小心。

为了在不显示其他更改的情况下对对象进行更改，需要首先复制对象。有些对象提供了一种开箱即用的机制。例如，列表支持切片，可以将一个列表中的元素检索到另一个新的列表中。这种行为可用于一次性获取所有元素，并创建具有相同元素的新列表。只需要省略起始值和结束值，切片就会自动复制整个列表，代码示例如下：

```
>>> a = [1, 2, 3]
>>> b = a[:]
>>> b
[1, 2, 3]
>>> b.append(4)
>>> b
[1, 2, 3, 4]
>>> a
[1, 2, 3]
```

类似地，字典也有自己的方式用来复制它们的内容，尽管没有使用类似于列表使用的语法。与之不同的是，字典提供了 copy()方法，可返回具有相同的键和值的新字典，示例如下：

```
>>> a = {1: 2, 3: 4}
>>> b = a.copy()
>>> b[5] = 6
>>> b
{1: 2, 3: 4, 5: 6}
>>> a
{1: 2, 3: 4}
```

并非所有的对象都在内部包含这种类型的复制行为，但 Python 允许复制任何对象，即使 Python 没有自己的复制机制。

6.4.1　浅层复制

为了获得任意对象的副本，Python 提供了 copy 模块。在 copy 模块中，有个最简单的函数也名为 copy()，可提供与前面相同的基本行为。不同之处在于，copy.copy()

不是复制对象的方法，而是允许传入任何对象，并获得浅层复制效果。你不仅可以复制出更多种类的对象,还可以在不了解对象本身任何信息的情况下进行复制。

```
>>> import copy
>>> class Example:
...     def __init__(self, value):
...         self.value = value
...
>>> a = Example('spam')
>>> b = copy.copy(a)
>>> b.value = 'eggs'
>>> a.value
'spam'
>>> b.value
'eggs'
```

当然，这只是浅层复制。请记住，从本章开始，对象实际上是三个组件的组合：Identity(标识)、Type(类型)和 Value(值)。当制作对象的副本时，你真正要做的是创建具有相同类型的新对象，但具有新的标识和(相同的)值。

对于可变对象，值通常包含对其他对象的引用，如列表中的元素或字典中的键和值。副本对象的值可能具有新的命名空间，其中包含所有相同的引用。因此，当对副本对象的成员进行更改时，这些更改将反映在对同一对象的所有其他引用中，就像任何其他命名空间一样。为了进行说明，请考虑一个字典，这个字典以列表作为值，代码如下：

```
>>> a = {'a': [1, 2, 3], 'b': [4, 5, 6]}
>>> b = a.copy()
>>> a['a'].append(4) #Copy to a and b
>>> b['b'].append(7) #Copy to a and b
>>> a
{'a': [1, 2, 3, 4], 'b': [4, 5, 6, 7]}
>>> b
{'a': [1, 2, 3, 4], 'b': [4, 5, 6, 7]}
```

如你所见，副本对象只有一个层次，所以才被称为"浅层复制"。在对象自己的命名空间之外，只复制了引用，而不是复制对象本身。这适用于所有类型的对象，而不仅局限于这里展示的列表和字典。事实上，自定义对象甚至可以通过提供__copy__()方法来自定义这种行为。如果 copy()函数存在，那么可以调用没有参数的__copy__()方法，以便确定复制哪些值以及如何处理这些值。

通常，当最外层是需要更改的值的唯一部分时，浅层复制非常有用，特别是当需要明确地保持其余对象的完整性时。对此，一个基本的例子是对列表进行排序，你必须创建一个新的列表来对元素进行排序，但这些元素本身应该保持原样。

为了说明这一点，请考虑 Python 内置的 sorted()函数的自定义实现。sorted()函数可以在保持原始列表不变的情况下，将元素排序到另一个新的列表中：

```
>>> def sorted(original_list, key=None):
...     copied_list = copy.copy(original_list)
...     copied_list.sort(key=key)
...     return copied_list
...
>>> a = [3, 2, 1]
>>> b = sorted(a)
>>> a
[3, 2, 1]
>>> b
[1, 2, 3]
```

6.4.2　深层复制

为了解决特定的问题，算法通常需要对大型结构中的数据进行重新组织。排序、索引、聚合和重新排列数据都是在这些更复杂的操作中执行的常见任务。因为目标只是返回针对数据的一些分析，原始结构保持不变，所以需要用到层次更深的副本对象。

对于这些情况，Python 的 copy 模块还提供了 deepcopy()方法。该方法不仅复制原始结构，还会复制引用的对象。实际上，该方法会递归地在所有这些对象中查找任何其他对象，并依次复制每个对象。这样，你就可以随心所欲地修改副本，而无须担心修改原件或对原件所做的任何修改会反映在副本中。

```
>>> original = [[1, 2, 3], [1, 2, 3]]
>>> shallow_copy = copy.copy(original)
>>> deep_copy = copy.deepcopy(original)
>>> original[0].append(4)
>>> shallow_copy
[[1, 2, 3, 4], [1, 2, 3]]
>>> deep_copy
[[1, 2, 3], [1, 2, 3]]
```

　　然而，这并不是真正的递归，因为如果数据结构在任何时候都有对自身的引用，那么完全递归有时会导致无限循环。一旦复制某个特定对象，Python 就会记录，以便将来对同一对象的任何引用都可以简单地更改为引用新对象，而不是每次都创建全新的对象。

　　如果对象以某种方式成为自身的成员，那么不仅可以避免递归地复制同一个对象，还意味着只要同一对象在结构中被发现不止一次，就可以只复制一次，并且根据需要进行多次引用。在如何反映引用对象的变化方面，复制的结构将具有与原始结构相同的行为。

```
>>> a = [1, 2, 3]
>>> b = [a, a]
>>> b
[[1, 2, 3], [1, 2, 3]]
>>> b[0].append(4)
>>> b
[[1, 2, 3, 4], [1, 2, 3, 4]]
>>> c = copy.deepcopy(b)
>>> c
[[1, 2, 3, 4], [1, 2, 3, 4]]
>>> c[0].append(5)
>>> c
[[1, 2, 3, 4, 5], [1, 2, 3, 4, 5]]
```

　　对于依赖于对象存在于结构中多个位置的算法来说，这是必需的。在这方面，每个副本的行为都与原始副本相同，因此在开始使用之前，不必担心对象被复制多次。

　　深层复制可能产生的另一个问题是，Python 不知道哪些可能重要或哪些不重要，因而会复制所有内容，这最终可能远远超出需求。为了控制上述复制行为，自定义对象可以将深层复制与浅层复制的行为分开指定。

　　通过提供__deepcopy__()方法，对象可以指定哪些值与副本相关，这非常类似于使用__getstate__()方法对对象进行序列化。与__getstate__()和__copy__()方法相比，__deepcopy__()方法的最大区别在于还接收第二个参数——用于管理复制期间对象标识的字典。由于深层复制应该只复制每个对象一次，并在使用对象的任何其他时间使用引用，因此对象标识所在的命名空间提供了一种方法来跟踪哪些对象实际上是相同的，可将它们的标识映射到对象本身。

6.5 令人兴奋的 Python 扩展: Beautiful Soup

Beautiful Soup 实际上是处理 HTML 和 XML 文档的标准库,更是文件解析器或屏幕抓取器,让你可以很好地控制文件的形状,以满足数据提取需求。在第 5 章,我们介绍了如何使用 Scrapy 进行 Web 爬取。你可以轻松地清除获得的文档,以便使用 Beautiful Soup 删除标记语言。Beautiful Soup 是一个很好的库,可以与 Scrapy 等其他 Python 扩展一起使用。考虑一下,可以使用 Scrapy 之类的工具获取数据,然后使用 Beautiful Soup 清理数据。Beautiful Soup 还具有强大的搜索功能,但在这里我们只关注解析能力。

6.5.1 安装 Beautiful Soup

有关 Beautiful Soup 的扩展文档,可访问 https://www.crummy.com/software/BeautifulSoup 来查询。

```
pip install beautifulsoup4 (按回车键)
```

当然,对于其他操作系统,也可以使用适当的安装工具。例如,对于 Elementary 或 Ubuntu,安装命令是 sudo apt-get。

6.5.2 使用 Beautiful Soup

通过在 Python 交互式提示符中执行以下内容,可确保安装过程是正常的:

```
from bs4 import BeautifulSoup (按回车键)
```

如果没有报错,就说明已经正确安装了这个库。如果遇到错误,请检查是否存在其他组件的 Python 安装行为,例如 Anaconda 或路径问题。

为了展示 Beautiful Soup 的强大功能,我们将使用第 5 章中由 Scrapy 获取的 HTML 文件,并对它进行清理,使其成为纯文本文件,然后删除标记标签。这将创建出更适合数据分析的文件,例如搜索关键字或事件。使用我们在第 5 章创建的 quotes.html 文件,在同一文件夹中输入并运行以下代码,你将看到原始的 HTML 输出和经过美化的 Beautiful Soup 输出:

```
from bs4 import BeautifulSoup

path='quotes-1.html'

filedata=open(path,'r',errors='ignore')
```

```
page=filedata.read()

soup = BeautifulSoup(page, 'lxml')

print(soup.prettify()) # show raw HTML markup
print('\n\nAnd a cleaner version:\n')
print(soup.get_text()) # return plain text only
```

你首先看到的是原始的 HTML 文本，然后是通过 Beautiful Soup 清理后的版本。请注意，这里留下了一些无关的数据(但不是很多)，我们无法通过循环结构清理这些数据。接下来，让我们只搜索具有<span>标签的 HTML 元素，统计出现的次数，并打印出仅包含所选元素的更简洁的输出：

```
from bs4 import BeautifulSoup

path='quotes-1.html'

filedata=open(path,'r',errors='ignore')
page=filedata.read()

soup = BeautifulSoup(page, 'lxml')

print('\nWe found this many span tags: ',len(soup.find_all('span')))

print('\n\nShow only span tag items\n\n')

print(soup.find_all('span'))

print('------------------')
print('\nNow clean up the span tags\n\n')
for item in soup.find_all('span'):
    print(item.text)
```

在以上代码示例中，我们搜索了<span>标签，然后使用增强的 for 循环打印出各个元素，并通过 item.text 删除标记标签。可以使用 Beautiful Soup 做更多的事情吗？当然可以，这里只是起点，你可以进行更多的实验。

6.6　小结

每个应用程序都知道如何在基本级别处理对象，通过使用本章展示的技术，你将能够继续管理大量的对象集合，这些对象涵盖了各种不同的类型。在第 7 章，我们将从对象的宏观层面转到微观层面，考察一种特定类型的对象——字符串。

第 7 章

字符串

考虑到所有形式的编程中字符串的基本性质，用一整章讲解 Python 中的字符串也就不足为奇了。无论是通过键盘输入与用户交互、通过 Web 发送内容、分析大数据，还是参与图灵测试，字符串都可以且已经被用于许多应用程序。

因为字符串的应用很广泛且非常重要，所以 Python 包含了各种各样的特性来支持它们。其中一些特性已直接内置于 string 对象本身，而其他特性由标准库中的模块提供，许多第三方库(如 Boost)甚至为字符串提供了更多的选项。但本章将重点讨论 Python 内置的字符串函数，而非第三方应用程序中的字符串特性。

关于 Python 字符串，你首先需要了解的是，字符串有两种不同的格式：字节字符串和 Unicode 字符串。

7.1　字节字符串

从本质上讲，字符串实际上只是单独字节的序列。在一般意义上，计算机处理的每一块数据都使用了字节。数字、字符串以及更复杂的对象在某些时候都会被存储为字节，更结构化的对象都基于字节序列而构建。在字节字符串(在 Python 中由 bytes 对象表示)中，每个字符仅代表一个字节，因此很容易与文件或外界的其他接口进行交互。

标准字符串(稍后在 7.2 节中描述)仅用一对单引号标识为文字(如'example')，而字节字符串要求在第一个单引号前包含 b。这种格式可用在源代码以及这些值的 repr()输出中：

```
>>> b'example' # the keyword print is assumed since it is a command prompt
```

```
# statement versus a script.
b'example'
```

字节的主要用途是传递非文本信息，例如数字、日期、标志集或一些其他内容。尽管 Python 并不直接确定如何处理这些特殊的值，但 bytes 对象会确保它们以不变的方式进行传递，以便代码可以适当地处理每种情况。如果不对数据的意图做任何假设，字节将提供最大的灵活性，但这意味着需要使用某种方法，在字节和对应用程序更有意义的数据类型之间来回转换数据。

7.1.1 借助 chr()和 ord()进行简单的转换

从本质上讲，字节实际上就是数字，而这种数字恰好由某种字符表示。Python 认为数字和字符是两种不同的对象，但它们的值是等价的，因此在它们之间可以轻松地进行转换。给定一个单字节，可以将其传递给内置的 ord()函数，该函数将返回与之等效的整数值。示例如下：

```
>>> ord(b'A')
65
>>> ord(b'!')
33
>>> list(b'Example')
[69, 120, 97, 109, 112, 108, 101]
```

请注意在迭代字节序列时会发生什么。实际上，可以立即获得原始整数而不是单字符的字节字符串，根本不需要使用 ord()函数。将单字节的值从字节转换为数字时，这种方法十分可行。但是如果要进行反向转换，则需要使用内置的 chr() 函数。作为 ord()的逆函数，chr()会根据传入的整数值返回单个字符：

```
>>> chr(65)
'A'
>>> chr(33)
'!'
>>> [chr(o) for o in [69, 120, 97, 109, 112, 108, 101]]
['E', 'x', 'a', 'm', 'p', 'l', 'e']
>>> ''.join(chr(o) for o in [69, 120, 97, 109, 112, 108, 101])
'Example'
```

这里需要注意一件重要的事情：chr()返回的字符串是常规字符串，而不是字节字符串，这一点可以从缺少前缀 b 得以证明。如 7.2 节所述，标准字符串的工作方式与字节字符串稍有不同。然而，对于这里的目的来说，最大的问题在于，标准字符串并不总是直接等同于单字节，因此可能会出错。为了使工作更可靠，并获得一些额外的功能，可以使用 struct 模块。

7.1.2 借助 struct 模块进行复杂的转换

除了 chr()返回标准字符串的问题之外，ord()/chr()组合存在的另一个大问题是：只有在处理单个字节时，使用它们才比较可靠。将数字转换为字节时，数值的范围被限制为 0～255。为了支持更大范围的值和其他一些有趣的特性，Python 提供了 struct 模块。

chr()和 ord()这对函数用于在字节字符串和本地 Python 值之间进行转换，与此类似，struct.pack()函数写出字节字符串，而 struct.unpack()函数将这些值读入 Python。但是，与那些简单的函数不同，struct 模块使用格式字符串来指定应该如何转换值。这种格式有一套自己的简单语法，用以控制使用什么类型的值以及这些值的工作方式。

因为使用 struct 模块是为了克服 chr()带来的一些困难，所以下面开始研究 struct.pack()如何提供预期的功能。用于表示无符号单字节格式的是大写字母 B，在实践中可以按如下方式使用：

```
>>> import struct
>>> struct.pack(b'B', 65)
b'A'
>>> struct.pack(b'B', 33)
b'!'
>>> struct.pack(b'BBBBBBB', 69, 120, 97, 109, 112, 108, 101)
b'Example'
```

可以看到，第一个参数是格式字符串本身，每个应该转换为字节字符串的参数都对应一个字符。所有其他参数都用于提供应该转换的值。因此，对于每个格式说明符，需要在对应的位置包含一个参数。

如前所述，这里使用 B 指定了一个无符号的数值，这意味着不能是负值。通过这种方式，可以提供 0 和 255 之间的数值，但不能提供小于 0 的数值。相反，带符号的数值允许通过使用每字节 8 位中的一位来识别值是正的还是负的。虽然仍然有 256 个唯一的值，但是数值的范围稍微移动了一些，以便符号的两边各有一半的值。如果 0 被视为正值，那么带符号的字节可以包含-128～127 的值。为了补充无符号字节，有符号字节的格式说明符是 b：

```
>>> struct.pack(b'b', 65)
```

```
b'A'
>>> struct.pack(b'Bb', 65, -23)
b'A\xe9'
>>> struct.pack(b'B', 130)
b'\x82'
>>> struct.pack(b'b', 130)
Traceback (most recent call last):
    ...
struct.error: byte format requires -128 <= number <= 127
```

当然，字母 B 和 b 仅对单字节的值有效，单字节的值总共有 256 个。为了支持更大的数值，可以使用字母 H 和 h 表示两字节(双字节)的数值，这样可最多支持 65 536 个数值。与单字节中的表示形式类似，大写字母 H 对应无符号的双字节数值，小写字母 h 对应带符号的双字节数值。

```
>>> struct.pack(b'Hh', 42, -137)
b'*\x00w\xff'
```

既然单个值可以包含多字节，那么接下来的问题就是确定哪个字节在前面。两个字节中的其中一个包含 256 个较小的值(0~255)，而另一个字节包含一个 0~255 但要乘以 256 的值。因此，将两者混合在一起会极大地影响要存储或检索的值。只要快速查看一下逆函数 struct.unpack()，就可以很容易地看出这一点。

```
>>> struct.unpack(b'H', b'*\x00')
(42,)
>>> struct.unpack(b'H', b'\x00*')
(10752,)
```

可以看出，对 struct.unpack()函数的调用与对 struct.pack()函数的调用非常相似，但有几个明显的区别。首先，unpack()函数总是只有两个参数，因为第二个参数是原始的字节字符串。原始的字节字符串可以包含多个要提取的值，但是仍然只作为参数传递，这与 pack()函数不同。

struct.unpack()函数的返回值是一个元组，其中可以包含多个值。因此，struct.unpack()是 struct.pack()真正的逆函数。也就是说，可以将结果从一个调用传递到另一个调用，获得的值必定与第一次传入的值相同。我们所要做的只是确保在每个单独的函数调用中使用相同的格式字符串：

```
>>> struct.unpack(b'Hh', struct.pack(b'Hh', 42, -42))
(42, -42)
```

```
>>> struct.pack(b'Hh', *struct.unpack(b'Hh', b'*\x00\x00*'))
b'*\x00\x00*'
```

那么，包含多字节的值存在什么问题呢？毕竟，这些示例表明，可以将值转换为字符串并转换回来，而不必担心如何创建或解析这些字符串。遗憾的是，这些示例都很简单，因为我们当前只在 Python 中工作，它们拥有与自身一致的实现。如果必须处理需要用于其他应用程序的字符串(例如文件内容)，则需要确保与这些应用程序期望的内容相匹配。

因此，struct 格式还允许显式地指定数值的字节顺序(endianness，又称端序或尾序)。"字节顺序"这个术语用来表示数值的字节如何排序；在大端序中，首先存储最高位的字节(提供数值最大部分的那一字节)。在小端序中，首先存储最低位的字节。

为了区分这两者，格式规范可以采用前缀。如果在格式前放置<，则可以显式地标记为小端序。相反，使用>则标记为大端序。如果两个选项都没有提供(就像前面的示例中那样)，则默认使用的字节顺序与 Python 正在执行的系统相同，这在现代系统中通常是小端序。这将允许你控制 pack()和 unpack()函数对值的处理方式，其中涵盖转换过程的两个方向。

```
>>> struct.pack(b'<H', 42)
b'*\x00'
>>> struct.pack(b'>H', 42)
b'\x00*'
>>> struct.unpack(b'<H', b'*\x00')
(42,)
>>> struct.unpack(b'>H', b'*\x00')
(10752,)
```

既然可以控制多字节数值的排序，那么处理较大的值就更容易了。除了前面讨论的单字节和双字节整数外，struct 模块还支持使用字母 I 和 i 来表示 4 字节的值，8 字节的值可以使用字母 Q 和 q 指定。与单字节和双字节类似，大写字母对应无符号的值，小写字母对应有符号的值。

然而，struct 模块不仅仅能处理整数转换，还可以使用 f 格式转换浮点数，甚至使用 b 格式以获得更高的精度。事实上，也可以使用 struct 模块来处理字符串中的字符串，这提供了一些额外的灵活性。可以使用 s 格式化代码并结合数字前缀，以指示要读取或写入的字符串的大小：

```
>>> struct.pack(b'7s', b'example')
```

```
b'example'
>>> struct.unpack(b'7s', b'example')
(b'example',)
>>> struct.pack(b'10s', b'example')
b'example\x00\x00\x00'
```

可以看出，pack()函数将添加 null 字节，以填充需要的字节数，并匹配格式中提供的前缀。但是，为什么要使用 struct 模块将字符串转换为字符串呢？这样做的好处在于可以一次性打包和解包多个值，因此字符串可能只是结构的一部分。下面的示例使用了一个简单的包含联系人信息的字节字符串：

```
>>>import struct
>>>first_name = 'Marty'
>>> last_name = 'Alchin'
>>> age = 28
>>> struct.pack(b'10s10sB', bytes(first_name, 'utf8'), bytes(last_name,
    'utf8'), age)
>>> data
b'Alchin\x00\x00\x00\x00Marty\x00\x00\x00\x00\x00\x1c'
```

但是，如果希望以这种方式处理字符串，则更有可能处理的是文本，因为其中的字符串作为整体是有含义的，而不是从其他类型的值转换过来的字符。在 Python 3.2 中，用于执行以上操作的格式发生了一些变化，因此现在必须将字符串(str)文本编码为字节字符串，通常采用的是 UTF-8 编码。

7.2 文本

从概念上讲，文本是书面文字的集合。文本是早在计算机出现之前就存在的语言概念，当计算机需要处理文本时，就有必要确定如何在为数字设计的系统中表示文本。在编程发展的初期，文本仅限于一组字符，比如美国信息交换标准代码(American Standard Code for Information Interchange，ASCII)、EBCDIC 或其他字符。

请注意，这里提到的这组 127 个字符(其中只有 95 个是可打印字符)旨在满足英语语言的需要。ASCII 只覆盖每一字节的 7 位，因此有一些潜在的未来扩展空间，不过即使有另外 128 个值也不够用。一些应用程序使用特殊技巧，通过添加重音符号和其他标记来表示额外的字母，但范围仍然非常有限。

7.2.1　Unicode

为了突破范围限制,Unicode 标准作为一种替代方案出现了,这种方案可以包含世界上绝大多数语言中使用的大多数字符。为了使 Unicode 支持它所需要的尽可能多的代码点,每个代码点会占用多字节,这与 ASCII 不同。当加载到内存中时,因为只在 Python 中使用,而 Python 只有一种方式来管理这些多字节数值,所以这没有什么问题。

注意　Unicode 标准实际上是由超过 100 万个单独的"代码点"组成的,而非由字符组成。代码点是表示书面文本某些方面的数字,可以是常规字符、符号或修饰符(如重音字符)。有些字符甚至可以出现在多个代码点上,以便与引入 Unicode 之前使用的系统相兼容。

默认情况下,Python 中的所有标准字符串都是 Unicode,以支持多种语言。7.1 节中展示的字节字符串都需要使用 b 前缀,以区别于标准 Unicode 字符串。

将这些值写入可由其他系统读取的字符串时,问题就来了,因为并非所有系统都使用相同的 Unicode 字符串的内部表示。相反,有几种不同的编码,可将 Unicode 字符串折叠为一系列字节,以便进行存储或分发。

7.2.2　编码

就像可以使用多字节来存储大于一字节所能表示的数字一样,Unicode 文本也能够以多字节格式存储。然而,与数字不同的是,文本通常包含大量的单字符,因此会将每个字符存储为多达 4 字节,这意味着一段很长的文本最终可能会比看起来的长得多。

ASCII 是文本编码的典型示例。对于 ASCII,一小部分可用字符被映射到 0～127 的特定值。所选字符旨在支持英语,因此包含了所有可用的大写字母和小写字母、所有的 10 个数字和各种标点选项。任何只包含这些值的文本都可以使用 ASCII 编码转换为字节。

编码过程本身是使用字符串的 encode()方法进行管理的。只需要传入编码的名称,encode()方法就会返回一个字节字符串,以表示给定编码中的文本。对于 ASCII,字节字符串的表示形式看起来就像输入的文本一样,因为每一字节正好映射到一个字符,示例如下:

```
>>> 'This is an example, with punctuation and UPPERCASE.'.encode
    ('ascii')b'This is an example, with punctuation and UPPERCASE.'
```

　　ASCII 因为将每个字节映射到单个字符，所以显得非常有效，但这仅在源文本包含编码中指定的那些字符时才起作用。必须假设某些字符非常重要，才能在如此小的范围内包含这些字符。其他语言也有自己的优先级字符，因此它们使用不同的编码，以便与用于英语的 ASCII 一样高效(UTF-8 是最受欢迎的)。

　　包括中文和日文在内的一些语言，有非常多的字符，所以单个字节根本无法完整地表示它们。针对这些语言，一些编码对每个字符使用两个字节，这进一步突显了不同文本编码的差异。因此，为特定语言设计的编码通常不能用于该语言之外的文本。

　　为了解决这个问题，产生了一些更通用的以 Unicode 为中心的编码。由于可用字符的数量十分庞大，因此这些编码采用了可变长度的方法。在 UTF-8 中，特定范围内最常见的字符可以用单个字节来表示，其他字符则需要使用两个字节来表示，还有一些字符需要使用三个甚至四个字节来表示。UTF-8 是一种理想的选择，因为 UTF-8 具备如下特性：

- UTF-8 可以支持任何可用的 Unicode 代码点，甚至支持实际文本中并不常见的代码点。该特性并不是 UTF-8 独有的，但它确实能将 UTF-8 与其他特定于语言的编码区分开来，例如 ASCII。

- 字符在实际使用中越常见，其代码点占用的空间就越小。例如，在以英语文档为主的集合中，UTF-8 几乎与 ASCII 一样高效。即使是对非英语文本进行编码，大多数语言也共享某些公共字符，例如空格和标点符号，这些字符可以用单个字节编码。即使当必须使用两个字节时，也仍然比内存中的 Unicode 对象更有效。

- 单字节的表示范围与 ASCII 标准完全一致，于是 UTF-8 完全向后兼容 ASCII 文本。所有 ASCII 文本都可以作为 UTF-8 读取，无须修改。同样，仅包含 ASCII 可用字符的文本也可以使用 UTF-8 进行编码，并且仅可以由识别 ASCII 编码的应用程序访问。

　　出于这些原因，UTF-8 逐渐(自 2008 年以来)成为一种非常常见的编码格式，用于需要支持多种语言的应用程序，以及用于在设计应用程序时还不知道所用语言的情形。这似乎很奇怪，但在查看框架、库和其他大型应用程序时，这种情况经常发生。应用程序可以部署在地球上的任何环境中，因此它们应该尽可能地支持其他语言。第 8 章将详细描述应用程序为支持多种语言而可以采取的步骤。

　　使用错误编码或解码的后果可能会有所不同，具体取决于应用程序的需要、使用的编码和传入的文本。例如，使用 UTF-8 对 ASCII 文本进行解码不会出现任何问题，而是生成完全有效的 Unicode 字符串。反转这个过程并不总是那么容易，因为 Unicode 字符串可以包含 ASCII 有效范围之外的代码点：

```
>>> ascii = 'This is a test'.encode('ascii')
>>> ascii
b'This is a test'
>>> ascii.decode('utf-8')
'This is a test'
>>> unicode = 'This is a test: \u20ac' # A manually encoded Euro symbol
>>> unicode.encode('utf-8')
b'This is a test: \xe2\x82\xac'
>>> unicode.encode('ascii')
Traceback (most recent call last):
  ...
UnicodeEncodeError: 'ascii' codec can't encode character '\u20ac'
    in position 16
: ordinal not in range(128)
```

在其他时候，文本似乎可以正确地编码或解码，只是得到的文本是乱码。然而，当升级应用程序以包含适当的 Unicode 支持时，通常会出现这类问题。从头开始构建 Unicode 应用程序并不能完全消除这些问题，但可以在某种程度上避免这些问题。

7.3　简单的替换

对于包含仅在运行时可用的信息的字符串，可以通过多种不同的方法生成。也许最明显的方法是使用+运算符将多个字符串连接在一起,但只有当所有的值都是字符串时，才可以这样做。Python 不会隐式地将其他值转换为要连接的字符串，因此必须显式地转换它们，例如首先将它们传递给 str()函数。

作为一种替代方案，Python 字符串也支持一种将对象注入字符串的方法。这种方法使用字符串中的占位符来表示对象应该放在哪里以及应该填充它们的对象集合，这称为字符串替换。这里用到了运算符%，并使用自定义的__mod__()方法来提供支持，参见第 5 章。

占位符由百分号和转换格式组成，可选择在它们之间添加一些修饰符来指定转换的执行方式。这种方案允许字符串指定如何转换对象，而不必显式地调用具体的函数。这些格式中最常见的是%s，相当于直接使用 str()函数：

```
>>> 'This object is %s' % 1
'This object is 1'
>>> 'This object is %s' % object()
```

```
'This object is <object object at 0x...>'
```

因为使用%s 相当于直接调用 str()函数，所以放入字符串的是调用对象的
__str__()方法的返回值。同样，如果在替换字符串中使用%r 占位符，Python 将调
用对象的__repr__()方法，这对于记录函数的参数很有用。请尝试将下面的示例作
为脚本来执行：

```
def func(*args):
    for i, arg in enumerate(args):
        print('Argument %s: %r' % (i, arg))
func('example', {}, [1, 2, 3], object())
Your output will look like the following:
Argument 0: 'example'
Argument 1: {}
Argument 2: [1, 2, 3]
Argument 3: <object object at 0x...>
```

此例还说明了如何将多个值一次性放入字符串中，方法是将它们包装在元组
中。它们根据位置与字符串中的对应对象进行匹配，因此将第一个对象放在第一
个占位符中，依此类推。遗憾的是，如果不小心，这个特性有时也会成为绊脚石。
当试图将元组注入替换字符串时，常常会发生错误：

```
>>> def log(*args):
...     print('Logging arguments: %r' % args)
...
>>> log('test')
"Logging arguments: 'test'"
>>> log('test', 'ing')
Traceback (most recent call last):
  ...
TypeError: not all arguments converted during string formatting
```

在上面的代码中，Python 没有区分你在源代码中编写的元组和从其他地方传
入的元组。因此，字符串替换不知道代码的意图是什么。在这个示例中，只要只
传入一个参数，字符串替换就可以正常工作，因为字符串中正好有一个占位符。
一旦传入多个参数，代码就会崩溃。

为了解决这个问题，需要构建一个仅包含一个元素的元组，以包含将要放在
字符串中的另一个元组。这样，字符串替换总是会得到一个元组，其中包含另一
个将要放在单个占位符中的元组。

```
>>> def log(*args):
...     print('Logging arguments: %r' % (args,))
...
>>> log('test')
"Logging arguments: ('test',)"
>>> log('test', 'ing')
"Logging arguments: ('test', 'ing')"
```

值得注意的是，除了元组外，对象也可以通过关键字插入。为此，需要替换字符串在括号中包含关键字，紧跟在百分号之后。然后，为了传递要注入的值，需要传递对象字典而不是元组。

```
>>> def log(*args):
...     for i, arg in enumerate(args):
...         print('Argument %(i)s: %(arg)r' % {'i': i, 'arg': arg})
...
>>> log('test')
Argument 0: 'test'
>>> log('test', 'ing')
Argument 0: 'test'
Argument 1: 'ing'
```

除了能够更轻松地重新排列替换字符串中的占位符外，该特性还允许仅包括那些重要的值。如果字符串中的值比需要的多，则只能引用所需的值。Python 会简单地忽略字符串中没有提到名称的任意值。这与位置选项相反，在位置选项中，如果提供的值多于你在字符串中标记的值，将会导致 TypeError。

7.4 格式化

Python 还提供了健壮的字符串格式化系统，可以作为字符串替换的一种更为强大的替代方法。这种字符串格式化不依赖于不太明显的运算符，而是对字符串使用显式的 format()方法。此外，用于格式化字符串的语法完全不同于以前在简单替换中使用的语法。

format()不使用百分号和格式代码，而是希望将占位符用花括号括起来。这些花括号内的内容取决于打算如何传递值以及如何格式化这些值。占位符的第一部分用于确定是应该查找位置参数还是关键字参数。对于位置参数，内容是数字，表示要处理的值的索引；而对于关键字参数，需要提供用于引用相应值的键。

```
>>> 'This is argument 0: {0}'.format('test')
'This is argument 0: test'
>>> 'This is argument key: {key}'.format(key='value')
'This is argument key: value'
```

这看起来很像旧的替换技术，但却有一项主要优势。由于格式化是通过方法调用而不是运算符启动的，因此可以同时指定位置参数和关键字参数。这样，如果需要的话，可以在格式字符串中混合和匹配格式字符串中的索引和键，并以任何顺序引用它们。

作为一项额外的好处，这也意味着不需要在字符串中引用所有的位置参数就能正常工作。如果提供的参数数量超出需求，format()将忽略没有占位符的任何内容。如果应用程序以后调用 format()，且其中的参数可能来自另一个源，那么传递格式字符串也会更容易。以下自定义的验证函数能够在定制过程中接收一条错误消息：

```
>>> def exact_match(expected, error):
...     def validator(value):
...         if value != expected:
...             raise ValueError(error.format(value, expected))
...         return validator
...
>>> validate_zero = exact_match(0, 'Expected {1}, got {0}')
>>> validate_zero(0)
>>> validate_zero(1)
Traceback (most recent call last):
  ...
ValueError: Expected 0, got 1
>>> validate_zero = exact_match(0, '{0} != {1}')
>>> validate_zero(1)
Traceback (most recent call last):
  ...
ValueError: 1 != 0
>>> validate_zero = exact_match(0, '{0} is not the right value')
>>> validate_zero(1)
Traceback (most recent call last):
  ...
ValueError: 1 is not the right value
```

可以看出，该特性允许验证函数使用当时拥有的所有信息来调用 format()，而由格式字符串确定如何布局。对于其他的字符串替换情形，则只能使用关键字来实现相同的效果，因为位置参数的工作方式并不相同。

7.4.1 在对象中查找值

除了能够引用传入的对象外，格式字符串语法还允许专门引用这些对象中的某些部分。这种语法看起来很像 Python 代码中的常规语法。要引用成员变量，请使用句点将名称与对象引用分隔开。要使用索引值或关键字值，请在方括号中提供索引或关键字。注意不要在关键字两边使用引号。

```
>>> import datetime
>>> def format_time(time):
...         return '{0.minute} past {0.hour}'.format(time)
...
>>> format_time(datetime.time(8, 10))
'10 past 8'
>>> '{0[spam]}'.format({'spam': 'eggs'})
'eggs'
```

7.4.2 区分字符串类型

注意，字符串的简单替换要求指定%s 或%r，以便指示将对象转换为字符串时，应该使用__str__()方法还是__repr__()方法。而到目前为止，在我们已经给出的示例中，还没有包含这样的提示。默认情况下，format()使用__str__()方法，但该行为仍然可以作为格式字符串的一部分进行控制：紧跟在对象引用之后，只需要包含一个感叹号，后跟 s 或 r。

```
>>> validate_test = exact_match('test', 'Expected {1!r}, got {0!r}')
>>> validate_test('invalid')
Traceback (most recent call last):
  ...
ValueError: Expected 'test', got 'invalid'
```

7.4.3 标准格式规范

这种新的字符串格式化与以前的字符串替换特性相比，真正不同之处在于，可以灵活地格式化对象的输出。在前面提到的字段引用和字符串类型之后，可以包括冒号，后跟字符串用来控制被引用对象的格式。这种格式规范有标准语法，通常适用于大多数对象。

第一个选项控制输出的字符串的对齐方式，当需要指定要输出的最小字符数时，可以使用该选项。为该选项提供左尖括号(<)，值就会左对齐；提供右尖括号(>)，值就会右对齐；提供插入符号(^)，值就会居中。输出值的总宽度由后面的数字指定：

```
>>> import os.path
>>> '{0:>20}{1}'.format(*os.path.splitext('contents.txt'))
'            contents.txt'
>>> for filename in ['contents.txt', 'chapter.txt', 'index.txt']:
... print('{0:<10}{1}'.format(*os.path.splitext(filename)))
...
contents  .txt
chapter   .txt
index     .txt
```

注意，长度规范的默认行为是用空格填充输出，以达到所需的长度。也可以在对齐说明符之前插入不同的字符，以控制填充的字符。例如，某个纯文本文档期望在标题两边加上等号或连字符，使标题居中显示，而借助字符串格式很容易实现这一点，示例如下：

```
>>> def heading(text):
...     return '{0:=^40}'.format(text)
...
>>> heading('Standard Format Specification')
'=====Standard Format Specification======'
>>> heading('This is a longer heading, beyond 40 characters')
'This is a longer heading, beyond 40 characters'
```

上面的第二个 heading()调用演示了长度格式的如下重要属性：如果参数字符串比指定的长度还要长，format()就会增大输出的长度，以匹配所需的长度，而非截断文本。然而，这给标题示例带来一个问题，因为如果输入太长，则输出根本不会包含任何填充的字符。为了解决这个问题，可以在字符串的开头和结尾分别显式地添加一个字符，并将占位符的长度减 2，以进行弥补。

```
>>> def heading(text):
...     return '={0:=^38}='.format(text)
...
>>> heading('Standard Format Specification')
'=====Standard Format Specification======'
>>> heading('This is a longer heading, beyond 40 characters')
'=This is a longer heading, beyond 40 characters='
```

现在,标题总是有至少 40 个字符的宽度,即使标题很长,标题的两侧也总是至少有一个等号。遗憾的是,这需要在格式字符串中写入等号三次。如果填充字符是连字符,维护起来就有点儿麻烦。

部分解决这个问题的方法很简单,因为占位符是显式编号的,所以可以将填充字符作为参数传入,并且在格式字符串中引用该参数两次,一次在开头,另一次在末尾。然而,这并不能真正解决问题,因为没有触及核心问题:如何仅替换文本的部分参数引用。

为了解决这个问题,格式规范还允许嵌套参数的引用。在文本部分的占位符内部,可以在为填充字符保留的位置添加另一个占位符;Python 会首先计算该占位符,然后尝试计算另一个占位符。在此期间,还允许对输出将要填充的字符个数进行控制。

```
>>> def heading(text, padding='=', width=40):
...     return '{1}{0:{1}^{2}}{1}'.format(text, padding, width - 2)
...
>>> heading('Standard Format Specification')
'=====Standard Format Specification======'
>>> heading('This is a longer heading, beyond 40 characters')
'=This is a longer heading, beyond 40 characters='
>>> heading('Standard Format Specification', padding='-', width=60)
'----------------Standard Format Specification----------------'
```

7.4.4 为文本文档制作目录

尽管文档的格式多种多样,但纯文本格式的文档可能是最常见的,因为不需要使用任何额外的软件就可以查看。然而,由于缺少目录的链接或页码,导航较长篇幅的文档变得有些困难。这里虽然可以使用行号代替页码,但是由于目录没有正确格式化,因此维护起来仍然很麻烦。

请考虑如下经典样式的目录:章节标题是左对齐的,页码或行号是右对齐的,两者之间通过一行句点连接在一起,以帮助将视线从一端移到另一端。在这种格式中添加或删除行很简单,但每次更改某个章节标题的名称或位置时,不仅需要更改相关信息,还需要更新介于两者之间的句点行,这并不理想。

字符串格式化在这里就可以派上用场,因为可以为字符串中的多个值指定对齐和填充选项。有了它们,就可以创建简单的脚本来自动格式化目录。然而,要做到这一点,关键是要认识到自己正在处理的是什么。

从表面上看,这里的目标就像前面提到的那样:将章节标题左对齐,将行号右对齐,并在两者之间放置一行句点。但遗憾的是,并没有可以直接这样做的选项，而是需要以不同的方式来处理。通过让字符串的每个部分负责填充的一部分，可以相当容易地实现所需的效果：

```
>>> '{0:.<50}'.format('Example')
'Example...........................................'
>>> '{0:.<50}'.format('Longer Example')
'Longer Example....................................'
>>> '{0:.>10}'.format(20)
'........20'
>>> '{0:.>10}'.format(1138)
'......1138'
```

有了这两部分之后，只需要将它们组合在一起，就可以在目录中创建完整的行。许多纯文本文档在一行中只能包含至多 80 个字符，所以可以稍微扩展一下，为更长的标题留出一些拓展的空间。此外，即便是在篇幅非常长的文档中，行号也不需要 10 位数字，因此可以减少行号占用的长度，为标题部分提供更多的空间。

```
>>> def contents_line(title, line_number=1):
...     return '{0:.<70}{1:.>5}'.format(title, line_number)
...
>>> contents_line('Installation', 20)
'Installation..........................................................20'
>>> contents_line('Usage', 112)
'Usage...............................................................112'
```

然而，从长远看，一次一行地调用这个函数并不是现实中的解决方案。因此，下面创建一个新的函数，以接收更有用的数据结构，但不需要很复杂。该函数使用一个二元元组的序列，其中的每个元组都由章节标题及对应的行号组成。

```
>>> contents = (('Installation', 20), ('Usage', 112))
>>> def format_contents(contents):
... for title, line_number in contents:
... yield '{0:.<70}{1:.>5}'.format(title, line_number)
...
>>> for line in format_contents(contents):
... print(line)
...
Installation...........................................................20
Usage................................................................112
```

7.4.5　自定义格式规范

然而，新格式化系统的真正优势在于，format()实际上并不能控制之前描述的格式化语法。与第 4 章描述的许多功能一样，可将控制委托给作为参数传入对象的方法。

__format__()方法接收一个参数，用以指定对象中格式字符串的格式规范。然而，格式不会作用于整个带括号的表达式，而只作用于冒号后面的部分，这适用于所有对象。从 Python 3.3 开始，这种操作发生了变化，所以在尝试执行下一个例子之前，请确保使用的是 Python 3.3 或更高版本。

```
>>> object().__format__("")
'=====<object object at 0x0209F158>======'
```

因此，之前描述的标准格式规范并不是唯一的选择。如果有自定义需求，那么可以替换正在使用的方法以覆盖旧的行为。可以扩展现有的行为，也可以编写全新的行为。

例如，可以使用 Verb 类表示动词，动词具有现在时态或过去时态。Verb 类可以通过单词进行实例化，从而用于每种时态，然后在表达式中使用，以组合成完整的句子：

```
>>> class Verb:
...     def __init__(self, present, past=None):
...         self.present = present
...         self.past = past
...     def __format__(self, tense):
...         if tense == 'past':
...             return self.past
...         else:
...             return self.present
...
>>> format = Verb('format', past='formatted')
>>> message = 'You can {0:present} strings with {0:past} objects.'
>>> message.format(format)
'You can format strings with formatted objects.'
>>> save = Verb('save', past='saved')
>>> message.format(save)
'You can save strings with saved objects.'
```

在上面这个例子中，占位符字符串无法知道如何格式化过去时态的动词，因此将操作委托给传入的动词。这样，字符串可以编写一次，并多次使用不同的动词。

7.5 令人兴奋的 Python 扩展：feedparser 库

RSS(Rich Site Summary，富站点摘要)源是针对博客、新闻和媒体等信息发布的提要，也称为订阅源、网络订阅源或渠道，它们可以包括摘要信息或标题。可以说，这是在信息爆炸的世界中保持与时俱进的第一步。Python 的 feedparser 库可以处理包括 Atom、RDF 和 RSS 在内的格式。从我们已经学过的知识来看，访问这些数据将非常方便，如果能与 Beautiful Soup 或其他库一起使用，将可以提供大量的信息。

7.5.1 如何安装 feedparser 库

可以使用 pip 命令来安装 feedparser 库：

```
pip install feedparser(按回车键)
```

确保自己当前处在具有管理员权限的 Windows 命令提示符下。针对 Linux 和 macOS 系统的安装也是类似的。若在安装过程中没有任何报错，现在就可设置为使用 feedparser 库。

7.5.2 如何使用 feedparser 库

下面的示例将从 Anytime Fitness 博客获取数据。示例代码将提取标题、副标题、RSS 条目的数量及名称。当然，还可以完成更多的操作，可以将数据写入文件，以便稍后由另一个库使用，并提取关键数据。

```
#feedparser example

import feedparser
# main site is: http://blog.anytimefitness.com/
c = feedparser.parse('http://feeds.feedburner.com/
    anytimefitnessofficial')
#all elements of the channel are now in container c
#print the title and subtitle and list # of elements of the feed
print (c['feed']['title'])
print (c['feed']['subtitle'])
print ("There are this many entries: ", len(c['entries']))
print()
for item in c['entries']:
    title = item.title
```

```
    print (title)
```

try others such as item.summary, item.description, item.link, etc.
write the data to a file for use with Beautiful Soup, etc.

在这个示例中，c 是包含命名条目(如标题、副标题等)的容器。此外，这个容器有整数倍的长度(len)。

7.6 小结

因为字符串在所有类型的编程中都非常常见，所以有各种各样的需求。本章展示的特性有助于更好地使用字符串，但是不能编写合适的技术组合。在继续编写代码时，需要对使用哪些技术保持开放的心态，以便选择最适合需求的技术。

到目前为止，我们介绍的章节主要关注如何使用 Python 的各个方面来执行复杂而有用的任务，从而使应用程序的功能更加强大。第 8 章将展示如何验证这些任务是否得以正确执行。

第 8 章

文档的编写

编写文档可以说是任何项目中最困难的部分。对程序员来说，编写代码往往相当容易，但是编写文档则需要掌握不同的技能，因为受众是严格意义上的人。受不同项目以及受众差异化的影响，所需的文档也有很大差异。有时只需要一些示例代码，而有些项目的文档需要占用整本书的篇幅，在这里仍然有很多内容需要讨论。

编写文档时使用的语言与代码语言完全不同，因此很难同时兼顾两者。这会导致许多程序员选择最为省力的方式——用工具从代码中自动生成某种最小形式的文档，从而使额外的工作量保持在最低限度。虽然看起来已经足够了，但这类工具只能做这么多，因为它们受限于代码本身所能告诉它们的内容。Java 的 Javadoc 和 Python 的 Epydoc 都是此类工具的典型代表。

本章展示的工具可用于帮助描述代码及其特性，以便于人们理解。这里有几个选项可供使用，其中一些是随代码一起提供的，而另一些在代码外部提供。这些选项可以单独使用，也可以组合使用，以形成任何项目的完整文档集。每个应用程序需要多少选项，取决于具体需求。每个选项都有用武之地。

本章的每一节都重点介绍如何使用可用的工具来编写代码文档，以及每种方式的优缺点。关于文档，需要记住的最重要的一点是：文档向用户展示需要了解应用程序的哪些内容以及应该如何使用它们。必须始终考虑代码是如何工作的，以及用户需要知道哪些内容才能与之交互。只有这样，才能选出最适合自己的方式。

8.1 恰当地命名

最简单的文档形式应该能够恰当地命名代码的各个方面。除了极少数的情况外,每个类、函数和变量在定义时都指定了名称。由于这些名称是必需的,因此应做一些额外的考虑,以确保它们准确且易于理解。为了说明这种方法的价值,请看以下函数签名,名称比较模糊、通用,猜猜这个函数是用来做什么的。

```
def action(var1, var2):
```

通过在函数体中编写一些代码,就能够很好地了解函数的用途,但函数签名没有提供任何帮助。事实上,函数体中的代码之所以更有帮助作用的唯一原因是,它们通常会使用更标准化的功能,这些功能可从其他地方获得,例如循环和切片,很容易识别,就像常用对象的方法(例如 String 的 format()方法)。然而这些只是有助于做出正确猜测的线索,所以在命名时应使意图更加明确。

```
def find_words(text, word):
```

只需要选择一些更具描述性的名称,就可以使函数及其参数的用途更加清晰。根据经验,类和变量应该使用单数名词进行命名,例如 Book、Person、Restaurant、index 和 first_name。相比之下,函数应该使用动词作为名称,例如 find()、insert()和 process_user()。

PEP 8[1]也作为附录包含在本书中,PEP 8 为各类对象的命名提供了一些更具体的指导原则。但是,一旦进入代码块,这些指导原则就不那么容易遵循了,因此需要通过注释来帮助解释和澄清。

8.2 注释

在非常长或非常复杂的函数和类中,仅通过名称往往不足以表达代码要执行的所有操作。变量名当然可以提供帮助,但这通常只能解释代码的作用,而解释代码为什么会执行操作通常会更有用。这两个问题都可以通过在代码中添加注释来解决。

注释作为文档的最基本形式之一,是程序员最常用的工具,也是功能最强大的一种形式。注释直接放在代码的旁边,最容易编写,通常也最有帮助作用。注释提供了一种方便的方式,可以在最相关的地方加上简单的记录,这有助于使复杂的代码在以后更易于理解。

Python 的注释与代码之间用符号#分隔开。#号后面一直到行尾的所有文本都被视为注释。这允许注释占据一整行或附加到一行代码的末尾。与其他一些语言

---

1 http://www.python.org/dev/peps/pep-0008

不同，Python 没有提供用于多行注释的语法，除非使用由"文档字符串三重引号"引起来的字符串，正如 Guido van Rossum 在 2011 年所发的推文中所述(关于文档字符串的详细内容，稍后再讨论)。在形式上，对于字符串，较长注释的每一行前面都必须有#符号。下面展示了这两种注释方法：

```python
def foo(): #example of a docstring comment
    """alkaj
    laksjf
    alkdfj"""
x=1
print (x) # shows value for x
foo() # does nothing


# This function doesn't really do anything useful. It's only here to
# show how multi-line comments work in Python. Notice how each line
# has to have a separate # to indicate that it's a comment.

def example():
    pass
```

与命名约定一样，在 *Python Style Guide* 中也有很多关于如何书写注释格式的内容。有关详细信息，请参阅 PEP 8 的 Comments 部分。

对于注释来说，也许最大的限制是它们仅在直接查看源文件时才是可用的。由于注释对代码的执行没有任何影响，因此在运行时没有可用于读取它们的自检工具。为此，可以使用文档字符串。

8.3 文档字符串

第 3 和 4 章曾简要提到文档字符串及其在代码中的用法。文档字符串被放在模块、函数或类的开头，而不是赋值给变量，但是可以把字符串作为自己的声明。只要把字符串放在代码块中的开头，Python 就会将其解释为文档字符串：

```python
def find_words(text, word):
    """
    Locate all instances of a word in a given piece of text.
    Return a list of indexes where the words were found.
    If no instances of the word were found, return an empty list.

    text -- a block of text to search
```

```
word -- an individual word to search for
"""
```

这些信息可以展示在一组注释中，但是使用文档字符串的主要优势是：Python
能使它们在代码中可用。为了保持透明性，可以在运行时通过模块、类和函数的
__doc__属性访问文档字符串。这带来的最明显的好处是，各种文档自动生成器会
获得更多可用的信息。另外，这些信息是专为人类编写的，可以极大地提高最终
输出的质量。

然而，文档字符串内容的确切写法完全取决于用户。除了可以在代码中放置
文档字符串外，Python 对内容的格式或结构并没有任何假设或要求。PEP 257[1]在本
书中作为附录提供，其中包含了许多建议，是否采用这些建议最终仍取决于用户。
但我们的目标是帮助人们理解如何使用代码，因此每个人都应该遵循一些规则。

8.3.1 描述函数的作用

虽然这听起来很简单，但有时很难从编写代码的工作中抽身出来，简单地描
述代码的功能。而对于大多数函数，应该能够用一句话来描述，最好仅用一行。
常见的例子有"向集合添加元素"和"缓存对象，以供稍后使用"。至于如何使用
代码实现目标的细节，最好不要放在文档字符串中。

8.3.2 解释参数

参数名被限定为一两个单词，这可以很好地提示参数的用途，但通常需要提
供更多的信息才能理解这些参数的目的。这对可选参数尤为重要，它们通常有助
于控制函数的工作方式。即使参数名是不言自明的，也包含简短的描述，这将有
助于保持文档整体的一致性。

8.3.3 返回值

只要函数有返回值，就应记录返回值的性质。记录的内容应该包括返回值的
类型，以及有关如何构建对象的所有相关信息。例如，find_words()会返回一个列
表，其中包含找到的单词的索引，而不是返回单词本身，这样就记录了行为。

此外，请确保如果根据给定的输入或者根据函数使用的其他条件，返回值略
有不同，则会给出不同形式的返回值。例如，按名称检索对象的函数，名称可能
与任何现有的对象都不匹配。在这种情况下，以文档的形式记录下函数是创建新
对象还是引发异常是非常重要的。

---

1 http://www.python.org/dev/peps/pep-0257

8.3.4 包含预期的异常

每一段代码都有可能引发异常，有时这些异常实际上是代码预期功能的一部分。例如，当根据与任何对象都不匹配的名称来查找对象时，应该在返回值的旁边记录下异常。这些明确的异常经常会被调用函数的代码捕获，因此有必要指出将抛出哪些异常，以及在何种情况下引发这些异常。

8.4 代码之外的文档

对于 8.3 节中的建议，需要注意一点：它们并不是特定于文档字符串的。还应该在代码之外编写应用程序的文档，其中需要包含所有相同的详细信息。这个外部文档的不同之处在于信息的呈现方式，其中还包括代码没有涵盖的其他信息。

这类通用文档可以涵盖各种各样的主题，其中许多主题在代码中是没有任何意义的。毕竟，阅读代码的人可能已经有了如何查找内容的一些想法。他们会寻找关于特定模块、类或函数的更多信息，而对于这些信息他们已经知道了查找方式。其他用户则可能有更广泛的需求，例如，他们希望知道从安装信息到更多主题的参考使用教程等，希望能够演示如何组合多个功能，以实现特定的目标。

8.4.1 安装与配置

任何人在可以使用软件之前，都需要先获取并运行软件，这几乎是不言而喻的，但情况并非完全如此。用户在使用代码之前，有许多问题需要解决，开发人员需要确保尽可能彻底地解决这些问题。

获取代码是第一步。无论选择如何发布代码，都需要确保用户知道如何获取它们。有时获取代码就是执行一些简单的单行命令，但在其他情况下，可能需要先获取其他应用软件(如版本控制软件)，才能获得最新的代码，而无须等待发布。第 10 章将介绍发布代码的一些更常见方式，以及不同选择对于需要获取代码的用户来说意味着什么。

8.4.2 教程

在获得应用程序之后，许多用户可能希望立即了解如何使用应用程序。每个人都喜欢即时的满足感，因此可以利用他们对软件的第一次使用体验，作为快速上手这款软件的一次机会。教程是引导用户了解应用程序最常用功能的一种绝佳方式。

教程通常可以展示应用程序的最大优势，因此教程也可以是说服他人尝试使用软件的首选工具。对于库和框架尤其如此,它们会被集成到其他代码中,而不是独立使用。若用户能够通过阅读教程,快速了解软件如何帮助他们处理自己的代码,就会给他们留下深刻的印象。

8.4.3　参考文档

一旦用户对应用程序的作用有了很好的了解,并获得了一些经验,他们的需求就会再次发生变化。这时,用户不再需要被说服,他们已经准备好学习使用软件了。现在,他们需要记起所有的功能是如何工作的,它们是如何协同工作的,以及如何把这些功能集成到用户试图执行的任务中。

不同的用户会寻找不同形式的参考文档。有些人可能更喜欢方法级别的参数和返回值,比如文档字符串中包含的参数和返回值;而有些人可能会从更宽泛的概述中获得更多信息,这些都是用简单的语言编写的。许多读者甚至喜欢阅读纸质书,可以在不经意间拿起来翻阅。

由于每个人的偏好各不相同,因此编写出来的参考文档不太可能适合所有人。编程人员应确定哪种类型的文档最适合自己的应用程序,可以根据自己的喜好选择最喜欢阅读的文档类型,因为这可能与创建的软件具有相同的内涵。只要按想要的方式编写即可。喜欢文档的用户很可能就是喜欢软件的用户。

注意　重要的是,有时可能根本不需要参考文档。对于非常简单的应用程序,教程就足以说明和解释所有可用的特性。

8.5　用于编写文档的实用工具

关于文档,最具挑战性的一些方面在于文档与应用程序或计划如何编写文档没有任何关系。除了这些问题之外,诸如格式化、引用和呈现文档之类的任务可能会消耗你相当多的时间和精力。需要编写的文档越多,完成这些任务就越困难。第三方软件包 docutils 提供了一组全面的工具,使编写文档的过程更易于管理。

docutils 包的核心是 reStructuredText,通常称为 ReST 或简称为 RST。reStructuredText 是一种为编写技术文档而设计的标记语言,采用了一种被开发人员称为"所见即所得"(What You See Is What You Mean,WYSIWYM)的方法。与更传统的"所见即所得"(What You See Is What You Get,WYSIWYG)不同,可基于文档的视觉布局和格式进行编辑。

在"所见即所得"方法中,目标是指示文档的结构和意图,而不考虑文档如何呈现。与 HTML 格式非常相似,通过将内容与呈现形式分离,可以让编程人员专注于文档中真正重要的内容，而将视觉样式的细节留到以后讨论。与 HTML 相比，reStructuredText 使用了一种更友好的文本方法，因此即使是未格式化的文档也易于阅读。

```
可读性很重要
```

为了与 Python 理念保持一致，reStructuredText 始终专注于可读性，甚至在将文档格式化为最终格式之前都是如此。文档的结构和说明非常易于理解、记忆和格式化。

8.5.1 格式化

在任何类型的文档中，最基本的单元都是段落，因此 reStructuredText 使段落更易于使用。你只需要编写一个文本块，其中的每一行文本在前一行文本的下方。只要给定段落中的任何文本行之间没有完全空白的行，行数和每一行的长度就是无关紧要的。

空行用于分隔段落和其他类型的内容，这是区分一个段落和另一个段落的最简单方法。如果愿意，也可以使用多个空行，但只需要一个空行即可将段落区分开。缩进某个段落意味着该段落引用自另一个文档，通常我们会在输出中进行缩进。例如，下面是使用 reStructuredText 编写的几个简单段落。

```
The reStructuredText format is very simple when it comes down to it.
It's all about readability and flexibility. Common needs, such as
paragraphs and inline formatting, are simple to write, read and
maintain. More complex features are possible, and they use a simple,
standardized syntax.
After all, the Zen of Python says:

    Simple is better than complex.
    Complex is better than complicated.
```

大多数应用程序文档还包括代码块以及常规文本。这些内容对于教程来说特别有用，在教程中，可以将代码块分段构建，并在中间添加解释。用于区分段落和代码块的是普通段落末尾的双冒号，然后是缩进的代码块。下面的示例演示了以冒号结束第一段，并将缩进的文本格式化为代码：

```
The reStructuredText format is very simple when it comes down to it.
It's all about readability and flexibility. Common needs, such as
paragraphs and inline formatting, are simple to write, read and
```

```
maintain. More complex features are possible, and they use a simple,
standardized syntax.
After all, the Zen of Python says::
    Simple is better than complex.
    Complex is better than complicated.
```

注意　这里的示例实际上并不是代码。双冒号格式在技术上用于区分预格式化的文本块,这样可以防止 reStructuredText 解析器对文本块执行任何额外的处理。因此,这对于在文档中包含代码非常有用,可用于任何已有格式的内容,这些格式应该保持不变。

在单独的段落中,还可以按照预期的任何方式格式化文本。这种格式不会直接将内容标记为斜体或粗体,而是在将要格式化的文本的前后使用额外的标点符号。在单词或短语的周围加上星号表示强调,通常会以斜体呈现。可使用一组额外的星号表示强烈强调,通常以粗体呈现。

8.5.2　链接

在处理大量文档时,可以提供的最重要功能之一就是将多个文档链接在一起。reStructuredText 格式提供了几种不同的方式来链接到附加的信息,比如脚注、同一文档的其他部分或完全不同的文档。可以包含的最简单形式的链接是 URL,在呈现文档时,URL 会被转换为超链接。

在想要用作链接的文本之后,采用下画线的形式来表示链接。链接目标的指定方式有所不同,具体取决于目标所在的位置。在最常见的情况下,可将文档链接到某个外部网页,此时链接目标被放在单独的段落中,其中的结构告诉解析器,这是链接而非实际的段落,示例如下:

```
This paragraph shows the basics of how a link is formed in reStructuredText.
You can find additional information in the official documentation_.
.. _documentation: http://docutils.sf.net/docs/
```

这导致 documentation 一词被用作链接本身,并引用最后一行中给定的目标。通常,链接文本需要使用多个单词,但这并不能提供一种指定应包含多少文本的方法。为此,需要将文本放在反引号(`)中。下画线紧跟在第二个反引号之后,位于整体之外:

```
This paragraph shows the basics of how a link is formed in reStructuredText.
You can find additional information in the `official documentation`_.
```

```
.. _official documentation: http://docutils.sf.net/docs/
```

在这个例子中，链接目标被指定位于段落的正下方，正好是应该放置链接的地方。这种特殊场景可以通过创建匿名链接来稍微简化，这样就不必重写下面的链接文本。为了区别于普通链接，需要在链接文本的后面使用两个而非一个下画线。于是，我们在行的开头仅使用两个下画线指定链接的目标。

```
This paragraph shows the basics of how a link is formed in reStructuredText.
You can find additional information in the `official documentation`__.

__ http://docutils.sf.net/docs/
```

可读性很重要

指定外部链接时还有另一种在空间上更高效的方式：将链接目标直接放在链接文本的旁边，且在段落内。以这种方式格式化的链接，仍然使用反引号将链接与其他文本分隔开来，但链接目标在使用尖括号括起来之后，仍然位于反引号的内部。为了识别为链接，这里仍使用两个下画线，因此被解析为匿名链接，例如 `Pro Python<http://propython.com/>`__。

这种方式的问题在于，在阅读文档的源代码时，即使最终输出会隐藏目标，但把 URL 放在段落中会非常分散注意力。此外，命名的链接目标可以放在文档的末尾，因此它们甚至不必中断从一个段落到另一个段落的流程。

除了引用外部文档外，还可以在同一文档的末尾或附加的参考书目中添加脚注。定义这类链接的工作原理与标准链接非常相似，不同之处在于链接文本由方括号分隔。方括号之间的文本可以是数字，也可以是一小段文本，这些文本将用于在其他地方引用相关信息。

接下来，在文档的末尾，可以采用类似于命名链接目标的格式来包含引用的信息。这里不使用下画线，而是再次将文档中的引用文本括在方括号中。之后，只需要在段落中写出相关的文本即可。这通常用来作为传统出版物(例如书籍)的参考，也可作为次要补充，以进一步阐明正文。

```
The reStructuredText format isn't part of Python itself, but it's popular
enough that even published books [1]_ reference it as an integral
part of the Python development process.

.. [1] Alchin, Marty. *Pro Python*. Apress, 2010.
```

除了这些以外，docutils 还允许对 reStructuredText 进行扩展，以提供其他功能。Sphinx[1]是能够提供一些附加功能的应用程序之一。

8.5.3　Sphinx

reStructuredText 提供的基本功能旨在处理单个文档。尽管引用其他文档很容易，但这些引用必须显式地包含在每个文档中。如果编写了一个复杂的需要多个文档的应用程序，那么每个文档都需要知道所有文档的完整结构才能引用它们。

Sphinx 是一个试图将文档作为整个集合来解决这类问题的工具。在这方面，它与其他较流行的自动化系统(如 Javadoc 和 Doxygen)有点类似，但 Sphinx 的设计目的是从专用文件中获取内容，而不是直接从代码中获取内容。Sphinx 还可以包含基于代码的内容，但主要目标是自己编写文档。

通过更有效地管理跨文档的引用，Sphinx 可以一次性生成一个完整的文档包。这可以是充满链接的 HTML 文档的网站，甚至可以是把所有文档包含为单独部分的 PDF 文档。此外，Sphinx 还提供了多个样式选项，其中的许多样式选项由 Sphinx 社区提供。

8.6　令人兴奋的 Python 扩展：NumPy

NumPy 是使用 Python 进行科学计算的基础软件包，能为 Python 程序员提供十分强大的功能。

如果需要在 Python 中使用标准数组，那么 NumPy 就是最佳选择。通常，NumPy 能与 SciPy 配合使用，是 SciPy 中的核心包之一。在 Python 的基本实现中，Python 不像其他语言那样具有标准的数组结构。所谓"标准数组"，指的是保存类似数据(例如，所有整数、所有字符等)的数组。在 Python 中要实现这一点，可以借助 NumPy。然而 NumPy 的作用要大得多，下面尝试一下 NumPy 中的一些有趣特性。首先，你需要安装 NumPy。

8.6.1　安装 NumPy

如果使用的是 Windows 系统，请在具有管理员权限的命令提示符中尝试执行以下操作：

```
pip install numpy (按回车键)
```

在命令提示符中你会看到，NumPy 已安装好了。

---

1 http://sphinx.pocco.org

8.6.2　使用 NumPy

首先，标准的非 Python 数组非常方便。Python 使用了列表、字典和元组，它们非常强大，但有时传统的数组正好可以解决问题。NumPy 数组与 C++或其他语言中使用的数组类似，因为它们包含相同类型的数据元素(类型都是 int、float、character 等)。NumPy 数组也不能改变大小，除非删除并重新创建更大的数组。同样有趣的是，NumPy 数组的内存使用量要比存储为列表的数据结构小。

Python 中的 NumPy 数组和标准数组都提供了自己独特的优势。如果需要使用标准数组，可以使用 NumPy 轻松创建它们。

可尝试以下操作：

```
#NumPy create a 1 dimensional numeric array from a list
import numpy as mynp
my_list = [1,2,3,4,5]
array1 = mynp.array(my_list)
#Print array and its type
print (array1)
print(type(array1))
```

在上面的例子中，列表中的每一项都被视为一个数值。但是，如果将列表中的值更改为字母或数字，整个数组就会变为字符数组：

```
#NumPy create a 1 dimensional character array from a list
import numpy as mynp
my_list = [1,2,3,'a',5]
array1 = mynp.array(my_list)

#Print array and its type
print (array1)
print(type(array1))
```

因此，在上述转换中，如果对数组中的值进行一些数学运算，将产生一些麻烦，如下所示：

```
#Add one to each value
import numpy as mynp
my_list = [1,2,3,4,5]
array1 = mynp.array(my_list)

#Print array and its type
print (array1)
```

```
print('With one added two each: ')
for item in array1:
    print (item + 1)
```

由于数组中的每个元素都是数字，因此可以对每个数组元素加 1 并显示结果。如果要像其他语言(如 C++)那样指定数组类型，可以执行以下操作：

```
#NumPy 1 dimensional array from a list as floating-point values
#and make it a float array
import numpy as mynp
my_list = [1.1,2.1,3.1,4.1,5.1]
array1 = mynp.array(my_list, dtype='float')

#Print the array
print (array1)
```

还可以使用 astype 方法从一种类型转换为另一种类型，如 array1.astype('int')。除此之外，可以使用 array1.tolist()将数组转换回列表。

8.6.3   使用 NumPy 数组

可以采用与其他 Python 结构类似的方式对数组进行寻址。下面的例子将提取一个元素，并根据数组中的每个元素找到问题的症结所在：

```
#NumPy create a 1 dimensional array from a list
#and make it a float array
import numpy as mynp
my_list = [1.1,2.1,3.1,4.1,5.1]
array1 = mynp.array(my_list, dtype='float')

#Print the array
print (array1)
print("Print second element of array")
print (array1[1])
print("Print if element is > 2")
print (array1 > 2)
```

8.6.4   统计度量

NumPy 模块内置了一些统计函数，可用于求最小值、最大值和平均值。关于随机数方面(例如，用于研究或加密工作中的随机选择)，NumPy 内置的随机库与C++的随机库的增强特性非常相似。可以使用数值型数组进行尝试：

```
#NumPy stats functions
import numpy as mynp
my_list = [1,2,7,4,5]
array1 = mynp.array(my_list, dtype='int')
print ('Minimum:> ',array1.min())
print ('Max:> ',array1.max())
print ('Mean of all values:> ',array1.mean())
#if you want only pseudo-randoms set a seed value
#np.random.seed(100) # uncomment for pseudo-randoms
print('Random int between 1 and 100):> ',mynp.random.randint(0, 100))
```

8.7　小结

掌握本章展示的工具是为代码编写文档的基础。真正的文档工作要求你从代码本身抽身出来，以便按照用户和其他开发人员的方式查看应用程序。记住，阅读其他类似应用程序的文档通常很有用。这能让你很好地了解用户的使用习惯、他们需要回答的问题类型，以及如何将应用程序作为取代现有应用程序的更好方案。

另外，你还可以通过仔细地查看代码来帮助用户。在对代码进行最严格的审查后，就能够编写测试了。第 9 章将介绍如何验证应用程序能正常运行，并确保文档尽可能准确。

第 9 章

测试

应用程序的编写只是整个过程的一部分，检查所有代码是否正常工作也很重要。你可以直观地检查代码，最好将代码执行一遍，在现实世界可能出现的各种场景中进行测试，以确保软件的功能及行为符合预期。这个过程称为单元测试，因为目标是要测试可用的最小执行单元。

通常，代码中最小的单元是函数或方法，它们组合在一起构成完整的应用程序。通过将应用程序分解为各个单元，可以最大限度地减少每个测试承担的工作量。这样，任何特定单元的故障都不会涉及数百行代码，因此更容易准确地找出问题所在。

对于大型应用程序来说，测试每个单独的单元可能是一个漫长的过程，你可能需要考虑许多场景。与其尝试手动完成所有这些工作，不如通过自己的代码完成繁重的任务，从而实现测试过程的自动化。通过编写测试套件，可以轻松地尝试所有不同路径下的代码，并验证每个路径的行为是否符合预期。

9.1 测试驱动开发

作为自动化测试的例子，比较极端的实践是测试驱动开发(Test-Driven Development，TDD)。TDD，顾名思义，这种实践使用自动化测试来驱动开发过程。每当编写新特性时，都会首先编写针对新特性的测试。一旦测试准备就绪，就可以编写代码以确保这些测试通过。

这种方式的优点之一是，鼓励程序员在开始编写代码之前更彻底地了解自己想要的行为。例如，处理文本的函数可能有许多通用的输入字符串，对应着所需的输出。在编写测试时，TDD 首先鼓励程序员考虑每个可用输入字符串产出的输出字符串，而无须关心字符串是如何在内部处理的。通过一开始就将注意力从代码上移开，可以更容易地看到全局。在早期就关注接口(名称、函数、方法签名等)的好处是不可低估的，因为这些位置的更改比以后的部署更改起来更难。

然而更明显的优势是，TDD 确保了应用程序中的每一段代码都有一组与之关联的测试。当代码首先出现时，手动运行几个基本场景，然后继续编写下一个特性是非常容易的。测试可能会在混乱中丢失，即使它们对项目的长期健康运行至关重要。养成首先编写测试的习惯，是确保它们确实被编写的一种好方法。

但许多开发人员认为测试驱动开发(TDD)对于实际工作来说过于严格。然而只要尽可能全面地编写测试，代码就可以从中受益，其中一种最简单的方法就是编写 doctest。

9.2　doctest

在第 8 章我们虽然讨论了文档这个主题，但是在某个特定方面文档对于测试更有用。由于 Python 支持的文档字符串可以由代码处理，而不仅仅支持人工处理，因此这些字符串中的内容也可以用于执行基本的测试。

为了在常规文档之外发挥双重作用，doctest 必须看起来像文档，同时仍然是可以被解析、执行和验证正确性的文档。有一种格式能够非常方便地符合这一要求，并且本书一直在使用。doctest 被格式化为交互式解释器会话，其中已经以一种容易识别的格式包含了输入输出。

9.2.1　格式化代码

尽管 doctest 的总体格式与本书展示的解释器会话相同，但仍有一些特定的细节需要识别。要执行的每一行代码都以三个右尖括号(>)和一个空格开始，之后紧跟着代码本身：

```
>>> a = 2
```

就像交互式解释器一样，任何超出一行的代码都由以三个句点(.)开头的新行表示。为了完成多行结构，例如列表、字典以及函数和类的定义，可以根据需要包含任意多个这样的结构。

```
>>> b = ('example',
... 'value')
>>> def test():
```

```
...        return b * a
```

所有以这样的句点开头的行都与以尖括号开头的最后一行组合在一起，作为整体进行评估。这意味着可以根据需要在结构中的任何位置甚至在结构之后保留多余的行。这对于模拟实际解释器会话的输出非常有用，这种会话需要用空行来指示缩进的结构(如函数或类)何时完成。

```
>>> b = ('example',
...
... 'value')
>>> def test():
...        return b * a
...
```

9.2.2 呈现输出

编好代码后，我们只需要验证代码的输出是否符合预期。为了与解释器格式保持一致，输出显示在一行或多行输入代码的下面。确切的输出格式取决于正在执行的代码，但与你直接在解释器中输入代码时看到的格式相同。

```
>>> a
2
>>> b
('example', 'value')
>>> test()
('example', 'value', 'example', 'value')
```

在上面这些例子中，输出字符串相当于将返回值从表达式传递到内置的 repr()函数。因此，字符串将始终用引号引起来，并且许多特定类型的格式与直接打印它们的格式不同。只需要在代码行中调用 str()即可测试 str()的输出。另外，输出字符串还支持 print()函数，工作方式与预期的完全一样。

```
>>> for value in test():
...        print(value)
example
value
example
value
```

在类似这样的例子中，输出的所有行都根据提供的代码实际返回或打印的内容进行检查。这为处理序列提供了一种非常可读的方法。对于较长的序列，以及允许输出从一次运行更改到另一次运行的情况，输出还可能包括三个以省略号表示的句点，表示应忽略附加内容的位置。

```
>>> for value in test():
...     print(value)
example
...
value
```

以上这种形式在测试异常时特别有用：解释器输出包括文件路径，几乎总是在一个系统和另一个系统之间变化，并且与大多数测试无关。对于测试，在这些情况下，重要的是要确认异常是否被抛出、是否为正确的类型，以及值(如果有的话)是否正确。

```
>>> for value in test:
...     print(value)
Traceback (most recent call last):
  ...
TypeError: 'function' object is not iterable
```

正如这里的输出格式所建议的，doctest 将验证异常输出的第一行和最后一行，同时忽略这两行之间的整个回溯。因为回溯细节通常也与文档无关，所以这种格式也更具可读性。

9.2.3　与文档集成

因为测试是构建在文档中的，所以需要有一种方法来确保只执行测试。为了在不中断文档流程的情况下区分这两者，测试时只需要额外的换行符就可以了。你必须始终使用一个换行符，以避免它们同时运行在一行中，因此添加另一个额外的换行符只会在这两行之间留下一行空白。

```
"""
This is an example of placing documentation alongside tests in a
single string.Additional documentation can be placed between snippets
of code, and it won't disturb the behavior or validity of the tests.
"""
print("Hello, world!")
```

9.2.4　运行测试

doctest 的实际执行是由 doctest 模块提供的。在最简单的形式中，可以运行单个函数来测试整个模块。这在为已经写入的文件编写一组测试时非常有用，因为可以在编写新的测试后轻松地单独测试该文件。只需要导入 doctest 并运行其中的testmod()函数即可测试模块。如下示例模块包含两种 doctest 类型：

```python
def times2(value):
    """
    Multiplies the provided value by two. Because input objects can
override the behavior of multiplication, the result can be different
depending on the type of object passed in.
    >>> times2(5)
    10
    >>> times2('test')
    'testtest'
    >>> times2(('a', 1))
     ('a', 1, 'a', 1)
    """
    return value * 2
if __name__ == '__main__':
    import doctest
    doctest.testmod()
```

times2()函数中的文档字符串包含测试，并且由于可以作为模块级函数使用，因此 testmod()可以看到并执行测试。这种简单的构造让你可以直接从命令行调用模块，并查看模块中所有 doctest 测试的结果。例如，如果将上述代码保存并命名为 times2.py，那么可以直接从命令行调用，如下所示：

```
$ python times2.py
$
```

默认情况下，输出的信息只包含错误和失败。因此，如果所有测试都通过了，根本就不会有任何输出。失败会被报告在单独的测试中，每个输入/输出组合都被视为唯一的测试。这提供了有关已尝试测试的本质以及它们是如何失败的细粒度的详细信息。在这个例子中，如果 doctest 中的最后一行被替换为只是读取('a', 1)，则会发生以下情况：

```
$ python times2.py
**********************************************************************
File "...", line 11, in __main__.times2
Failed example:
    times2((a, '1'))
Expected:
    (a, '1')
```

```
Got:
    (a, '1', a, '1')
*********************************************************************
1 items had failures:
    1 of 3 in __main__.times2
***Test Failed*** 1 failures.
$
```

然而，当处理更复杂的应用程序和框架时，doctest 的简单输入/输出范例很快就会崩溃。在这种情况下，需要使用 Pytest 或 unittest，它们是 Python 中的两个不错的测试框架。为了提供 doctest 的替代方案，我们接下来将研究 unittest 测试框架。

9.3　unittest 模块

不同于 doctest，doctest 要求对测试以一种非常特殊的方式进行格式化，unittest 则通过允许使用真正的 Python 代码编写测试来提供更大的灵活性。通常情况下，这种额外的功能需要对如何定义测试进行更多的控制。对于单元测试，这种控制是通过面向对象的 API 提供的，用于定义一起使用的各个测试、测试套件和数据装置。

在导入 unittest 模块之后，首先要启动的是 TestCase 类，TestCase 类是 unittest 模块的大多数功能的基础。unittest 模块本身并没有做太多的事情，但是当进行子类化时，unittest 模块提供了一组丰富的工具来帮助定义和控制测试。这些工具是可以用来执行单个测试的现有方法和新方法的组合。这一切都是从创建 TestCase 类的子类开始的：

```python
import unittest

class MultiplicationTestCase(unittest.TestCase):
    pass
```

9.3.1　初始化配置

大多数测试用例的起点是 setUp()方法，在测试开始时，可通过定义 setUp()方法来执行一些任务。常见的用于初始化配置的任务包括：定义稍后将进行比较的静态值、打开与数据库的连接、打开文件以及加载要分析的数据。

setUp()方法不接收任何参数，也不返回任何内容。如果需要使用一些参数来控制行为，则需要以 setUp()可以访问的方式定义它们，而不是让它们作为参数传入。一种选择是通过 os.environ 检查是否有影响测试行为的特定值。另一种选择是拥有可自定义的配置模块，这些配置模块可以导入 setUp()，然后修改测试的行为。

setUp()定义的可能稍后使用的任何值都不能使用标准值返回。作为替代方式，它们可以存储在 TestCase 对象中，TestCase 对象将在运行 setUp()之前被实例化。单个测试可被定义为同一对象的方法，因此在初始化配置期间存储的任何属性都可以在测试执行时使用：

```python
import unittest


class MultiplicationTestCase(unittest.TestCase):
    def setUp(self):
        self.factor = 2
```

注意　如果查看 PEP 8(Python 代码样式指南)，你会注意到 setUp()的命名并不遵循 Python 的标准命名约定。这里的命名风格主要基于 Java 测试框架 JUnit。Python 的单元测试系统是从 Java 移植的，Java 中的一些风格也被沿用了。

9.3.2　编写测试

初始化配置就绪后，可以编写一些测试来验证正在处理的任何行为。与 setUp()类似，这些都是作为测试用例的自定义方法实现的。然而与 setUp()不同的是，没有一种特定方法可以实现所有测试。相反，测试框架将查看测试用例类，查找名称以单词 test 开头的所有方法。

对于找到的每个方法，测试框架都会在执行测试方法之前执行 setUp()。这有助于确保每个方法都可以依赖于一致的环境，而不管它们有多少个方法、它们各自做了什么或者每种方法的执行顺序如何。要完全确保一致性，还需要执行其他步骤，这部分内容将在稍后进行讨论。

在编写测试方法的主体时，TestCase 类提供了一些实用的方法来描述代码应该如何工作。其中的每个方法都涵盖一种特定类型的断言。如果给定的断言通过，测试将继续执行下一行代码；否则，测试将立即终止，并生成失败消息。下面的每个方法都提供了在测试失败时使用的默认信息。

- assertTrue(expr, msg=None)：测试给定表达式的计算结果是否为 True，这是最简单可用的断言，并且镜像了内置的 assert 关键字。注意，使用这个方法会将失败绑定到测试框架。如果更喜欢 assert 关键字，这个方法也可以作为 assert_()使用。

- assertFalse(expr, msg=None)：只有当给定表达式的计算结果为 False 时，测试才会通过。

- fail(msg=None)：这个方法会显式地生成一条失败消息。如果失败的条件比内置方法本身提供的条件更复杂，这将非常有用。生成失败消息比触发异常更为可取，因为这表明代码是以测试可以理解的方式执行失败的，而不是以未知的方式执行失败的。

为了将早期的 doctest 转换为单元测试，我们可以从提供 testNumber()方法开始，模拟先前执行的第一个测试。与 doctest 一样，unittest 模块提供了简单的 main()函数，以运行在给定模块中找到的所有测试。示例如下：

```
import unittest
import times2
class MultiplicationTestCase(unittest.TestCase):
    def setUp(self):
        self.factor = 2
    def testNumber(self):
        self.assertTrue(times2.times2(5) == 10)
if __name__ == '__main__':
    unittest.main()
```

测试通常存储在名为 tests.py 的文件中。在保存这个文件后，我们就可以像前面演示的 doctest 示例那样来执行：

```
$ python tests.py
.
----------------------------------------------------------------------
Ran 1 test in 0.001s
```

与 doctest 不同，默认情况下，单元测试的确会显示一些统计信息。每个周期表示一个正在执行的测试，因此对于包含数十个、数百个甚至数千个测试的复杂应用程序来说，可以轻松地在多个屏幕上显示结果。这里还标识了失败和错误，使用 E 表示错误，使用 F 表示失败。此外，每次失败都会产生一段文字来描述错误所在。下面看看当我们改变这些测试表达式时会发生什么：

```
import unittest
import times2
class MultiplicationTestCase(unittest.TestCase):
    def setUp(self):
        self.factor = 2
    def testNumber(self):
        self.assertTrue(times2.times2(5) == 42)
if __name__ == '__main__':
    unittest.main()
```

使用如下方式执行代码:

```
$ python tests.py
```

假设在同一终端会话中输入先前的函数,那么执行上述代码后的输出如下:

```
F
==================================================================
FAIL: testNumber (__main__.MultiplicationTests)
------------------------------------------------------------------
Traceback (most recent call last):
  File "tests.py", line 9, in testNumber
    self.assertTrue(times2(5) == 42)
AssertionError: False is not True
------------------------------------------------------------------
Ran 1 test in 0.001s
FAILED (failures=1)
```

如你所见,以上输出准确地显示了产生失败的测试方法,并提供了追溯功能,以帮助追踪导致失败的代码流。此外,失败本身会显示为 AssertionError,使用断言可以清楚地将失败呈现出来。

然而在这种情况下,失败消息并没有发挥应有的作用。所有报告指示的都是 False 不是 True。当然,这的确是一份正确的报告,但这份报告并不能说明全部情况。为了更好地跟踪出错的地方,了解函数实际返回的内容将非常有用。

为了提供有关所涉及的值的更多信息,我们需要使用一些可以单独识别不同值的测试方法。如果它们不相等,测试就像标准断言一样失败,但是失败消息现在可以包含两个不同的值,这样就可以看到它们是如何不同的。这在确定代码如何出错以及在哪里出错可能是一种很有价值的手段。毕竟,这就是测试的全部意义所在。

- assertEqual(obj1, obj2, msg=None):检查传入的两个对象的值是否相等,如果适用的话,可使用第 5 章介绍的比较特性。
- assertNotEqual(obj1, obj2, msg=None):与 assertEqual()类似,但不同之处在于,如果两个对象相等,将返回失败消息。
- assertAlmostEqual(obj1, obj2, *, places=7, msg=None):将值四舍五入到给定的小数位数,然后检查两个值是否相等。针对数字类型的值,这有助于解决由于浮点运算而引起的四舍五入误差和其他问题。
- assertNotAlmostEqual(obj1, obj2, *, places=7, msg=None):与 assertAlmostEqual()类似,但区别在于,如果四舍五入到指定的小数位数时两个值相等,将返

回失败消息。

有了 assertEqual()方法，现在可以更改 testNumber()，以便在断言失败时生成更有用的消息，代码示例如下：

```
import unittest
import times2
class MultiplicationTestCase(unittest.TestCase):
    def setUp(self):
        self.factor = 2
    def testNumber(self):
        self.assertEqual(times2.times2(5), 42)
if __name__ == '__main__':
    unittest.main()
F
======================================================================
FAIL: testNumber (__main__.MultiplicationTests)
----------------------------------------------------------------------
Traceback (most recent call last):
  File "tests.py", line 9, in testNumber
    self.assertEqual(times2(5), 42)
AssertionError: 10 != 42
----------------------------------------------------------------------
Ran 1 test in 0.001s
FAILED (failures=1)
```

在后台，assertEqual()做了几件有趣的事情，从而变得尽可能灵活且功能强大。首先，通过使用运算符==，可以使用对象本身可能定义的任何更有效的方法来比较对象。其次，可以通过提供自定义的比较方法来配置输出的格式。unittest 模块为我们提供了其中几个自定义的比较方法。

- assertSetEqual(set1, set2, msg=None)：此方法是专为集合设计的，因为无序序列通常是以集合的形式实现的。可使用第一个集合的 difference()方法来确定两个集合之间是否存在不同的元素。

- assertDictEqual(dict1, dict2, msg=None)：此方法是专为字典设计的，目的是希望同时考虑到它们的值和键。

- assertListEqual(list1, list2, msg=None)：与 assertEqual()方法类似，此方法是专为列表设计的。

- assertTupleEqual(tuple1, tuple2, msg=None)：与 assertListEqual()类似，用于执行自定义的相等性检查，但这一次是为了与元组一起使用而定制的。

- assertSequenceEqual(seq1, seq2, msg=None)：如果不使用列表或元组，那么对于充当序列的任何对象，都可以使用此方法执行相同的操作。

除了这些开箱即用的方法之外，还可以将自己的方法添加到测试框架中，以便 assertEqual()可以更有效地使用你自己定义的类型。通过将类型和比较函数传递到 addTypeEqualityFunc()方法中，可以注册该方法以便稍后与 assertEqual()一起使用。

有效地使用 addTypeEqualityFunc()可能会很棘手，因为这对整个测试用例类都是有效的，而无论其中可能有多少个测试。将等式函数添加到 setUp()方法中可能对你很有诱惑，但是请记住，对于在 TestCase 类中找到的每个测试方法，setUp()都会被调用一次。如果等式函数能为 TestCase 类的所有测试进行注册，在每个测试之前就没有必要进行注册了。

更好的解决方案是将 addTypeEqualityFunc()调用添加到测试用例类的__init__()方法中。这么做还有如下额外好处：可以对自己的测试用例类进行子类化，从而为其他测试提供更合适的基础。这一过程将在本章后面进行更详细的说明。

9.3.3 其他比较

除了简单的相等性比较外，unittest.TestCase 还包含一些其他可用于比较两个值的方法。如下这些方法主要针对数值，旨在解决测试值是否小于或大于预期值的问题。

- assertGreater(obj1, obj2, msg=None)：与相等性测试类似，测试第一个对象是否大于第二个对象。就像等式那样，如果适用的话，也可委托给两个对象中的方法。
- assertGreaterEqual(obj1, obj2, msg=None)：与 assertGreater()类似，区别在于即便两个对象相等，测试也会通过。
- assertLess(obj1, obj2, msg=None)：如果第一个对象小于第二个对象，测试将会通过。
- assertLessEqual(obj1, obj2, msg=None)：与 assertLess()类似，区别在于即便两个对象相等，测试也会通过。

9.3.4 测试字符串和其他序列内容

序列是由多个单独的值构成的，这带来一个有趣的挑战。序列中的任何值都可能决定了给定测试的成功或失败，因此有必要使用特定的工具处理它们。首先，有两个专为字符串设计的方法，其中，简单的等式可能并不总是足够的。

- assertMultiLineEqual(obj1, obj2, msg=None)：这是 assertEqual()的一种特殊

形式，被设计用于多行字符串。等式的工作方式与任何其他字符串一样，但是默认的失败消息已经过优化，以显示两个值之间的差异。

- assertRegexpMatches(text, regexp, msg=None)：用于测试给定的正则表达式是否与提供的文本匹配。

一般来讲，对序列的测试需要确保序列中存在某些元素时才能通过。只有当整个序列必须相等时，前面介绍的等式方法才会起作用。如果序列中的某些元素很重要，但剩下的其他元素却有所不同，那么我们将需要使用其他方法来验证。

- assertIn(obj, seq, msg=None)：测试对象是否在给定的序列中。
- assertNotIn(obj, seq, msg=None)：与 assertIn()类似，不同之处在于，如果对象作为给定序列的一部分存在，测试将会失败。
- assertDictContainsSubset(dict1, dict2, msg=None)：采用 assertIn()方法的工作机制但专用于字典。与 assertDictEqual()方法一样，这种专用性也允许考虑值而不仅仅考虑键。
- assertSameElements(seq1, seq2, msg=None)：测试两个序列中的所有元素，并且仅当两个序列中的元素相同时才会测试通过。这只测试单个元素的存在，而不关心它们在每个序列中的顺序。该方法也将接收两个字典，但会将它们视为任何其他序列，因此只查看字典中的键，而不查看它们的关联值。

9.3.5　测试异常

到目前为止，所有测试方法都采用了一种积极的方式。在这种方式下，测试验证成功的结果确实是成功的。然而不成功的结果也同样重要，因为它们仍然需要进行可靠的验证。预期许多功能在某些情况下会引发异常，而单元测试在验证这种不成功的行为方面同样有用。

- assertRaises(exception, callable, *args, **kwargs)：该方法不是检查特定的值，而是测试可调用对象，看看是否引发了特定的异常。除了异常类型和可调用的测试之外，该方法还接收任意数量的位置参数和关键字参数。这些额外的参数将被传递给提供的可调用对象，以便可以测试多个流。
- assertRaisesRegex(exception, regex, callable, *args, **kwargs)：该方法相比 assertRaises()更具体一些，因为还接收一个正则表达式，只有匹配异常的字符串才能传递。表达式可以作为字符串或编译的正则表达式对象传入。

在下面的例子中，有许多类型的值不能与整数相乘。只要始终如一地处理这些情况，就可以将其作为函数的显式行为的一部分。典型的响应将是抛出 TypeError，就像 Python 在默认情况下所做的那样。使用 assertRaises()方法，我们也可以测试这一点：

```python
import unittest
import times2
class MultiplicationTestCase(unittest.TestCase):
    def setUp(self):
        self.factor = 2
    def testNumber(self):
        self.assertEqual(times2.times2(5), 42)
    def testInvalidType(self):
        self.assertRaises(TypeError, times2.times2, {})
```

有些情况稍微复杂一些，这可能会给测试带来困难。常见的例子是重写其中的标准运算符。可以按名称调用重写的方法，但仅仅简单地使用运算符本身会更具可读性。遗憾的是，assertRaises()的常规形式需要的是可调用对象而不仅仅是表达式。

为了解决这个问题，这两个方法都可以使用 with 代码块作为上下文管理器。在这种形式中，无须提供可调用对象或参数，而只需要传入异常类型，如果使用assertRaisesRegexp()，则可以传入正则表达式。然后，在 with 代码块的主体中，可以添加必须触发给定异常的代码。与标准版本相比，这更具可读性，代码示例如下：

```python
import unittest
import times2
class MultiplicationTestCase(unittest.TestCase):
    def setUp(self):
        self.factor = 2
    def testNumber(self):
        self.assertEqual(times2.times2(5), 42)
    def testInvalidType(self):
        with self.assertRaises(TypeError):
            times2.times2({})
```

兼容性：Python 3.1/2.7 之前的版本

assertRaises()方法是在 Python 2.5 版本之前出现的，因此现在使用的大多数 Python 版本都可以使用该方法。然而，正则表达式是在 Python 3.1 版本中添加的，并且被反向移植到了 Python 2.7 中。可以使用 try/except 组合来模拟相同的功能，以便直接访问错误消息，其中可以使用正则表达式验证字符串的值。

尽管 Python 2.5 引入了 with 语句和上下文管理器，但 assertRaises()直到 Python 3.1 版本才支持上下文管理协议。又因为 assertRaisesRegexp()方法在 Python 3.1 版本之前并不存在，所以在 Python 早期版本中是不支持上下文管理器的。为了在没有上下文管理器的情况下达到相同的效果,需要创建新的可调用对象(通常是 lambda 函数)并传递到测试方法中。

9.3.6 测试对象标识

相比那些只是检查两个对象的值是否相等的方法,用于测试对象标识的方法会检查两个对象实际上是否相同。标识测试的一种常见方案是用代码缓存值以供以后使用。通过对标识进行测试,可以验证从缓存返回的值是否与最初放入缓存的值相同。

- assertIs(obj1, obj2, msg=None):用于检查两个参数是否引用了同一个对象。测试是使用对象的标识来执行的,因此,对于比较结果为相等但标识却不同的对象,仍然会使测试失败。

- assertIsNot(obj1, obj2, msg=None):只有当两个参数引用不同的对象时,测试才会通过。即使它们在其他方面的比较结果为相等,测试也要求它们具有不同的标识。

- assertIsNone(obj, msg=None):assertIs()方法的一种简单快捷方式,用于对一个对象与内置的 None 对象进行比较。

- assertIsNotNone(obj, msg=None):只有当提供的对象不是内置的 None 对象时,测试才会通过。

9.3.7 释放资源

就像在执行每个单独的测试之前调用 setUp()一样,TestCase 对象也会调用 tearDown()方法,从而在执行测试后清除所有初始化值。这通常用在测试期间,在创建和存储 Python 之外的信息时使用,这类信息的例子有数据库的行和临时文件。一旦测试完成后,这些信息就不再是必需的,因此在测试完成后进行清理是很有意义的。

通常,在这个过程中,一组处理文件的测试必须同时创建临时文件,以验证它们是否被正确地访问和修改。可以在 setUp()中创建这些文件,并在 tearDown()中删除这些文件,以确保每个测试在运行时都有新副本。对于数据库或其他数据结构也可以这样做。

注意 setUp()和 tearDown()的关键价值在于它们可以为每个单独的测试准备干净的环境。如果需要为所有测试设置环境,以便在所有测试完成后共享或还原某些更改,那么需要在启动测试过程之前执行 setUp()方法,并在测试完成后执行 tearDown()方法。

9.4 提供自定义的测试类

因为 unittest 模块被设计为将要重写的类，因而可基于此编写自己的类，以便测试使用。具体过程与编写测试不同，因为需要提供更多的工具来供测试使用。可以对 TestCase 本身现有的任意可用方法进行重写，也可添加任何其他对代码有用的方法。

扩展 TestCase 实用性的最常见方式是添加新方法，以测试与原始类的设计用途不同的功能。文件处理框架可能包括额外的方法，用于测试给定文件的大小或有关文件内容的一些细节。检索 Web 内容的框架可以包括用于检查 HTTP 状态码或在 HTML 文档中查找单个标记的方法，这种可能性是永无止境的。

变更测试行为

创建测试类时，可用的另一种强大技术是更改测试本身的执行方式。最明显的方式是覆盖现有的断言方法，这可以更改执行这些测试的方式。还有一些其他方式可以更改标准行为，而不需要覆盖断言方法。

这些额外的重写可以在自定义类的__init__()方法中管理，因为与 setUp()不同，__init__()方法对于每个 TestCase 对象仅被调用一次。对于那些需要影响所有测试，但又不会在运行时受到任何测试影响的自定义设置而言，这样做是非常好的。

可以对测试类进行的另一项修改是定义用于识别失败的异常类型。通常，所有测试失败后都会在后台触发 AssertionError，这与 assert 语句失败时使用的异常相同。如果出于任何原因需要对此进行更改，比如为了更好地与更高级别的测试框架集成，可以为 failureException 成员变量分配新的异常类型。

作为使用 failureException 成员变量生成失败的副作用，可以使用 self.failureException 显式地触发异常以生成测试失败消息。这在本质上与简单地调用 self.fail()是一样的，但在某些情况下触发异常比调用方法更具可读性。

9.5 令人兴奋的 Python 扩展：Pillow 库

Pillow 库[或 PIL(Python Imaging Library，Python 图像库)]为 Python 程序员处理图像提供了强大的功能。有关 Pillow 库所能提供的功能，主站点 https://python-pillow.org 上为我们提供了大量的可用信息，包括图像的存档、显示和处理三个主要方面的功能。当然，Pillow 库所能提供的功能特性远不止这些。

9.5.1　如何安装 Pillow 库

在具有管理员权限的命令提示符下输入：

```
pip3 install pillow (按回车键)
```

如果 pip3 报告安装成功，就说明 Pillow 库安装好了，现在让我们尝试一些特性。

9.5.2　图像显示：确定文件的大小和类型并显示

对选择的 JPG 图像尝试执行以下操作：

```
#PIL example 1
from __future__ import print_function
from PIL import Image
my_image = Image.open("sleepy_sab.jpg")
#this image:
#http://www.jbbrowning.com/user/pages/02.about/sleepy_sab.JPG
#show data about the image
print(my_image.format, ' Image format')
print(my_image.size, ' Image size')
print(my_image.mode, 'Color mode e.g. RGB, etc.')
#Display the image with the default image application
my_image.show()
```

重要的是，注意 Pillow 库将会自动打开大多数标准的图像类型，而没有任何代码提示。

9.5.3　图像处理：裁剪图像的一部分

在下面的例子中，我们将使用此前的 JPG 图像并显示原始图像，然后稍微进行裁剪并显示新图像。注意，在此若想使用不同的 JPG 图像，则需要调整设置。我们的裁剪函数需要一个包含四个坐标点的元组，左上角的坐标点是(0,0)。

```
#PIL example 2
from __future__ import print_function
from PIL import Image
my_image = Image.open("sleepy_sab.jpg")
#Display the image with the default image application
my_image.show()
#Crop a portion of the image from the upper left to
#about halfway and display
```

```
#(3456, 2304) is the image size
#0,0 is upper left. Crop wants a tuple so there are (())
region = my_image.crop((0,0,2000,2000))
region.show()
```

9.5.4　图像处理：改变图像的方向

可以通过两种不同的方式旋转图像。在下面的例子中，我们将图像旋转 90°：

```
#PIL example 3
from __future__ import print_function
from PIL import Image
my_image = Image.open("sleepy_sab.jpg")
#Rotate the image 90 degrees
turny=my_image.transpose(Image.ROTATE_90)
turny.show()
```

9.5.5　图像处理：滤镜

Pillow 库内置了许多滤镜，例如模糊和增强滤镜。此外，还有用于颜色转换、像素查找等操作的其他滤镜。请查看以下示例，该例对图像做了浮雕处理：

```
#PIL example 4
from PIL import Image
from PIL import ImageFilter
my_image = Image.open("sleepy_sab.jpg")
#Emboss the image
emmy=my_image.filter(ImageFilter.EMBOSS)
emmy.show()
```

9.6　小结

本章描述的工具只是功能测试套件的基础。在编写应用程序时，需要填补代码应如何工作这一空白。确保新代码不会破坏现有的代码，一旦将代码发布给公众，就可以为用户提供更好的保证。第 10 章将展示如何将代码推向大众。

第 10 章

发布

一旦有了可工作的应用程序后，下一步就是决定如何发布应用程序以及在哪里发布。商用的应用程序往往拥有广泛的受众，并且都有明确的发布时间表。然而，在执行发布操作之前，还有很多决定和任务要做，主要包括打包和发布，但首先需要从许可证开始。

10.1　许可证

在向公众发布任何代码之前，必须先确定许可协议，以管理代码的使用。许可证允许你向用户传达一些信息，包括你打算如何使用自己的代码，你希望其他人如何使用它们，回报是多少，以及你希望赋予用户什么样的权利，这些问题都十分复杂。针对每个不同的项目，没有通用的解答方式。此外，你还需要考虑许多问题。

你自己的理念起着关键作用，因为这会影响许多其他决定。有些人打算靠自己的代码谋生，这可能意味着源代码根本不会发布。相反，他们的软件会作为一项服务提供，客户可以付费使用。

相比之下，人们可能对那些能帮助自己更好、更快、更容易或更可靠地学习的软件更感兴趣。

对此，也许最常见的许可证是 GPL。

10.1.1　GNU 通用公共许可证

当提到开源时，人们首先想到的往往是 GNU 通用公共许可证(General Public

License，GPL)[1]。作为自由软件运动的先驱之一，GPL 的主要目标是为软件用户保留一定的自由度。GPL 要求，在将程序发布给他人时，还必须向他们提供程序的源代码，这样他们就可以根据自己的需要自由地修改源代码。

此外，任何更改源代码的用户都只能在 GPL 许可证下或确保至少在相同自由度的许可证下发布所做的修改。通过这种方式，软件用户就可以相信，如果软件无法令他们满意，他们将有一种更好的方法来让这款软件变得更好，而无论与原始软件差距多大。

由于 GPL 对软件以及人们对原始代码所做的任何修改提出了要求，因此 GPL 有时被称为"病毒"。这并不是侮辱，而只是指明 GPL 对使用 GPL 的任何产品强制使用相同的许可证这一事实。换言之，GPL 通过软件的传播方式与传统病毒的传播方式非常相似。这并不是 GPL 独有的，但是在商业世界中，当许多人想到 GPL 和开源时，首先想到的就是这个特性。

由于 GPL 的目标是保护计算机用户的自由，因此可以看作对程序员自由的限制。程序员拥有在不泄露源代码的情况下发布应用程序的自由，但这限制了用户修改应用程序代码的自由。在这两种相互对立的力量中，GPL 旨在通过对程序员的行为施加一些限制来保护用户的自由。

GPL 和 Python

GPL 主要是为静态编译语言(如 C 和 C++)编写的，因此通常以"对象形式"的代码来表达，这些对象可能会"静态链接"到其他代码。换言之，当创建 C++可执行文件时，编译器会从引用的库中插入代码，以创建独立程序。这些术语是 GPL 词汇表的核心，但在将它们应用于 Python 等动态语言时，就不那么容易理解了。

这些细节看起来似乎并不重要，因为 Python 代码通常都是作为源代码发布的。这里的术语通常会有例外，例如，可以使用 py2exe 创建 Windows 编译的 Python 应用程序。毕竟，编译后的 Python 字节码并不都兼容所有可能使用代码的系统。

但是，由于 GPL 适用于任何其他使用代码的应用程序，因此，如果静态编译的应用程序在内部使用 GPL Python 代码实现某些功能，这些细节信息将变得非常重要。

因为这些限制必须传递给任何其他包含 GPL 代码的应用程序，所以可以使用它们的许可证是十分有限的。你可能需要考虑的任何其他许可证都必须至少包括与 GPL 相同的限制，尽管必要时也可以添加其他方面的限制，AGPL 就是典型的例子。

---

1 http://propython.com/gpl

10.1.2　Affero 通用公共许可证

随着互联网的普及，现在的用户已经能够无须直接获取软件的副本就与软件进行交互。由于 GPL 依赖于代码的分发来触发源代码的分发需求，因此诸如网站和邮件系统的在线服务已不再受此类要求的约束。一些人认为，这些豁免利用了 GPL 条款中的漏洞，违背了 GPL 的精神。

为了堵住漏洞，产生了 Affero 通用公共许可证(Affero General Public License，AGPL)。AGPL 包含 GPL 的所有限制，以及任何与软件交互的用户(即使是通过网络)都会触发发布条款的附加功能。这样，包含 AGPL 代码的网站就必须披露它们所做的任何修改，以及与之共享通用内部数据结构的任何其他软件的源代码。尽管 AGPL 被大众采用的速度有些慢，但开源计划促进会(Open Source Initiative，OSI)的批准，无疑为 AGPL 提供了重要支持。

注意　尽管 AGPL 中的术语及理念与 GPL 非常相似，但 AGPL 对 Python 的适用性更为明确。因为仅仅与软件交互就会触发 AGPL 条款，所以代码是由静态语言(如 C 语言)编译还是由动态语言(如 Python 语言)编译就不重要了。

由于 AGPL 相比 GPL 本身更具限制性，因此使用 AGPL 的项目有可能会合并最初由使用标准 GPL 授权的代码，GPL 施加的所有保护都保持不变，但同时添加了一些额外的保护。

10.1.3　GNU 宽通用公共许可证

GPL 指出：静态地将一段代码链接到另一段代码将会触发 GPL 中的术语。许多小型实用程序库的使用频率原本就比较低，这些库通常不会单独构成完整的应用程序，但由于用途需要，它们会与宿主应用程序紧密集成。因此，许多开发人员都尽量避免使用它们，以免自己的应用程序被绑定到 GPL。

GNU 宽通用公共许可证(Lesser General Public License，LGPL)是为了通过删除静态链接条款来处理这些情况而产生的。因此，根据 LGPL 发布的库可以在宿主应用程序中自由使用，而不需要受 LGPL 或任何其他特定许可证的约束。即使是不打算发布任何源代码的专有商业应用程序，也可以包含使用 LGPL 的代码。

然而其他所有术语均保持不变。因此，如果代码本身以任何方式发布，那么对 LGPL 代码所做的任何修改都必须作为源代码发布。出于这个原因，许多 LGPL 库都具有非常灵活的接口，这些接口允许它们的宿主应用程序具有尽可能多的选项，而不必直接修改代码。

从本质上讲，LGPL 更倾向于使用开源的概念来培养更加开放的编程社区，而不是保护软件最终用户的权利。

10.1.4　伯克利软件发行许可证

伯克利软件发行许可证(Berkeley Software Distribution，BSD)提供了一种发布代码的方法，旨在促进这种方法被尽可能多地采用。相对而言，BSP 通过较少地限制其他方对代码的使用、修改和发布来实现这一点。事实上，BSP 的整个文本仅包含一些要点和免责声明。然而，将 BSD 作为单个许可证引用是不恰当的，因为实际上有一些变体。在 BSD 最初的形式中，许可证由以下四点组成：

- 向程序发布源代码时要求代码保留原始版权、许可证文本及免责声明。
- 将代码作为已编译的二进制程序发布时，需要将版权、许可证文本和免责声明包含在随发布的代码提供的文档中，或包含在其他材料中的某个位置。
- 任何用于宣传最终产品的广告，都必须将 BSD 代码包含在产品中。
- 除许可证本身外，未经明确同意，不得使用开发软件的组织或任何贡献者的名称为产品背书。

注意，这并不包含任何对源代码进行发布的要求，即使在发布编译后的代码时也是如此。取而代之的是，仅要求在任何时候都保留适当的归属，并且仍然能够清楚地表明涉及两个不同的参与方。这使 BSD 代码可以包含在专有的商业产品中，而无须发布背后的源代码，这使得 BSD 对大型企业来说相当有吸引力。

然而，广告条款给试图使用 BSD 代码的组织带来一些令人头疼的问题。主要问题在于，随着代码本身易手并由不同的组织维护，在任何广告材料中都必须提到参与开发的每个组织的名称。在某些情况下，可能是几十个不同的组织，因而需要占据广告空间的很大一部分，尤其是在软件由于其他原因经常需要包含许多其他免责声明的情况下。

为了解决这些问题，产生了另一个没有广告条款的 BSD 版本，其中包含了原始许可证的所有其他要求。删除广告条款意味着 BSD 代码的变更对使用它们的组织几乎没有影响，这极大地增强了 BSD 的吸引力。

BSD 的进一步简化被称为简化版 BSD。简化版 BSD 甚至删除了非背书条款，只保留了包含许可文本及免责声明的要求。为了避免不真实的背书，简化版 BSD 中的免责声明包括一些额外的句子，它们清楚地表明两组观点是相互独立的。

10.1.5　其他许可证

前面列出的这些许可证都比较常用，许可证当然不止这些，还有许多可供我们选择。OSI 维护了一份开源许可证[1]的清单，这些许可证已经通过审查和批准，可以保留开源的理念。此外，自由软件基金会[2]维护了自己的许可证列表，其中的许可证已被批准用于保护自由软件的理念。

注意　自由软件和开源软件之间的区别主要在于理念不同，但确实也有一些现实意义。简而言之，自由软件保留了软件用户的自由，而开源软件侧重于软件开发模型。并非所有许可证都可以同时用于这两种用途，因此你可能需要决定哪一种对你更为重要。

10.2　打包

单独发布一堆文件并不是一件很容易的事情，因此必须首先将它们捆绑在一起，这个过程称为打包，但你不应该与标准 Python 包的概念搞混淆。软件包只是目录，其中包含了 __init__.py 文件，可以将该文件用作目录中包含的任何模块的命名空间。

出于发布的目的，软件包还包括文档、测试、许可证和安装说明。这些部件通常以下面这种方式部署，这样可以使各个部件容易提取并安装到适当的位置。通常，结构看起来如下所示：

```
AppName/
    LICENSE.txt
    README.txt
    MANIFEST.in
    setup.py
    app_name/
        __init__.py
        ...
    docs/
        ...
    tests/
        __init__.py
        ...
```

如你所见，实际的 Python 代码包是整个应用程序包的子目录，代码包与文档、

---

1 http://propython.com/osi-licenses
2 http://propython.com/ fsf-licenses

测试并排放置在同级目录中。docs 目录中包含的文档可以是任何格式，但通常是使用 reStructuredText 格式化的纯文本文件，详见第 8 章。tests 目录中包含第 9 章介绍的测试。LICENSE.txt 文件包含许可证的副本。README.txt 文件提供了有关应用程序用途及功能的介绍。

整个软件包中更有趣的特性是 setup.py 和 MANIFEST.in，但它们不是应用程序代码的组成部分。

10.2.1　setup.py

在你的软件包中，setup.py 是将代码实际安装到用户系统中某个适当位置的脚本。为了尽可能便于移植，setup.py 依赖于标准发行版中提供的 distutils 软件包。distutils 软件包中包含了 setup()函数，该函数使用声明性方法使流程更容易处理，也更通用。

setup()函数位于 distutils.core 中，并且接收大量关键字参数，每个关键字参数都描述了软件包的某个特定功能。一些参数包含整个包级别的信息，另一些参数包含有关软件包内容的信息。任何使用标准工具发布的软件包，都需要以下三个字符串参数。

- name：这个字符串包含软件包的公共名称，并且将显示给查找者。对软件包命名可能是一项复杂而困难的任务，但由于具有很高的主观性，因此远远超出本书的讨论范围。
- version：这个字符串包含以点分隔的应用程序版本号。最初的发行版通常使用'0.1'作为版本号。版本号中的第一部分数字通常是表示兼容性承诺的主版本号。版本号中的第二部分数字是次要版本号，代表不会破坏兼容性的 bug 修复或重要新功能的集合。版本号中的第三部分数字通常保留给没有引入新功能或其他 bug 修复的安全版本。
- url：这个字符串会引用软件包的主站点，用户可以在其中了解有关应用程序的更多信息，查找更多文档、请求支持、文件错误报告或执行其他任务，通常充当围绕代码的信息和活动的中央枢纽。

除了以上三个必需的参数外，还有几个可选参数可以提供有关应用程序的更多详细信息。

- author：应用程序作者的姓名。
- author_email：可以直接联系到作者的电子邮件地址。
- maintainer：如果原始作者不再维护应用程序，那么这个参数会包含现在负责应用程序的人员的姓名。
- maintainer_email：可以直接与软件维护人员联系的电子邮件地址。

- description：提供应用程序用途的简要说明，可以视为能与其他内容一起显示在列表中的单行描述。
- long_description：顾名思义，这是对应用程序的较长描述。当用户请求有关特定应用程序的更多详细信息时，通常会显示此参数的值。因为所有这些都是在 Python 代码中指定的，所以许多发行版只是将 README.txt 中的内容读入此参数。

除这些元数据外，setup()函数还负责维护发布应用程序所需的所有文件的列表，包括所有 Python 模块、文档、测试和许可证。与其他信息一样，这些详细信息是通过附加的关键字参数提供的。

- license：用于指定文件的名称，其中包含程序发布时依据的许可证的完整文本。通常，文件被命名为 LICENSE.txt，但通过显式地作为参数传入，可以将文件命名为自己喜欢的任意名称。
- packages：接收实际代码所在软件包的名称列表。与 license 参数不同，这些值是 Python 导入路径，可使用句点沿路径分隔各个包。
- package_dir：如果 Python 软件包与 setup.py 不在同一目录中，那么这个参数会提供一种告诉 setup()在哪里可以找到这些软件包的方法。该参数的值是一个字典，用于将软件包名映射到软件包所在文件系统中的位置。可以使用的特殊键是一个空的字符串，它通过将关联的值用作根目录来查找未指定显式路径的所有软件包。
- package_data：如果软件包依赖于不是直接用 Python 编写的数据文件，那么只有在这个参数中引用这些文件时才会安装它们。这个参数接收一个将软件包名映射到内容的字典，但与 package_dir 不同的是，字典中的值是列表，列表中的每个值都是应该包含文件的路径说明。这些路径可能包括星号，以表示要匹配的宽松模式，类似于你在命令行中可以查询的内容。

还有其他一些选项可用于更复杂的配置，但这些选项也应该涵盖大多数基础配置。有关更多信息，请参阅 distutils 文档[1]。一旦准备好了这些配置，就将拥有包含如下内容的 setup.py 文件：

```python
from distutils.core import setup

setup(name='MyApp',
    version='0.1',
    author='Marty Alchin',
    author_email='marty@propython.com',
```

---

1 http://propython.com/distutils-setup

```
        url='http://propython.com/',
        packages=['my_app', 'my_app.utils'],
    )
```

10.2.2 MANIFEST.in

除了通过 setup.py 指定应该在用户系统中安装哪些文件之外，软件包在发布后还包括许多对用户有用的文件，这些文件无须直接安装。这些文件(例如文档)应随软件包一起提供给用户，但这些文件中没有任何代码值，所以它们不应该安装在可执行位置。MANIFEST.in 文件控制应如何将这些文件添加到软件包中。

MANIFEST.in 是纯文本文件，由一系列命令填充，这些命令告诉 distutils 在软件包中要包含哪些文件。这些命令中使用的文件名模式遵循与命令行相同的约定，允许将星号用作各种文件名的通配符。例如，简单的 MANIFEST.in 可能会在软件包的 docs 目录中包含所有文本文件：

```
include docs/*.txt
```

上面这个简单的指令将告诉 disutils：查找 docs 目录中的所有文本文件，并将它们包含在最终的软件包中。可以通过使用空格分隔模式来包含其他模式。一些不同的命令也可用，每个命令都有 include 和 exclude 选项可供使用。

- include：这是最明显的选项，用于告诉 distutils 查找与任何给定模式匹配的所有文件，并将它们包含在软件包中，处在原始目录结构中的同一位置。
- exclude：与 include 选项相反，用于告诉 distutils 忽略任何符合模式的文件。这提供了一种避免包含某些文件的方法，而不必在 include 选项中显式地列出每个包含的文件。举个常见的例子，可在专门包含所有文本文件的软件包中排除 TODO.txt 文件。
- recursive-include：递归包含，要求在任意文件名模式之前，将一个目录作为第一个参数。然后，在这个目录及其任何子目录中查找与给定模式匹配的所有文件。
- recursive-exclude：递归排除，与 recursive-include 选项的用法类似，首先接收目录，然后接收文件名模式。你找到的所有文件都不会包含在软件包中，即使它们是通过 include 选项找到的。
- global-include：全局包含，用于查找项目中的所有路径，而无须考虑它们在路径结构中的位置。通过查看目录内部，全局包含的工作方式与递归包含(recursive-include)非常相似，但由于遍历了所有目录，因此不需要使用除文件名模式外的任何参数进行查找。

- global-exclude：全局排除，与 global-include 选项的用法类似，用于在项目中的任意位置查找想要匹配的文件，但是找到的文件将被排除在最终的软件包之外。
- graft：接收的不是匹配的文件，而是一组目录，这些目录只是完整地包含在软件包中。
- prune：与 graft 选项一样，接收一组目录，但是将这组目录从软件包中完全排除，即使其中包含匹配的文件也是如此。

准备好 setup.py 和 MANIFEST.in 文件后，distutils 包为我们提供了一种简便的方法来打包软件包，并为软件的发布做准备。

10.2.3 sdist 命令

为了创建最终可发布的软件包，实际上可以直接从命令行执行新的 setup.py。因为这个脚本还会在以后用于安装软件包，所以必须指定我们希望执行的命令。稍后获得软件包的用户可以使用 install 命令，但需要打包源代码的发行版，这里使用的命令是 sdist：

```
$ python setup.py sdist
running sdist
...
```

可使用 sdist 命令处理 setup.py 中所做的声明以及来自 MANIFEST.in 的指令说明，以创建单独的存档文件，其中包含指定要发布的所有文件。默认情况下，已获得的归档文件的类型取决于运行的系统，但是 sdist 命令提供了一些可以显式指定的选项。只需要将逗号分隔的格式列表传递给--format 选项，即可生成特定的类型。

- zip：这是 Windows 系统中的默认格式，用于创建 zip 文件。
- gztar：UNIX 以及 macOS 系统中的默认设置。要在 Windows 系统中创建 gzip 类型的归档文件，还需要使用 tar 包的相关软件才能实现，例如通过 Cygwin 实现[1]。
- bztar：用于得到替代的 bzip 压缩版本，但也需要 tar 包的相关软件才能实现。
- ztar：可使用更简单的压缩算法来压缩文档。与其他选项一样，需要使用 tar 包的相关软件才能实现。

---

1 http://propython.com/cygwin

- tar：如果存在 tar 包的相关软件可用，那么不使用压缩，而只是打包文档。

当运行 sdist 命令时，系统将为指定的每种格式创建存档文件，并放置在项目中名为 dist 的新目录中。每个归档文件的名称仅使用 setup.py 中提供的名称和版本，并使用连字符进行分隔。前面提供的例子将会生成类似 MyApp-0.1.zip 的 zip 压缩包。

下面通过示例尝试前面的所有操作。可按照以下步骤创建 zip 压缩包：

(1) 创建可以通过命令提示符轻松访问的文件夹，例如:\test。

(2) 在 test 文件夹中创建两个文件，分别命名为 setup.py 和 MyApp.py。

```
#setup.py
from distutils.core import setup
setup(name='MyApp',
     version='0.1',
     author='Alchin and Browning',
     author_email='authors@propython.com',
     url='http://www.propython.com/',
)
# MyApp.py
print("Hello Burton and Marty!")
gone=input("Enter to close: ")
```

(3) 退回到命令提示符，切换到 test 文件夹，然后执行以下命令：

```
python setup.py sdist (按回车键)
```

(4) 按回车键(如果还没有启动 Python，那么需要检查并搜索路径，以确保系统可以找到 Python)。

这将在 test 文件夹中创建 dist 目录，其中包含了 zip 压缩包。

当然，以上只是非常简单的概述，但也可以灵活地添加清单文件、更改打包选项等。

10.3　发布

一旦准备好以上这些文件，就需要一种能将它们发布给公众的方法。一种选择是简单地托管自己的网站并通过网站提供文件。这通常是向广大受众推广代码的最好方式，因为你有机会以更易读的方式将文档放在网上，展示代码的使用范例，提供用户的推荐信以及你能想到的任何其他内容。

　　这种方式带来的唯一问题是，使用自动化工具很难找到它们。许多软件包依赖于其他应用程序的存在，因此能够从脚本中直接安装它们，而不必导航到网站并找到正确的下载链接，这通常很有用。理想情况下，可以将唯一的软件包名称转换为一种下载软件包的方式，以便在没有帮助的情况下下载并安装软件包。

　　这正是 PyPI[1]发挥作用的地方。PyPI 是 Python 软件包的在线集合，所有这些软件包都遵循标准化的结构，因此可以更容易地发现它们。每个软件包都有唯一的名称，可以用来定位，索引用来跟踪哪个版本是最新的，并引用软件包的 URL。你所需要做的就是将软件包添加到索引中，这样用户使用起来就会容易得多。

　　首次上传应用程序到 PyPI 时，需要在网站上进行注册。PyPI 账户将允许你在稍后管理应用程序的一些细节，并上传新版本。拥有 PyPI 账户后，就可以运行 python setup.py register 命令来为应用程序在 PyPI 中设置页面，注册方式有三种：

- 使用现有的 PyPI 账户。如果已经在 PyPI 网站上创建了账户，那么可以在此处指定用户名和密码。
- 注册新的 PyPI 账户。如果希望在命令行中创建 PyPI 账户，那么可以在此处输入详细信息，并在注册过程中创建账户。
- 生成新的 PyPI 账户。如果想采取一种更简单的方法，那么可以采用你已经在操作系统中使用的用户名，自动生成密码，并为这个组合注册 PyPI 账户。

　　一旦选择好注册方式，注册脚本就能提供在本地保存账户信息的功能，因此不必每次都执行该步骤。在设置好账户后，脚本将使用 setup.py 中的信息向 PyPI 注册应用程序。特别是，name 和 long_description 参数将被结合起来形成一个简单的 Web 页面，并在列表中显示其他详细信息。

　　有了保存应用程序的页面后，最后一步是使用 upload 命令上传代码本身。这必须作为发行版构建的一部分来完成，即使之前已经构建了发行版。这样，就可以精确地指定要发送给 PyPI 的发布类型。例如，可以使用如下步骤，为 Windows 和非 Windows 系统用户上传软件包：

```
$ python setup.py sdist --format=zip,gztar upload
```

　　发行版文件是根据应用程序的名称以及创建发布时的版本号命名的。PyPI 中的条目还包含对版本号的引用，因此不能多次上传拥有相同版本号的同一发行类型的版本。如果尝试这样做，在执行 setup.py 时将得到一条错误信息，指示需要创建新的版本号，用来上传更改后的发行版。

1　http://propython.com/pypi

10.4 令人兴奋的 Python 扩展：secrets 模块

secrets 模块为 Python 程序员提供了一些方便的随机数和密码生成工具。然而，secrets 模块的主要特性是随机数算法具有很强的密码学性质。

Python 3.6 引入的 secrets 模块包含了许多可用功能，其中一个是随机数的生成。尽管在一些其他库中已经介绍过，但这仍然值得研究。

计算机操作系统会考虑随机数的确切性质，但是通常对于密码工作而言，随机库要比 Python 中提供的其他随机数生成器做得更好。这样的密码学用途将包括密码、身份验证和令牌。

10.4.1 随机数

这里存在相当多的随机令牌和随机数生成选项。为了了解它们是如何工作的，请考虑下面的示例，用以选取 0 和 100 之间的随机数。

```
#Secrets example 1
from secrets import *
x=1
while (x <= 10):
    print(randbelow(100))
    x+=1
```

在上面这个例子中，我们从 1 和 100 之间选择了 10 个随机数。虽然这并不令人兴奋，但是可以更好地用密码表示随机数。接下来，我们将考虑随机密码的生成。

10.4.2 密码生成器

在下面的例子中，我们将使用 string 库和 secrets 库来生成包含 ASCII 字母、数字、标点符号和大写字母的密码：

```
#Generate six digit passwd with letters, digits, punct, and upper
import string
from secrets import *
chars = string.ascii_letters + string.digits + string.punctuation
+ string.ascii_uppercase
password = ''.join(choice(chars) for i in range(6))
print(password)
```

如果需要使用令牌执行加密工作，可以使用包括 urlsafe 在内的一些选项。考虑下面这个例子：

```
#Generate a token value which is URL-safe
from secrets import *
value = token_urlsafe(10)
print('token is: ',value)
```

上面使用的是 choice 库，但是在使用这个库时，可以尝试执行以下操作：

```
#Generate a secrets random choice
from secrets import *
value = choice(['one', 'two', 'three'])
print (value)
```

最后，如果想输入值并从中选择一组随机数，请尝试执行以下操作：

```
#Generate a random choice based on only certain values
from secrets import *
foo=input('Enter 10 random values to choose from: ')
wow=".join([choice(foo) for i in range(3)])
print('These are three exciting choices at random:> ',wow)
```

可以看出，这些示例演示了 secrets 模块的一些非常有趣的用法。

10.5　小结

　　如你所见，使用 PyPI 打包和发布 Python 应用程序的过程实际上相当简单。除使用 PyPI 外，通常还可以为项目创建专门的网站，以便更好地推广并同时为代码提供支持。请永远记住，发布并不是最后一步。当用户使用代码并希望代码得到改进时，他们期望得到一定程度的支持和交互，因此最好找到一种可以为你和用户实现这些目标的媒介。

　　各种不同规模、受众和目标的应用程序都可以作为发布对象。不管是编写实用程序来帮助自动化常见的任务，还是编写完整的框架来为其他用户的代码提供一组功能，都没有关系。第 11 章将展示如何从头到尾构建这样的框架，具体构建过程基于本书介绍的许多技术。

第 11 章

构建 CSV 框架 sheets

编程中最重要的是程序。如果工具、技术、理念和建议从未被用于解决现实世界中的问题，那么它们就失去了原本的价值。要解决的问题有时是非常具体的，但有时仅仅是更为普遍的问题的典型示例。这些一般性问题通常都会涉及库或框架的内容，库或框架可以为更具体的应用程序提供基础。

这使得框架处于十分有趣的位置，因为框架更关注于服务开发人员的需求，而不是服务普通用户，目标是奠定基础和提供一组工具，帮助他人开发更具体的应用程序。相对于普通却能直接解决问题的技术，适用范围更广的那些技术则更先进。

但为了便于其他开发人员，理想的目标是提供一种翻译服务，这样框架就可以允许其他开发人员使用更简单的技术来执行更高级的任务。在这方面，框架的设计与其他形式的设计非常相似，但框架主要关注于应用编程接口(API)，而非着眼于可视化的用户界面。

这类框架很重要，如果受众正在寻找一种能够节省时间和精力的工具，而你现在正好有这样的框架，那么他们就可以在这类框架的基础上专注于自己的独特需求。我们鼓励将框架与其他类型的应用程序集成，以提供一组功能，因此有必要考虑其他应用程序的工作方式。

目前已有无数的框架正在使用，它们可以满足各种需求。这些框架是为了解决某一类通用问题而开发的，例如用于 Web 开发的 Django[1]、用于数据库交互的 SQLAlchemy[2]和用于处理网络协议的 Twisted[3]。每种框架都采用不同的方法来处理

---

1 http://propython.com/django
2 http://propython.com/sqlalchemy
3 http://propython.com/twisted

它们向开发人员提供的接口的样式及形式，这突出显示了框架可操作的不同方式。

本章将展示一种使用了声明性语法的框架，具体采用的是类似于 Django 和 Elixir 中使用的语法。这些方法的选择在很大程度上取决于风格，详细研究其中一种方法可以突出显示在编写框架时必须做出的许多决策。本书会将展示的所有技术组合在一起，形成单一的、有凝聚力的整体，并提供具有许多有用功能的公共 API。

本章需要处理将信息存储为逗号分隔值的行文件，它们通常称为 CSV 文件。这些文件可用于分隔每行中的值、分隔行本身以及对每行中的各个值进行编码，因此本章略显复杂。

Python 提供了 csv 模块来帮助处理 CSV 文件[1]。我们可以直接使用 csv 模块来完成后台的大部分繁重工作，而不是试图复制模块功能。作为 csv 模块的替代选择，在这里我们要做的是在 csv 模块之上额外构建一层，以使 csv 模块更易于使用以及与其他应用程序集成。

11.1　构建声明性框架

使用类似于 Django 或 Elixir 的声明性语法构建框架时需要执行多个步骤，但是过程本身并不困难。然而在做决定的过程中，事情就变得有些棘手了。本章将通过示例概述构建这样的框架所需的各种步骤，以及必须做出的许多决策。不过，每一个决策都必须专门针对自己的项目来定制。

在此不必担心，对于整个过程中的每个决策点，我们都会概述相关利弊，以便你能够自信地做出明智的选择。从一开始就做出正确的决定，将有助于确保框架能够经受未来的升级，以及来自那些可能与你持不同意见的人的批评。你只需要确保背后的决定是有效的即可。

11.1.1　声明性编程简介

声明性框架的核心在于帮助简化声明性编程。当然，如果没有定义为声明性的内容，那么内容将是无用的。值得庆幸的是，对此几乎不需要进行任何介绍。

声明性编程是一种实践，用于告诉程序我们想要什么(声明)而不是要做什么(指示)。这种区别实际上更多的是针对程序员而不是程序，因为通常没有特殊的语法、解析或处理规则，也没有单一的方法用来定义是否符合条件。声明性编程通常被定义为指令式编程的对立面，在指令式编程中，要求程序员用算法来明确

---

1 http://propython.com/csv-module

地指出每一步该怎么做。

考虑到这一点,你可能很容易注意到:高级解释语言(如 Python)与底层编程语言(如 C)相比,前者更适用于声明性编程。事实上,许多形式的解释语言都是内置的。你不必声明内存位置,指定类型,然后存储值。在这里只需要分配变量,而其余的工作交由 Python 完成即可。下面创建一个名为 foo 的字符串变量,并在其中存储字符串'bar':

```
>>> foo = 'bar'
```

这只是声明式编程的众多语法形式之一。然而,当我们谈论 Python 中的声明性框架时,通常是指使用类声明配置框架,而不是使用一组冗长而复杂的配置指令。声明性框架是否是满足需求的正确方法,还需要做进一步讨论,下面介绍其优缺点。

11.1.2　是否构建声明性框架

在过去几年里,声明性框架在 Python 中一直呈上升趋势,但你必须认识到:声明性框架并不是解决特定问题的最佳方法。与其他任何东西一样,在决定是否使用声明性框架时,你需要理解声明性框架到底是什么,它做了什么,以及它对于需求意味着什么。

声明性框架可以很好地将许多复杂的行为包装到简单的类声明中。虽然很省时,但也有弊端,这是 Python 社区一直在努力解决的问题。声明性框架是好是坏,完全取决于 API 与用户对类声明的期望之间的匹配程度。

通过将类作为向框架传达意图的主要方法,可以合理地预期实例将具有某种意义。最常见的情况是,实例引用一组符合类声明中定义的格式的特定数据。如果应用程序仅用于处理一组定义明确的数据,那么拥有单独的实例将毫无意义。

声明性的类旨在使用同一框架创建许多不同的配置,每种配置都是为特定的数据配置而设计的。如果仅使用一种数据格式(即使有大量的数据),那么专为可配置性编写框架是没有意义的。只需要为数据类型编写解决方案并使用即可。

在其他情况下,你可能无法预先描述数据集的结构,而必须根据提供的数据来调整结构。在这些情况下,提供类声明几乎没有价值,因为没有声明能够满足正在处理的数据需求。

对象的主要价值在于通过实例方法对内容执行操作的能力。由于声明性框架会产生单独实例的自定义类,因此可以断定这些实例应该能够执行有用的任务,而如果没有框架的帮助,这些任务的完成将更加困难,这是理所当然的。这不仅增强了它们的实用性,而且有助于确保生成的实例与用户预期匹配。

回顾一下，如果具有以下情况，那么使用声明性框架将是一种很有价值的方式。

- 存在大量的潜在配置。
- 每个配置都具有预见性。
- 给定的配置有许多实例。
- 对给定实例可以执行操作。

本章描述的 CSV 框架需要处理列和结构的各种可能配置，每种类型都有许多示例文件。诸如加载和保存数据的操作很常见，而其他操作则是特定配置所独有的。

一旦完成，这个 CSV 框架将允许应用程序将 CSV 配置指定为 EmployeeSheet 类，并使用自动附加到 EmployeeSheet 类的方法与它们交互。

为了确保使用的库正确，请访问 https://pypi.python.org/pypi/Sheets/ 并下载 sheets 模块的压缩包文件。解压后，将所有的文件夹和文件放在 Python 3.x Lib 目录中(或直接使用 pip 方式进行安装)。

```
import sheets

class EmployeeSheet(sheets.Row):
    first_name = sheets.StringColumn()
    last_name = sheets.StringColumn()
    hire_date = sheets.DateColumn()
    salary = sheets.FloatColumn()
```

现在让我们开始吧！

11.2 构建框架

任何声明性框架都有三个主要组件，尽管其中一个可能以多种不同的形式出现，或者可能根本不存在。

- 一个基类：因为声明性框架都是关于类声明的，所以拥有一个可从中继承的公共基类，能够为框架提供钩子(hook)的位置，并处理 Python 遇到的声明。附加到这个公共基类的元类则提供了必要的机制，可以在运行时检查声明并进行适当的调整。基类还负责表示框架封装的任何结构的实例，并将各种方法附加到简单的通用过程中。
- 各种字段：类声明中有许多成员变量，通常称为字段。对于某些应用程序，将它们命名为更具体的名称或许更有意义。这些字段用于管理框架表示的结构中各个数据的成员变量，并且通常具有不同的风格，这些风格都针对不同的常规数据类型(如字符串、数字和日期)进行了调整。字段的另一个重要方面是,它们必须能够知道实例化顺序,因此我们在声明中指定的顺序与稍后使用的顺序相同。

- 一个选项容器:严格来说,这是一个非必需的组件,大多数框架都使用了一些类范围的选项。你不应该为每个单独的字段指定这些选项,因为这与 DRY 原则不相符。由于子类化除了基类的选择之外不会提供其他任何选项,因此必须使用一些其他结构来管理这些选项。这些选项的声明和处理方式可能会因框架而异,没有任何语法或语义标准。为了方便起见,这个选项容器通常还用于管理附加到类的字段。

作为一种语法帮助,大多数声明性框架还确保这三个组件都可以从一个位置导入。这使最终的用户代码具有更简单的导入块,同时还可以将所有必需的组件包含在一个可识别的命名空间中。这个命名空间的名称应该具有某种含义,以便在最终的用户代码中易于理解。框架本身的名称通常是理想的选择,但重要的是要具有描述性,因此在阅读时请确保所有内容都是有意义的。

有关如何命名框架的问题虽然可以推迟到稍后的过程中解决,但请记住:在早期就有名称是有帮助的,这样只需要对以下内容描述的模块包进行命名即可。现在使用 csv 这样的占位符就很合适,但因为 Python 有自己的 csv 模块(我们也将依赖于该模块),所以重用这个名称会导致很多问题。因为 CSV 文件通常用于在电子表格应用程序之间交换数据,所以我们称之为 sheets 框架。

一般来说,我们的讲解应该从基类开始。但实际上,这三个组件中的任何一个都可以作为合理的起点。这通常取决于哪个组件需要思考最多、做最多的工作或者首先进行测试。我们将从选项容器开始,因为选项容器可以在不依赖于其他组件的实现细节的情况下被创建,这样可以避免对尚未描述的功能留下太多模糊的引用。

11.2.1 管理选项

选项容器的主要用途是存储和管理给定类声明中的选项。这些选项并不特定于任何字段,而是适用于整个类,它们将用作各个字段可以选择性覆盖的默认值。现在,我们将把如何声明这些选项的问题放在一边,只关注选项容器本身及相关需求。

从表面上看,选项只是名称到值的映射,因此我们可以简单地借助字典来完成。毕竟,Python 有非常棒的字典实现,而且简单肯定比复杂更好。不过,你也可以编写自己的类,这为我们提供了一些非常方便的额外特性。

首先,可以验证为给定类定义的选项。可以根据它们各自的值、它们与其他选项的组合、它们对给定执行环境的适用性以及它们是否是已知的选项来进行验证。对于字典，我们只能简单地允许将任意类型的值用于任意选项，即使它们没有任何意义。

只有当依赖选项的代码因为错误或丢失而阻塞时，选项中的错误才会被发现，并且这些类型的错误通常不会特别具有描述性。在自定义对象上进行验证，意味着我们可以向尝试使用错误或无效选项的用户提供更有用的消息。

使用自定义类还意味着我们将添加自己的自定义方法来执行任务，这些任务虽然有用，却是重复的，或者实际上并不属于其他任何地方。验证方法可以验证包含的所有选项是否适当，如果不适当，就显示有用的消息。另请记住，选项容器通常用于管理字段，为此可以添加一些方法，本节稍后将对这些方法进行介绍。

实际上，通过组合这两个特性，Options 类甚至可以在所提供选项的上下文中验证字段声明。可尝试使用普通的字典实现这一点。

由于最终可能会封装很多功能，因此我们将为选项容器设置一个新的模块，并明确地命名为 options.py。与大多数类一样，大部分工作将在__init__()方法中完成。就我们这里的目的而言，这将接收所有已知的选项，将它们存储为成员变量，并设置一些其他成员变量，稍后将由其他方法使用。验证通常只在主动定义选项时有用，因此属于自身的方法，这样就不会陷入困境。

你应该接收哪些选项？不同的框架显然会有不同的需求，重要的是在一开始就尽可能完整地对它们进行布局。但不必担心，你随时可以添加更多内容，但提前准备总是好的。

一条有用的经验法则是：选项应该始终具有默认值。要求用户不仅编写类、提供字段，而且每次都要提供选项，这让人感到沮丧，尤其是在所需的选项通常具有相同值的情况下。如果某些东西确实是必需的，但没有合理的默认值，那么应该将它们作为参数提供给需要它们的方法，而不是定义为类中的选项。

我们正在构建一个与 CSV 文件交互的框架，因此有许多选项可供选择。最明显的选项也许是文件的字符编码，但是当文件以文本模式打开时，Python 已经将文件的内容转换为 Unicode。我们默认使用 UTF-8 编码格式，这足以满足大多数常见需求。

注意　读取文件时使用的编码似乎是理想选择，因此可以重写默认的 UTF-8 行为。然而，标准的 CSV 接口要求文件在传入时已经打开。因此，如果我们的框架遵循相同的 CSV 接口，我们就无法控制编码。控制编码的唯一方法是更改接口以接收文件名而不是打开的文件对象。

　　CSV 文件的一种常见变体是它们是否包含标题行。我们稍后会在框架中将列定义为字段，我们实际上并不需要标题行，因此可以跳过，但前提是我们知道它们在哪里。在常见情况下，通过使用简单的布尔值(默认为 False)就可以很好地完成这个任务。

```
class Options:
    """
    A container for options that control how a CSV file should be handled
    when converting it to a set of objects.
    has_header_row
        A Boolean indicating whether the file has a row containing
        header values. If True, that row will be skipped when looking
        for data.Defaults to False.
    """

    def __init__(self, has_header_row=False):
        self.has_header_row = has_header_row
```

　　于是，我们有了一个简单但有用的选项容器。目前来看，相对于字典唯一的好处是，这个选项容器会自动禁止除了我们指定的选项之外的任何其他选项。稍后，我们会添加更为严格的验证方法。

　　如果熟悉 Python 的 csv 模块，那么你可能已经知道其中包含的各种选项。因为 sheets 框架实际上遵从 csv 模块的大部分功能，所以除了我们自己的选项之外，支持所有相同的选项是有意义的。事实上，甚至可以将 Options 类重命名为 Dialect 类，以更好地反映我们已经在使用的词汇表。

　　然而，与其单独列出 csv 模块支持的所有选项，不如采用更具前瞻性的方法。我们依赖的代码已经超出控制范围，试图跟上代码将来可能引入的任何更改，在维护上有点麻烦。特别是，我们可以通过将任何其他选项直接传递给 csv 模块本身，来支持任何现有的以及将来的选项。

　　为了在不命名的情况下接收选项，我们转向使用 Python 的双星号语法，对额外的关键字参数提供支持。这些额外的选项可以作为字典存储起来，稍后将传递到 csv 函数中。接收它们作为一组关键字参数而不是单个字典，有助于统一所有选项。一旦从类声明中真正解析出选项，这将非常重要。代码示例如下：

```
class Dialect:
    """
    A container for dialect options that control how a CSV file
    should be handled when converting it to a set of objects.
```

```
has_header_row
    A Boolean indicating whether the file has a row containing
    header values. If True, that row will be skipped when
    looking for data.Defaults to False.
```
For a list of additional options that can be passed in, see
documentation for the dialects and formatting parameters of
Python's csv module at http://docs.python.org/library/csv.html
#dialects-and-formatting-parameters
```
"""
def __init__(self, has_header_row=False, **kwargs):
    self.has_header_row = has_header_row
```
self.csv_dialect = kwargs

稍后我们还会为 Dialect 类增加更多的特性，但这已经足够让我们起步了。
在完成之前，我们还会再讨论几次，但现在让我们继续讨论另一个重要的组件：
字段。

11.2.2　定义字段

字段通常只是特定数据片段的容器。因为字段是一个通用的术语，所以在不
同的学科中会使用更具体的术语来指代这个相同的概念：在数据库中，字段被称
为列；在表单中，字段被称为输入；当执行函数或程序时，字段被称为参数。为
了在这个 CSV 框架之外保留一些字段，本章将把所有这样的数据容器统称为字
段，即使对于 sheets 框架本身，在命名各个类时，术语"列"也会更有意义。

首先要定义的是一个基础字段类，用于描述字段的含义。在没有任何特定数
据类型的详细信息的情况下，这个基类将管理字段如何与系统的其余部分匹配、
它们将具有什么 API 以及子类的预期行为。由于我们的框架将它们称为"列"，
因此我们将启动一个名为 columns.py 的新模块并开始工作。

字段是作为类声明的一部分进行实例化并分配为类的成员变量的 Python 对
象。因此，__init__()方法是字段功能的第一个入口点，并且是唯一可以将字段配
置为类声明的一部分的地方。__init__()方法的参数可能会根据字段的类型而有所
不同，但通常至少有一些参数适用于所有字段，因此可以由基类进行处理。

首先，每个字段都可以有一个标题。这不仅使代码更具可读性和可理解性，
也为其他工具提供了一种自动记录字段的方式，其中不仅包含字段成员变量的名
称，还包含更多有用的信息。规划验证不会造成什么损害，因此我们还将添加一
种方式来指示字段是否为必需字段。

```
class Column:
    """
    An individual column within a CSV file. This serves as a base for
    attributes and methods that are common to all types of columns.
    Subclasses of Column will define behavior for more specific data
    types.
    """

    def __init__(self, title=None, required=True):
        self.title = title
        self.required = required
```

请注意标题是可选的,如果没有提供标题,那么可以从分配给字段成员变量的名称中收集一个简单的标题。然而,字段还不知道上述名称是什么,因此我们必须稍后再回来使用该功能。此外,我们假设大多数字段都是必需的,因此这是默认设置,需要在每个字段的基础上进行覆盖。

提示 必需字段对于 CSV 框架可能没有什么价值,因为数据来自文件而不是直接来自用户,但它们可能很有用,比如 sheets 框架,它最终可以验证传入的文件或即将保存到传出文件的数据。在一开始就包含支持可以在稍后添加的功能,对于任何框架来说通常都是一个良好的特性。

对于 sheets 框架的字段,你可能已经有了其他参数。如果是这样的话,现在可以按照相同的基本模式添加它们。不过不必担心一开始就计划好一切,以后还有很多机会可以添加更多的内容。接下来的任务是将字段正确附加到它们所关联的类。

11.2.3 将字段附加到类

我们需要设置一个钩子(hook),以从分配了字段的类中获取其他数据,包括字段的名称。顾名思义,新的 attach_to_class()方法负责将一个字段附加到分配该字段的类。即使 Python 会自动将成员变量添加到它们被分配的类中,以上赋值操作也不会向成员变量传递任何内容,因此我们必须在元类中执行这样的操作。

首先,我们需要确定成员变量需要哪些信息以了解具体是如何分配的。在准备了标题之后,很明显成员变量需要知道在分配时赋予的名称是什么。通过直接在代码中获取名称,我们可以避免必须将名称作为实例化的成员变量参数单独写入的麻烦。

sheets 框架的长期灵活性还将依赖于向成员变量提供尽可能多的信息,以便可以通过自省它们所附加到的类轻松地提供高级功能。然而，名称本身并不能说明成员变量现在所附加到的类的任何信息，因此我们还必须在元类中提供这一点。

　　最后，先前定义的选项(例如 encoding)将对成员变量的行为产生一些影响。与其期望成员变量必须根据传入的类来检索这些选项，还不如简单地将这些选项作为另一个参数接收。attach_to_class()方法如下所示：

```
class Column:
    """
    An individual column within a CSV file. This serves as a base for
    attributes and methods that are common to all types of columns.
    Subclasses of Column will define behavior for more specific data
    types.
    """

    def __init__(self, title=None, required=True):
        self.title = title
        self.required = required
    def attach_to_class(self, cls, name, options):
        self.cls = cls
        self.name = name
        self.options = options
```

　　仅此一项就可以允许成员变量对象的其他方法访问大量信息，比如类的名称、在类中声明了哪些其他成员变量和方法、在哪个模块中定义，等等。然而，我们需要使用这些信息的第一个任务比较简单，因为我们仍然需要处理标题。如果在创建成员变量时未指定标题，那么可以使用名称定义标题，如下所示：

```
class Column:
    """
    An individual column within a CSV file. This serves as a base for
    attributes and methods that are common to all types of columns.
    Subclasses of Column will define behavior for more specific data
    types.
    """

    def __init__(self, title=None, required=True):
        self.title = title
        self.required = required
    def attach_to_class(self, cls, name, options):
        self.cls = cls
```

```
        self.name = name
        self.options = options
    if self.title is None:
        # Check for None so that an empty string will skip this
        # behavior
        self.title = name.replace('_', ' ')
```

这个附加的成员变量的名称带有下画线，从而能够转换为使用多个单词的标题。我们可以使用其他约定，但这很简单，对于大多数情况来说这都是正确的，并且符合常见的命名约定。这种简单的方法将涵盖大多数用例，不会难以理解或难以维护。

正如注释中指出的那样，通过显式地检查 None 而不是简单地将未指定的标题赋值为 False，针对这一新功能的 if 测试违反了标准习惯用法。在这里我们以"正确"的方式进行操作，删除以空字符串指定标题的功能，这可以明确地表明不需要标题。

通过检查 None，将允许仍然保留空字符串作为标题，而不是用成员变量名替换。空标题可以用来表示不需要在文件数据的显示中显示列。这个示例说明注释对于理解一段代码的意图是至关重要的。

提示 尽管 attach_to_class()方法没有使用提供的选项，但在协议中包含这些选项通常也是个好主意。11.2.4 节将演示如何将这些选项作为类的成员变量提供，但将它们作为自己的参数进行传递可能会更清楚。如果框架需要将这些类级别的选项应用于各个字段，那么接收它们作为参数相比从类中提取它们要容易得多。

11.2.4 添加元类

有了 attach_to_class()方法后，我们现在必须转到问题的另一边。毕竟，attach_to_class()只能接收信息，而元类负责提供信息。到目前为止，我们甚至还没有开始研究 sheets 框架的元类，因此我们需要从基础开始。

所有元类都是通过子类化 type 开始的。在这个示例中，我们还将添加__init__()方法，因为我们需要做的就是在 Python 完成类定义的内容之后处理它们。首先，元类需要识别类中定义的所有选项，并创建新的 Dialect 对象来保存它们。有好几种方法可以做到这一点。

显而易见的选择是简单地将选项定义为类级别的成员变量。这将使以后定义各个类变得容易，但也会带来一些可能不那么明显的问题。首先，这会打乱主类的命名空间，如果试图创建一个类来处理包含有关编码文档信息的 CSV 文件，那么可能拥有一个名为 encoding 的列。由于我们还有一个名为 encoding 的类选项，因此我们必须将我们的列命名为其他名称，以避免其中一个覆盖另一个并引起问题。

从更实际的角度看，如果选项包含在自己的命名空间中，那么选择起来会更加容易。通过轻松识别哪些成员变量是选项，我们可以将它们全部作为参数传递给 Dialect 类，并立即知道是否缺少了任何内容或是否指定了无效的名称。因此，现在的任务是确定如何为选项提供新的命名空间，同时仍将它们声明为主类的一部分。

最简单的解决方案是使用内部类。除了任何其他成员变量和方法外，还可以添加一个名为 Dialect 的新类，以包含各种赋值选项。通过这种方式，我们可以让 Python 创建和管理额外的命名空间，这样我们所要做的工作就是在成员变量列表中查找 Dialect 名称并将其提取出来。

提示　即使内部的 Dialect 类与其他的成员变量和方法都位于主命名空间中，发生冲突的可能性也较小。此外，我们使用以大写字母开头的名称，由于这不符合成员变量和方法的命名规范，因此与它们发生冲突的概率更小了。因为 Python 中变量的命名是区分大小写的，所以我们可以自由地为类定义名为 dialect 的成员变量(注意小写的 d)，而不用担心与 Dialect 类发生冲突。

为了提取这个新的 Dialect 类，我们将转向 sheets 框架中元类的第一个实现。由于这将有助于形成将来继承的基类，因此我们将代码放入一个名为 base.py 的新模块中：

```python
from sheets import options

class RowMeta(type):
    def __init__(cls, name, bases, attrs):
        if 'Dialect' in attrs:
            # Filter out Python's own additions to the namespace
            items = attrs['Dialect'].__dict__.items()
            items = dict((k, v) for (k, v) in items if not
                    k.startswith('__'))
        else:
            # No dialect options were explicitly defined
            items = {}
        dialect = options.Dialect(**items)
```

现在，这些选项已从类定义中提取出来并填充了 Dialect 对象，我们需要对这个新的 Dialect 对象执行一些操作。我们从 attach_to_class()方法的定义中了解到，每个已定义的字段成员变量都被传递到该方法，但是还有其他什么吗？

本着为方便以后使用保留尽可能多的信息的精神，我们将把它们分配给类本身。但由于大写字母的名称和成员变量名称一样不起作用，因此最好重命名为更合适的名称。由于形成了可在框架内部工作的私有接口，因此我们可以在新名称的前面加上下画线来进一步防止发生任何意外的命名冲突，示例如下：

```python
from sheets import options

class RowMeta(type):
    def __init__(cls, name, bases, attrs):
        if 'Dialect' in attrs:
            # Filter out Python's own additions to the namespace
            items = attrs.pop('Dialect').__dict__.items()
            items = {k: v for k, v in items if not k.startswith('__')}
        else:
            # No dialect options were explicitly defined
            items = {}
        cls._dialect = options.Dialect(**items)
```

终于，我们现在可以将所有内容放在适当的位置，以继续使用字段成员变量。第一个任务是在类定义中找到它们，并对找到的任何对象调用 attach_to_class()方法。这个任务通过遍历成员变量的简单循环便可轻松实现：

```python
from sheets import options

class RowMeta(type):
    def __init__(cls, name, bases, attrs):
        if 'Dialect' in attrs:
            # Filter out Python's own additions to the namespace
            items = attrs.pop('Dialect').__dict__.items()
            items = {k: v for k, v in items if not
                        k.startswith('__')}
        else:
            # No dialect options were explicitly defined
            items = {}
        cls._dialect = options.Dialect(**items)

        for key, attr in attrs.items():
            if hasattr(attr, 'attach_to_class'):
                attr.attach_to_class(cls, key, cls._dialect)
```

元类 RowMeta 中包含的 for 循环只是检查每个成员变量，看看它们是否具有 attach_to_class()方法。如果有的话，就调用该方法，并传入类对象和成员变量的名称。这样，所有列都可以在流程的早期阶段获得它们所需的信息。

鸭子类型

元类 RowMeta 使用 hasattr()检查 attach_to_class()方法是否存在，而不是简单地检查成员变量是否为 Column 的实例。Column 的所有实例实际上都应该有必要的方法，但是通过使用 hasattr()，我们可以为任何类型的对象打开它们。可以将 attach_to_class()添加到其他类型的成员变量、描述符甚至方法中，从而可以快速轻松地访问更高级的功能。元类只精确地检查需要什么，其余部分则会保持灵活性，这是鸭子类型的主要优势。这个概念来源于 James Whitcomb Riley 提出的鸭子测试。"鸭子测试"可以这样表述："如果看到一只鸟走起来像鸭子、游泳起来像鸭子、叫起来也像鸭子，那么这只鸟就可以认为是鸭子。"

现在，为了填充 base.py 的其余部分，所需要做的就是包含一个真正的基类，单个的 CSV 定义可以继承这个基类。因为每个子类在电子表格中都是一行，所以我们可以将基类命名为 Row 来表示用途。目前需要做的就是将 RowMeta 作为元类包含在内，以自动获得必要的行为。

```
#in base.py
class Row(metaclass=RowMeta):
    pass
```

11.2.5　整合

从技术上讲，现在所有的东西都已就绪，但是仍然有一个重要的部分需要处理。目前我们有三个不同的模块，每个模块都有一些需要在公共 API 中公开的部分。理想情况下，所有的重要信息都应该能够从一个中心导入获得，而不是从三个甚至更多个中心导入获得。

如果还没有创建__init__.py 模块，请在前面提到的其他脚本所在的目录中创建__init__.py 文件。该文件可以是空的，并且仍然能够单独导入所有软件包，你只需要稍作努力，便可以更好地使用该文件。因为这是直接导入包名时导入的文件，所以我们可以将它作为触发器，从所有其他文件中提取有用的信息。

打开__init__.py 脚本，写入如下代码：

```
from sheets.base import *
from sheets.options import *
```

```
from sheets.columns import *
```

> **注意** 通常情况下，使用星号导入所有内容并不是什么好主意，因为这会使你更难以确定某些模块或对象来自何处。由于这个模块只是导入代码而不执行任何操作，因此这里不会有什么问题。只要软件包是单独导入的，例如 import sheets，就不会混淆对象来自何处。另外，因为我们不必提到任何对象的名称，所以这也适用于我们可能添加到这些模块的任何内容。

我们现在已经有了足够的工作部件来表明 sheets 框架是可以正常运行的,至少执行一些基本操作是没有问题的。如果我们从框架代码本身创建 example.py 目录,那么 sheets 框架就处于 PYTHONPATH 中了。我们现在可以创建一个类,该类可以执行一些非常简单的任务,从而表明以上工作部件已经开始整合在一起了,代码如下所示:

```
import sheets

class Example(sheets.Row):
    title = sheets.Column()
    description = sheets.Column()

if __name__ == '__main__':
    print(Example._dialect)
    print(Example.title)
```

到目前为止，所有这些实际上都只是允许我们对列执行重命名操作。为了将它们与 CSV 文件中的数据对齐，我们需要知道在类中定义字段的顺序。

11.3 字段排序

就目前而言，这些字段都可以作为类本身的成员变量使用。这使你可以获取有关各个字段的一些信息，但前提是知道字段的名称。如果没有名称，就必须检查类的所有成员变量,并检查其中哪些是 Column 的实例,哪些是 Column 的子类。然而，即使这样做，也仍然不知道它们的定义顺序，因此不可能将它们与 CSV 文件中的数据对齐。

为了解决这两个问题，我们需要建立列的列表，其中的每一列都可以按照定义的顺序进行存储。但首先我们需要能够在运行时识别列的定义顺序，因而需要询问开发人员。至少有三种不同的方法可以做到这一点，其中的每种方法都有自己的优势。

11.3.1　DeclarativeMeta.__prepare__()

在第 4 章我们已经展示了在 Python 中处理组成类定义的代码块时，元类可以控制类命名空间的行为。通过为声明性元类(在本例中是 RowMeta)添加__prepare__()方法，我们可以提供一个有序字典，从而保存成员变量赋值自身的顺序。这非常简单，只需要导入一个有序字典就可实现，然后从自定义的__prepare__()方法中返回。代码示例如下：

```python
from collections import OrderedDict

from sheets import options

class RowMeta(type):
    def __init__(cls, name, bases, attrs):
        if 'Dialect' in attrs:
            # Filter out Python's own additions to the namespace
            items = attrs.pop('Dialect').__dict__.items()
            items = {k: v for k, v in items if not k.startswith('__')}
        else:
            # No dialect options were explicitly defined
            items = {}

        cls._dialect = options.Dialect(**items)
        for key, attr in attrs.items():
            if hasattr(attr, 'attach_to_class'):
                attr.attach_to_class(cls, key, cls._dialect)

    @classmethod
    def __prepare__(self, name, bases):
        return OrderedDict()
```

然而这只让我们前进了一小段路，现在命名空间字典里包含了所有的类成员变量，并且知道它们的定义顺序，但是我们没有解决仅包含 CSV 列的简单列表的问题。命名空间字典还将保存所有已定义的方法和其他杂项的成员变量，因此我们仍然需要从中获取列并将它们放入另一个列表中。

一种显而易见的方法是查看字典中的每个成员变量，并检查是否是列。这与本节前面提到的过程相同，但现在的区别在于可以将复杂性隐藏在元类内部。

因为__init__()会在整个主体被处理之后运行，所以它的 attrs 参数将是一个包含所有成员变量的有序字典。剩下要做的就是对它们进行循环，并取出能找到的任何列。同样，本着鸭子类型的精神，我们将使用 attach_to_class()方法来确定哪

些成员变量是列。实际上，我们可以使用现有的循环，并将新代码注入内部的 if
代码块中。

为了在现实世界中使用，需要将它们放置在更有用的位置，比如类的成员变
量_dialect 中存储的 Dialect 对象。与其简单地从外部分配列表，不如让 Dialect 通
过为列表提供 add_column()方法来管理列表本身，我们可以从元类中调用这个方
法，这样会更有意义。

```python
class Dialect:
    """
    A container for dialect options that control how a CSV file should
    be handled when converting it to a set of objects.

    has_header_row
        A Boolean indicating whether the file has a row containing
        header values. If True, that row will be skipped when looking
        for data. Defaults to False.

    For a list of additional options that can be passed in, see
    documentation for the dialects and formatting parameters of
    Python's csv module at http://docs.python.org/library/csv.html
    # dialects-and-formatting-parameters
    """
    def __init__(self, has_header_row=False, **kwargs):
        self.has_header_row = has_header_row
        self.csv_dialect = kwargs
        self.columns = []

    def add_column(self, column):
        self.columns.append(column)
```

既然 Dialect 知道如何保持字段的记录，那么只需要对 RowMeta 进行更改，
以便在发现列时将它们添加到 Dialect 中即可。由于命名空间已经根据成员变量的
赋值时间做了排序，因此我们可以确保它们会以正确的顺序附加到类。我们可以
简单地在列的 attach_to_class()方法中添加对 Dialect 对象的 add_column()方法的快
速调用。代码示例如下：

```python
class Column:
    """
    An individual column within a CSV file. This serves as a base for
    attributes and methods that are common to all types of columns.
```

```
Subclasses of Column will define behavior for more specific data
types.
"""

def __init__(self, title=None, required=True):
    self.title = title
    self.required = required

def attach_to_class(self, cls, name, dialect):
    self.cls = cls
    self.name = name
    self.dialect = dialect
    if self.title is None:
        # Check for None so that an empty string will skip this
        # behavior
        self.title = name.replace('_', ' ')
    dialect.add_column(self)
```

注意 这个示例还将 options 成员变量的名称改成了 dialect，这是为了与 sheets 框架的其余部分保持一致。

现在，我们有了一种简单的方法，可以按原始顺序访问提供给 Column 类的列。但是，这种方法存在如下明显的缺陷：__prepare__()技术仅在 3.0 之后的 Python 版本中可用。因为在此之前的 Python 版本中没有与之等效的功能，所以任何较旧的版本都需要使用完全不同的方法来解决这个问题。

利用 Python 的类处理机制的基本原则如下：必须将类的主体作为代码块执行。这意味着每个列成员变量都按照它们在类定义中的写入顺序进行实例化。Column 类已经有了一个在实例化成员变量时运行的代码块，可以对其进行扩展以跟踪每个实例化操作。

11.3.2　Column.__init__()

最明显的选择是调用__init__()方法。我们在实例化每个 Column 对象时都会调用该方法，因此可以方便地跟踪遇到这些对象的顺序。实际过程相当简单，我们需要的只是一个计数器，无论正在处理哪一列，该计数器都可以保留在一个地方，并且每当找到新列时，都会使用一小段代码来递增该计数器。代码示例如下：

```
class Column:
    """
    An individual column within a CSV file. This serves as a base
```

```
    for attributes and methods that are common to all types of columns.
    Subclasses of Column will define behavior for more specific data
    types.
    """
    # This will be updated for each column that's instantiated.
    counter = 0
    def __init__(self, title=None, required=True):
        self.title = title
        self.required = required
        self.counter = Column.counter
        Column.counter += 1
    def attach_to_class(self, cls, name, dialect):
        self.cls = cls
        self.name = name
        self.dialect = dialect
        if self.title is None:
            # Check for None so that an empty string will skip this
            # behavior
            self.title = name.replace('_', ' ')
        dialect.add_column(self)
```

这段代码解决了部分问题。现在，每一列都有成员变量 counter，用于指示对应其余列中的位置。

简洁胜于复杂

实际上，计数器将跨越所有列进行维护，而无论它们被分配到哪个类。尽管这在技术上有点过头，但实际上并不会造成什么损害。每一组列仍将在同级列之间适当地进行排序，因此它们可以正确排序而不会出现问题。更重要的是，如果为每个类重置计数器的话，将会使代码变得非常复杂。

首先，我们需要为每个可以附加列的类提供一个单独的计数器。在调用 attach_to_class()方法之前，列并不知道它们被分配给了哪个类，因此我们必须在其中放置一些代码来确定何时处理新的类。但是，因为这发生在计数器已经在 __init__()中递增之后，所以需要在将计数器分配给新类的新位置时重置计数器。

当然，可以为每个单独的类保留一个单独的计数器，但这样做并不会给这个过程添加任何东西。对于大多数情况，由于更简单的表单也具有同样的功能，因此增加复杂性并不值得。如果有一个长时间运行的流程，它会定期动态地创建 Row 子类，那么计数器可能会溢出并导致问题。在这种情况下，你需要采取一些附加步骤，以确保一切正常进行。

下一步是使用计数器强制对存储在 Dialect 对象中的列进行排序。在 __prepare__()方法中，命名空间将自行处理排序，因此无须执行其他任何操作。在这里，我们需要显式地对字段列表进行排序，并使用成员变量 counter 来确定顺序。

我们不能在 __init__()中立即执行，因为这会得到所有成员变量的字典而不仅仅是列。在使用 attach_to_class()方法处理成员变量之前，还不知道哪些成员变量是列。在使用 attach_to_class()处理所有列之后，可对列表进行排序，从而提供一个更完整的列表，其中列的顺序是正确的。以下是需要添加到 RowMeta 类中的内容：

```
from sheets import options

class RowMeta(type):
    def __init__(cls, name, bases, attrs):
        if 'Dialect' in attrs:
            # Filter out Python's own additions to the namespace
            items = attrs.pop('Dialect').__dict__.items()
            items = {k: v for k, v in items if not k.startswith('__')}
        else:
            # No dialect options were explicitly defined
            items = {}
        cls._dialect = options.Dialect(**items)
        for key, attr in attrs.items():
            if hasattr(attr, 'attach_to_class'):
                attr.attach_to_class(cls, key, cls._dialect)
        # Sort the columns according to their order of instantiation
        cls._dialect.columns.sort(key=lambda column: column.counter)
```

这个函数调用看起来可能比实际情况要复杂一些。这里只是执行标准的排序操作，但却使用了一个函数 sort()，该函数将被调用以确定排序时将要使用的值。我们可以向 Column 类添加一个方法，这个方法只返回计数器并使用它，但是由于仅在此处使用，因此可借助 lambda 函数通过内嵌的形式来执行相同的工作。

简洁胜于复杂

另一种选择是在处理 attach_to_class()时对列表进行排序。前面显示的 attach_to_class()的默认实现已经在提供的 Dialect 对象上调用了 add_column()，因此这是做这项工作的最佳选择。但这需要执行一些额外的步骤。在每次添加新列时尝试对整个列表进行排序是没有意义的，但是我们可以使用标准库中的 bisect 模块来更有效地保持顺序。

bisect 模块提供了 insert()函数,用于将新元素插入现有的序列中,同时保留这些元素的顺序。但是,与标准的 sort()函数不同的是,insert()函数不接收键作为参数,而是依赖于使用运算符<来比较两个元素。如果一个元素比另一个元素小,那么前者在序列中就会被放置在更靠前的位置。这是有意义的,但是在不使用显式的键的情况下,我们需要在 Column 类上实现__lt__()方法以支持 insert()函数。

现在,进行排序只需要一行额外的代码,而尝试从头到尾进行排序则会在 Column 类上引入另一个方法。通过这种方式,我们获得的唯一好处就是能够看到我们到目前为止已经处理过的所有列的顺序,但是由于新的列可能被放置在任何地方,因此在所有列都被处理之前,列表并不是那么有用。所以我们最好保持简单,然后再对列表进行一次排序。

当__prepare__()方法不可用时,无论其他的首选项是什么,都必须使用这种方式来添加大多数代码。唯一能使用不同方法的操作是更新计数器的值。

到目前为止,我们已经使用了 Column 类的__init__()方法,因为该方法总是在实例化期间被调用,并且无论如何也已经有了基本的实现。问题是,许多__init__()方法只用于将参数值保存为对象的成员变量,因此程序员已经开始期望执行类似的行为。除了管理计数器外,我们自己的__init__()方法也可以完美地解决这个需求。

因此,如果程序员想要编写新列,但不使用任何与 Column 基类相同的参数,那么他们可以很容易地编写一个不调用super()的__init__()方法。如果不使用super()来触发原始的__init__()方法,新列将无法正确排序。由于成员变量 counter 将始终与之前处理的内容相同,因此 sort()将无法可靠地确定它所属的位置。

你可能会争辩,认为这里的问题在于程序员觉得__init__()不会做任何有价值的事情,但这并不是解决问题的有效方法。如果有人忘记使用 super(),我们还有很多方法可以让框架使用起来更方便,从而避免出现问题。

11.3.3　Column.__new__()

考虑不使用__init__()方法的实例化操作,下一个明智的选择是使用__new__()方法,因为该方法会在流程的早期被调用。使用__new__()可以完成相同的工作而不用与__init__()竞争,因此它们可以彼此独立。对象的初始化仍然可以在__init__()方法中进行,留下__new__()方法来管理计数器的值。

```
class Column:
    """

    An individual column within a CSV file. This serves as a base for
```

```
attributes and methods that are common to all types of columns.
Subclasses of Column will define behavior for more specific data
types.
"""
# This will be updated for each column that's instantiated.
counter = 0
def __new__(cls, *args, **kwargs):
    # Keep track of the order each column is instantiated
    obj = super(Column, cls).__new__(cls, *args, **kwargs)
    obj.counter = Column.counter
    Column.counter += 1
    return obj

def __init__(self, title=None, required=True):
    self.title = title
    self.required = required

def attach_to_class(self, cls, name, dialect):
    self.cls = cls
    self.name = name
    self.dialect = dialect
    if self.title is None:
        # Check for None so that an empty string will skip this
        # behavior
        self.title = name.replace('_', ' ')
    dialect.add_column(self)
```

　　__new__()方法中的代码与此前__init__()方法中的代码相比有所增加,因为__new__()负责创建和返回新对象。因此,我们需要在分配计数器之前显式地创建对象。然后,我们需要显式地返回新对象,以便其他任何对象都可以访问。

　　使用__new__()代替__init__(),仅仅是减少与自定义实现发生冲突的可能性的一种方法。这种可能性较小,但子类仍然可以自行提供__new__()方法,而且这样执行却不使用 super()仍然会导致问题发生。还有另一种选择,就是进一步分离计数器的行为。

11.3.4 CounterMeta.__call__()

　　当实例化类时,还有另一个方法也会被调用,理解这一点很重要。从技术上讲,类对象本身是作为函数被调用的,这意味着在某个地方__call__()方法将被调用。因为__call__()仅作为实例方法执行,但实例化是在调用类时发生的,所以我们需要将类视为元类的实例。

这意味着我们可以创建元类来支持完全在 Column 类之外的计数器功能。带有__call__()方法的简单 CounterMeta 类可以自行跟踪计数器,然后 Column 类可以将它用作自己的元类。__call__()方法的主体在本质上看起来就像__new__(),因为它们被调用的过程几乎相同,并且都需要使用 super()创建对象并显式地返回。

```python
class CounterMeta(type):
    """
    A simple metaclass that keeps track of the order that each
    instance of a given class was instantiated.
    """
    counter = 0

    def __call__(cls, *args, **kwargs):
        obj = super(CounterMeta, cls).__call__(*args, **kwargs)
        obj.counter = CounterMeta.counter
        CounterMeta.counter += 1
        return obj
```

现在,所有这些功能都被隔离到了元类中,Column 类变得更简单了。它可以摆脱所有的计数器处理代码,包括整个__new__()方法。现在,只需要使用 CounterMeta 作为元类即可维护计数行为:

```python
class Column(metaclass=CounterMeta):
    """
    An individual column within a CSV file. This serves as a base for
    attributes and methods that are common to all types of columns.
    Subclasses of Column will define behavior for more specific data
    types.
    """

    def __init__(self, title=None, required=True):
        self.title = title
        self.required = required

    def attach_to_class(self, cls, name, dialect):
        self.cls = cls
        self.name = name
        self.dialect = dialect
        if self.title is None:
            # Check for None so that an empty string will skip this
```

```
        # behavior
        self.title = name.replace('_', ' ')
    dialect.add_column(self)
```

事实上，CounterMeta 现在能够为任何需要它的类提供这种计数行为。通过简单地应用元类，给定类的每个实例都将附加成员变量 counter。然后就可以使用计数器根据实例的实例化时间，对它们进行排序，就像 sheets 框架中的列一样。

11.3.5　挑选选项

在已提供的所有选项中，确定选择哪个选项并不总是那么容易。每添加一层灵活性，代码的复杂性也随之增加，因此最好尽可能保持简单。在 Python 3.x 环境中工作时，__prepare__() 绝对是可行的方法。该方法不需要任何额外的类来支持，也不需要在事后对列的列表进行排序，并且可以在不使用 Column 类的情况下工作。

早期 Python 2.x 版本中的选项更具主观性。选择哪一个选项主要取决于对目标受众的期望程度，以及我们愿意在代码中加入多少复杂性。更简单的解决方案需要用户更加警惕，因此你需要决定什么是最重要的。

由于本书针对的是 Python 3.x 版本，因此书中的其余示例都将使用__prepare__()方法。当然，只有在使用一组字段时，对一组字段进行排序的功能才有用。

11.4　构建字段库

在大多数声明性框架中，包括 sheets 框架，字段的主要功能是在 Python 原生对象和其他一些数据格式之间转换数据。在我们的示例中，另一种格式是 CSV 文件中包含的字符串，因此我们需要一种能够在这些字符串和字段表示的对象之间进行转换的方法。在深入探讨特定字段类型的细节之前，我们需要设置一些用于管理数据转换的方法。

第一个方法是 to_python()，该方法从文件中获取一个字符串，并将该字符串转换为 Python 原生的值。每次从文件中读入一行时，都会对每一列执行此操作，以确保可以在 Python 中使用正确类型的值。因为每种类型的行为都会有所不同，所以我们委托给 to_python()这样的方法，从而允许在单个类上更改这种特定的行为，而不必在 Column 类上进行全部的更改。

第二个方法是 to_string()，作用与 to_python()方法正好相反，to_string()方法将在保存带有 Python 赋值的 CSV 文件时被调用。由于 csv 模块在默认情况下就会处理字符串，因此 to_string()方法可用于提供特定 CSV 格式所需的任何特殊格式。委托 to_string()方法则意味着每个列都可以有自己的选项，以适应属于相应字段的数据。

　　尽管每种数据类型的行为方式都不同，但在默认情况下，Column 基类也可以支持简单的用例。csv 模块仅处理以文本模式打开的文件，因此 Python 自己的文件访问功能会在读取数据时管理到 Unicode 的转换。这意味着来自 csv 模块的值已经是一个字符串，可以轻松使用。

```python
class Column:
    """
    An individual column within a CSV file. This serves as a base for
    attributes and methods that are common to all types of columns.
    Subclasses of Column will define behavior for more specific data
    types.
    """

    def __init__(self, title=None, required=True):
        self.title = title
        self.required = required

    def attach_to_class(self, cls, name, dialect):
        self.cls = cls
        self.name = name
        self.dialect = dialect
        if self.title is None:
            # Check for None so that an empty string will skip this
            # behavior
            self.title = name.replace('_', ' ')
        dialect.add_column(self)

    def to_python(self, value):
        """
        Convert the given string to a native Python object.
        """
        return value

    def to_string(self, value):
        """
        Convert the given Python object to a string.
        """
        return value
```

现在，我们可以开始为各种数据类型实现它们。

11.4.1　StringField(字符串字段)

下面首先从字符串字段开始，字符串字段可以包含任意数量的、更具体的数据形式。标题、名称、地点、描述和注释，这些只是你可能在这类字段中找到的更具体值的一些示例，但从技术角度看，它们的工作方式都相同。sheets 框架不关心将要处理的字符串的形式，只需要确保它们实际上是字符串即可。

csv 模块提供了字符串，因此 stringField 类实际上不需要做很多事情。事实上，to_python()和 to_string()完全不需要任何自定义的实现，因为它们只需要返回给定的内容即可。StringColumn(字符串列)提供的最重要的东西实际上是名称本身。

根据与之交互的数据的类型，成员变量在某种程度上可以是自解释性的。可以通过 StringColumn(字符串列)清楚地了解字符串的工作方式，而不是只使用通用的 Column 来描述字符串是如何来回传递的。

```
class StringColumn(Column):
    """
    A column that contains data formatted as generic strings.
    """
    pass
```

实际上，你甚至可以调用 StringColumn 来替代基类 Column，因为 Column 自己就完成了这项工作。但在进行子类化时，比如需要使用 IntegerColumn(整数列)这样的子类来对 StringColumn 进行子类化时，会导致混淆。为了清晰明了地说明问题，基类将保留为 Column，并且每个子类仅添加必要的特性，即使除了名称外没有添加任何内容。

11.4.2　IntegerColumn(整数列)

要添加管理的下一个字段类型是整数。数字在电子表格中被大量使用，可以存储从年龄到销售数字，再到库存计数的所有内容。大多数情况下，这些数字都是纯整数，可以使用内置的 int()函数轻松转换：

```
class IntegerColumn(Column):
    """
    A column that contains data in the form of numeric integers.
    """
    def to_python(self, value):
        return int(value)
```

IntegerColumn 实际上并不需要实现 to_string()方法，因为 csv 模块会根据给定的值自动调用 str()。因为无论如何我们都是在 to_string()方法中完成任务，所以可以省略，让框架处理此类任务。正如你将在其他字段类型中看到的那样，当指定要使用更明确的格式时，to_string()方法最有用，简单地写出一个数字并不需要太大的灵活性。

11.4.3　FloatColumn(浮点数列)

电子表格中的许多数字具有比整数更精细的粒度，需要额外的信息来传达小数点之外的值。浮点数是处理这些值的一种不错的方式，并且将它们作为一列来支持就像使用 IntegerColumn 一样简单。我们可以简单地将所有 int 实例替换为 float 实例并完成操作:

```
class FloatColumn(Column):
    """
    A column that contains data in the form of floating point numbers.
    """
    def to_python(self, value):
        return float(value)
```

当然在很多情况下，当涉及查看浮点数或将它们相加在一起时，浮点数也会遇到问题。这是由于小数点中缺少定义的精度引起的，精度会根据给定值在代码中的表示方式而浮动。为了更明确地避免四舍五入等问题，我们转向使用 DecimalColumn。

11.4.4　DecimalColumn(小数列)

与 FloatColumn(浮点数列)一样，DecimalColumn(小数列)可以处理除整数外的数字。但是，DecimalColumn(小数列)使用的不是浮点数，而是依赖于 Python 提供的 decimal 模块的功能。Decimal 类型的值会在原始数字中保留尽可能多的细节，这有助于防止四舍五入的问题。这使得小数更适合与货币类电子表格一起使用。

在 Python 中，小数是使用 decimal 模块提供的，decimal 模块提供了 Decimal 类来管理此类数字。因此，DecimalColumn 需要将数字从 CSV 文件中的文本转换为 Python 中的 Decimal 对象，然后再转换回来。与浮点数一样，Decimal 本身已经可以很好地转换为字符串，因此在读取值时，DecimalColumn 真正需要做的唯一转换就是从字符串转换为 Decimal。由于 Decimal 是为处理字符串而设计的，因此到目前为止，浮点数列就像前面已展示的其他数列一样简单。

```
import decimal

class DecimalColumn(Column):
    """
    A column that contains data in the form of decimal values,
    represented in Python by decimal.Decimal.
    """
    def to_python(self, value):
        return decimal.Decimal(value)
```

如果无法正确转换值，则前面提到的那些类中的方法都会抛出 ValueError 异常，我们稍后可以用来进行验证。然而与前面提到的那些类中的方法相比，DecimalColumn 类中的方法有如下不同之处：Decimal 在实例化过程中确实会进行验证，并且会从 decimal 模块中抛出 InvalidOperation 异常。为了与其他类中的方法的行为相匹配，需要捕获 InvalidOperation 异常并重新定义为 ValueError 异常：

```
import decimal

class DecimalColumn(Column):
    """
    A column that contains data in the form of decimal values,
    represented in Python by decimal.Decimal.
    """
    def to_python(self, value):
        try:
            return decimal.Decimal(value)
        except decimal.InvalidOperation as e:
            raise ValueError(str(e))
```

尽管 DecimalColumn 能够支持更专业的数据类型，但它背后的代码仍然相当简单。相比之下，支持日期需要增加一些额外的复杂性。

11.4.5　DateColumn(日期列)

日期在电子表格文档中也很常见，它能够存储从员工发薪日和假期到会议议程和出勤等所有内容。与十进制数值一样，日期需要使用单独的类来提供 Python 原生的数据类型，但有如下显著区别：日期没有通用的字符串表示形式。虽然已有一些相当成熟的标准，但从日期组件的位置到用于分隔它们的标点符号，仍然有很多不同之处。

为了支持必要的灵活性，新的 DateColumn 需要在实例化期间接收格式字符

串，格式字符串可用于解析文件中的值以及构造要存储在文件中的字符串。Python
日期已经使用了灵活的格式字符串语法[1]，因此没有必要为了 sheets 框架而创建一
种新格式。但为了在实例化期间指定格式，需要重写__init__()方法：

```
class DateColumn(Column):
    """
    A column that contains data in the form of dates,
    represented in Python by datetime.date.
    format
        A strptime()-style format string.
        See http://docs.python.org/library/datetime.html for details
    """
    def __init__(self, *args, format='%Y-%m-%d', **kwargs):
    super(DateColumn, self).__init__(*args, **kwargs)
        self.format = format
```

注意，format 对象有默认值。通常最好的做法是为字段成员变量提供这样的
默认值，以便用户可以快速启动和运行。之所以选择这里使用的默认值，是因为
它们相当常见，并且已按照从最不具体到最具体的顺序依次排列。这有助于降
低我们在不同文化中可能遇到的日期格式不同的模糊性。但是，由于目标是处
理现有数据，因此特定的 Row 类总是可以通过给定文件使用的任何格式来覆盖
此行为。

既然格式在 DateColumn(日期列)对象上可用，那么下一步(与其他对象一样)
就是创建 to_python()方法。Python 的 datetime 对象会将日期的每个组成部分作为
单独的参数接收，但是由于 to_python()仅能获取字符串，因此我们需要用另一个
方法来实现。另一种选择是采用名为 strptime()的 datetime 类方法。

strptime()方法将字符串值作为第一个参数，将格式字符串作为第二个参数。
然后根据格式字符串解析字符串值并返回一个 datetime 对象。但我们实际上并不
需要一个完整的 datetime 对象，因此也可以使用该对象的 date()方法仅返回值的日
期部分作为 date 对象。

```
import datetime

class DateColumn(Column):
    """
    A column that contains data in the form of dates,
```

---

[1] http://propython.com/datetime-formatting

```
    represented in Python by datetime.date.
    format
        A strptime()-style format string.
        See http://docs.python.org/library/datetime.html for details
    """
    def __init__(self, *args, format='%Y-%m-%d', **kwargs):
        super(DateColumn, self).__init__(*args, **kwargs)
        self.format = format

    def to_python(self, value):
        """
        Parse a string value according to self.format
        and return only the date portion.
        """
        return datetime.datetime.strptime(value, self.format).date()
```

注意　datetime 是模块的名称，也是类的名称，所以在这里要写两次。

在这里，to_python()存在一个微妙的问题。到目前为止，所有其他字段类型都可以接收字符串和原生对象作为 to_python()中的值，但如果传入的是日期而不是字符串，那么 strptime()将会失败并出现 TypeError。为了在 Python 中构造行并保存到文件中，你需要能够在这里接收一个 datetime 对象，稍后在保存时再转换为字符串。

因为 to_python()应该返回一个原生对象，所以这是一项非常简单的任务。你所需要做的就是检查传入的值是否已经是 date 对象。如果是，to_python()可以简单地返回日期而不需要做更多的工作；否则，就继续进行转换。

```
class DateColumn(Column):
    """
    A column that contains data in the form of dates,
    represented in Python by datetime.date.
    format
        A strptime()-style format string.
        See http://docs.python.org/library/datetime.html for details
    """
    def __init__(self, *args, format='%Y-%m-%d', **kwargs):
        super(DateColumn, self).__init__(*args, **kwargs)
        self.format = format

    def to_python(self, value):
```

```
    """
    Parse a string value according to self.format
    and return only the date portion.
    """
if isinstance(value, datetime.date):
    return value
return datetime.datetime.strptime(value, self.format).date()
```

实际上,编写 to_python()方法是 DateColumn 类中最麻烦的部分。将现有日期转换为字符串甚至更简单,因为可以使用实例方法 strptime()来完成这项工作。

```
import datetime

class DateColumn(Column):
    """
    A column that contains data in the form of dates,
    represented in Python by datetime.date.
    format
        A strptime()-style format string.
        See http://docs.python.org/library/datetime.html for details
    """
    def __init__(self, *args, format='%Y-%m-%d', **kwargs):
        super(DateColumn, self).__init__(*args, **kwargs)
        self.format = format
    def to_python(self, value):
        """
        Parse a string value according to self.format
        and return only the date portion.
        """
        if isinstance(value, datetime.date):
            return value
        return datetime.datetime.strptime(value, self.format).date()
    def to_string(self, value):
        """
        Format a date according to self.format and return that as
        a string.
        """
        return value.strftime(self.format)
```

我们可以继续添加更多的字段,但这里展示的字段已涵盖你在大多数 CSV 文件中所能找到的数据的基本形式,以及在声明性框架中构建自己的字段成员变量所需的大多数技术。接下来，我们需要设置 CSV 功能，以便将这些数据类型用于现实世界。

11.5　回到 CSV

到目前为止，本章已经展示了大量可以应用于各种声明性框架的工具和技术。为了在现实世界中使用它们，需要回到解析 CSV 文件的问题上。本节将要完成的大部分工作也适用于其他框架，但这里将以特定于 CSV 的方式进行介绍。

首先要做的就是查看一下 Python 自己的 csv 模块是如何工作的。完全重新发明轮子毫无意义。理解现有的接口非常重要，这样我们就可以尽可能地去匹配它们。csv 模块的功能是以两种基本的对象类型提供的：读取器和写入器。

读取器和写入器的配置方式类似。它们都接收一个文件参数、一个可选的 dialect 参数和任意数量的关键字参数，这些关键字参数可指定单独的 dialect 参数用以覆盖主 Dialect。读取器和写入器之间的主要区别在于，读取器需要打开文件才可以进行读访问，而写入器则需要写入权限。

对于读取器来说，文件参数通常是一个 file 对象，但实际上也可以是任何可迭代的对象，每次迭代都会产生一个字符串。由于 csv 模块还会处理更复杂的换行用法，因此应始终使用参数 newline="打开文件，以确保 Python 自己的换行处理不会妨碍到你。在下面的示例中，请确保运行脚本的目录中具有 example.csv 文件。

```
>>> import csv
>>> reader = csv.reader(open('example.csv', newline="))
```

一旦实例化了用于特定文件和 Dialect 的 CSV 读取器对象后，CSV 读取器对象就将具有一个非常简单的接口：一个可迭代的对象。可遍历读取器以生成 CSV 文件中的每一行，作为在 csv 模块外部使用的数据结构。标准的 csv.reader 会为每一行生成一个值的列表，因为它唯一知道的就是该行中每个值的位置。

一个更高级的选项是 csv.DictReader，在实例化过程中它也接收一系列的列名，因此每一行都可以作为字典生成。我们的 sheets 框架甚至更进一步，它生成了一个对象，其中的每个值都被转换为 Python 原生的数据类型，并可作为成员变量提供。

相比之下，写入器稍微复杂一些。因为简单的迭代只允许读取值，而不允许写入值，所以写入器依赖于一些方法来完成必要的工作。第一个方法是 writerow()，顾名思义，它用于向文件中写入一行。与之类似的方法 writerows()可以接收行的序列，这些行将按照它们在序列中被找到的顺序写入文件。

确切地说，构成行的内容将根据使用哪种类型的写入器而有所不同。与读取器一样，csv 模块提供了一些不同的选项。标准的 csv.writer 接收每一行的简单值序列，并将每个值放在该行在列表中所能找到的位置。更复杂的 DictWriter 接收一个字典，并使用实例化期间传入的列名序列来确定每个值应该写入行中的哪个位置。

与我们的 sheets 框架一起使用的接口应尽可能类似于这些标准读取器和写入器的接口。sheets 读取器应该是一个可迭代的对象，用于生成定义了所有成员变量的自定义类的实例。同样，sheets 写入器应该接收相同类的实例。在这两种情况下，类定义中成员变量的顺序将用于确定值的位置。

然而，读取器和写入器的一个关键因素是行对象的概念。到目前为止，我们在 sheets 框架中还没有提供任何这样的对象，所以我们需要创建一个。作为基于类的框架，sheets 已经做好了构建可以表示行的对象的准备。Column 和 Dialect 已经在类中定义，因此创建对象的理想方法是简单地用一组值实例化类。这将引入前面描述的 Dialect 和 Column 类的一些方面，以便产生可用的对象。

显然，实现这种行为的地方是在__init__()方法中，但是从那里开始，事情就变得有点棘手了。第一个问题是如何接收成员变量填充后的值。因为我们还不知道任何特定 Row 子类的布局，所以我们必须接收所有的参数，并处理__init__()方法本身的要求。

11.5.1 检查参数

与任何函数一样，__init__()方法的参数可以按位置或按关键字传递，但这个决定在这里有特殊的影响，因为对象可以通过以下两种方式之一进行实例化。当从 CSV 文件实例化时，最简单的方法是以位置方式传递参数。但是，在手动构建实例时，也可以通过关键字传入值，这非常方便。因此，最好接收所有位置和关键字参数，并在内部进行管理。

无效参数的情况在一开始就很明显：位置参数过多，或者关键字参数与任何列名都不匹配。以上每种情况都需要单独的代码来支持，但它们都非常容易使用。对于位置参数过多的情况，我们可以简单地对照列数来检查参数的数量：

```python
class Row(metaclass=RowMeta):
    def __init__(self, *args, **kwargs):
        # First, make sure the arguments make sense
        if len(args) > len(self._dialect.columns):
            msg = "__init__() takes at most %d arguments (%d given)"
            raise TypeError(msg % (len(self._dialect.columns),
                    len(args)))
```

这可以解决传递过多位置参数的问题，使用的错误消息与 Python 在显式定义参数时发出的错误消息相同。下一步是确保提供的所有关键字参数与现有的列名相匹配。通过循环遍历关键字参数的名称并检查列名列表中是否也存在每个关键字参数的名称，就可以很容易地对此进行测试。

因为 Dialect 只存储列的列表，而不存储列名的列表，所以在测试列名之前，最容易做到的是在这里创建一个新的列名列表。稍后要添加到__init__()中的其他代码也将使用这个新的列名列表，因此最好现在就创建。

```
class Row(metaclass=RowMeta):
    def __init__(self, *args, **kwargs):
        # First, make sure the arguments make sense
        column_names = [column.name for column in self._dialect.columns]
        if len(args) > len(column_names):
            msg = "__init__() takes at most %d arguments (%d given)"
            raise TypeError(msg % (len(column_names), len(args)))
        for name in kwargs:
            if name not in column_names:
                msg = "__init__() got an unexpected keyword
                            argument '%s'"
                raise TypeError(msg % name)
```

这可以解决一些明显的情况，但仍然有一种情况尚未涵盖：关键字参数也可以作为位置参数使用。为了解决这个问题，我们将研究 Python 本身的行为。当同时遇到按位置传递和按关键字传递的参数时，Python 会抛出 TypeError 异常，而不是被迫决定使用这两个值中的哪一个：

```
>>> def example(x):
...     return x
...
>>> example(1)
1
>>> example(x=1)
1
>>> example(1, x=1)
Traceback (most recent call last):
    ...
TypeError: example() got multiple values for keyword argument 'x'
```

我们只需要查看每个位置参数，并检查是否有与相应列名匹配的关键字参数即可。

对于这种情况，一种有用的快捷方式是在列名数组上使用切片，以便只获得与位置参数一样多的名称。这样，我们就不需要遍历不必要的名称，并且省去了必须在循环中按索引查找列名的单独步骤，代码如下：

```python
class Row(metaclass=RowMeta):
    def __init__(self, *args, **kwargs):
        # First, make sure the arguments make sense
        column_names = [column.name for column in self._dialect.columns]

        if len(args) > len(column_names):
            msg = "__init__() takes at most %d arguments (%d given)"
            raise TypeError(msg % (len(column_names), len(args)))
        for name in kwargs:
            if name not in column_names:
                msg = "__init__() got an unexpected keyword
                        argument '%s'"
                raise TypeError(msg % name)

        for name in column_names[:len(args)]:
            if name in kwargs:
                msg = "__init__() got multiple values for keyword
                        argument '%s'"
                raise TypeError(msg % name)
```

在检查完所有参数之后，__init__()方法可以继续执行下去，并确保没有提供无效的参数。从这里开始，我们可以使用这些参数来填充对象本身的值。

11.5.2 填充值

实际上，填充对象本身的值涉及两个步骤。首先，由于__init__()同时接收位置参数和关键字参数，因此通过提供这两个选项，我们目前在两个单独的位置拥有了参数 args 和 kwargs。为了在一次传递中设置这些值，我们需要将它们组合到单个结构中。

理想情况下，我们使用的结构将是字典，因为里面组合了名称和值，所以我们需要将位置参数移动到已经由 kwargs 提供的字典中。为此，我们需要为每个按位置传入的值建立索引，并引用相应的列名，以便可以将值分配给正确的名称。

11.5.1 节中的最后一次检查已经提供了这种循环，因此我们可以再次使用那个代码块将值分配给 kwargs。我们需要对循环进行的唯一更改是使用 enumerate()

来获取每个列的索引及名称。然后可以使用索引从 args 获取值：

```
class Row(metaclass=RowMeta):
    def __init__(self, *args, **kwargs):
        # First, make sure the arguments make sense
        column_names = [column.name for column in self._dialect.
            columns]
        if len(args) > len(column_names):
            msg = "__init__() takes at most %d arguments (%d given)"
            raise TypeError(msg % (len(column_names), len(args)))
        for name in kwargs:
            if name not in column_names:
                msg = "__init__() got an unexpected keyword
                        argument '%s'"
                raise TypeError(msg % name)
        for i, name in enumerate(column_names[:len(args)]):
            if name in kwargs:
                msg = "__init__() got multiple values for keyword
                        argument '%s'"
                raise TypeError(msg % name)
            kwargs[name] = args[i]
```

　　现在，kwargs 已经将所有的值都传递给了构造函数，每个值都被映射到相应的列名。接下来，我们需要将这些值转换为适当的 Python 值，然后再将它们分配给对象。要做到这一点，我们需要实际的 Column 对象，而不仅仅是到目前为止我们一直在使用的名称列表。

　　还有一个问题需要考虑。遍历这些列将为我们提供为 Row 类定义的所有列，但是 kwargs 只包含传递到对象中的值。我们需要决定如何处理没有可用值的列。当从 CSV 文件中提取数据时，通常不会出现问题，因为文件中的每一行都应该有对应于每一列的条目。但是在 Python 中填充对象(稍后保存在文件中)时，在实例化对象后分配成员变量通常很有用。

　　因此，这里最灵活的方法是简单地将没有值的任意列赋值为 None。当我们还要验证其他字段时，可以在以后的单独步骤中检查所需字段。就目前而言，赋值为 None 即可：

```
class Row(metaclass=RowMeta):
    def __init__(self, *args, **kwargs):
        # First, make sure the arguments make sense
        column_names = [column.name for column in self._dialect.
```

```
                columns]
            if len(args) > len(column_names):
                msg = "__init__() takes at most %d arguments (%d given)"
                raise TypeError(msg % (len(column_names), len(args)))
            for name in kwargs:
                if name not in column_names:
                    msg = "__init__() got an unexpected keyword
                            argument '%s'"
                    raise TypeError(msg % name)
            for i, name in enumerate(column_names[:len(args)]):
                if name in kwargs:
                    msg = "__init__() got multiple values for keyword
                            argument '%s'"
                    raise TypeError(msg % name)
                kwargs[name] = args[i]
            # Now populate the actual values on the object
            for column in self._dialect.columns:
                try:
                    value = column.to_python(kwargs[column.name])
                except KeyError:
                    # No value was provided
                    value = None
                setattr(self, column.name, value)
```

在这个功能最终就绪之后,就可以看到 Row 类本身的作用了。现在,你可以管理一组列,接收值作为输入,并在加载时将它们转换为 Python 对象,然后将这些值分配给适当的成员变量。

```
>>> import sheets
>>> class Author(sheets.Row):
...     name = sheets.StringColumn()
...     birthdate = sheets.DateColumn()
...     age = sheets.IntegerColumn()
...
>>> ex = Author('Marty Alchin', birthdate='1981-12-17', age='28')
>>> ex.name
'Marty Alchin'
>>> ex.birthdate
datetime.date(1981, 12, 17)
>>> ex.age
```

现在，我们的代码终于可以与 CSV 文件进行实际的交互了。

11.5.3　读取器

通过直接使用 csv 模块，你可以实例化一个类，并传入一个文件和必要的配置选项，从而得到一个读取器。sheets 框架允许每个自定义的 Row 类直接指定类的所有 columns 和 dialect 参数，因此现在里面包含了我们需要的所有内容。

麻烦在于那些想要使用读取器的代码，必须导入 sheets 模块以获取创建读取器对象的函数。相反，通过提供一个可以完成必要工作的类方法，我们就可以只使用 Row 类本身。然后，这个类方法需要接收的唯一参数是想要读取的文件。为了匹配现有 csv 模块的命名约定，我们将这个类方法命名为 reader()。

为了像标准读取器一样工作，我们自己的 reader() 方法需要返回一个可迭代对象，该对象在每次迭代时都产生一行。这是一个很简单的任务，而且可以在不涉及任何新对象的情况下完成。请记住，生成器函数在首次调用时实际上返回的是一个可迭代对象，然后在循环的每次迭代中执行生成器的主体，这是支持 CSV 读取器的理想方式。

为了从 CSV 文件中获取值，reader() 可以依赖于现有 csv 模块自身的读取器功能。标准 csv.reader() 为文件中的每一行返回一个列表，而不管实际值的含义或它们的名称应该是什么。由于 Row 类已经可以处理存储在序列(如列表)中的参数，因此将它们绑定在一起非常简单：

```python
import csv

class Row(metaclass=RowMeta):
    def __init__(self, *args, **kwargs):
        # First, make sure the arguments make sense
        column_names = [column.name for column in self._dialect.
            columns]
        if len(args) > len(column_names):
            msg = "__init__() takes at most %d arguments (%d given)"
            raise TypeError(msg % (len(column_names), len(args)))
        for name in kwargs:
            if name not in column_names:
                msg = "__init__() got an unexpected keyword
                        argument '%s'"
                raise TypeError(msg % name)

        for i, name in enumerate(column_names[:len(args)]):
            if name in kwargs:
```

```
            msg = "__init__() got multiple values for keyword
                    argument '%s'"
            raise TypeError(msg % name)
        kwargs[name] = args[i]

    # Now populate the actual values on the object
    for column in self._dialect.columns:
        try:
            value = column.to_python(kwargs[column.name])
        except KeyError:
            # No value was provided
            value = None
        setattr(self, column.name, value)
```

```
@classmethod
    def reader(cls, file):
        for values in csv.reader(file):
            yield cls(*values)
```

然而，这忽略了从 CSV 文件中读取数据时的一个重要方面。在文件中存储值的方式已有足够多的变化，你可能需要指定一些选项来控制文件的处理方式。之前，Dialect 类提供了一种在 Row 类上指定这些选项的方法，因此现在我们需要在调用 csv.reader()时传递其中的一些选项。在特殊情况下，它们是存储在 Dialect 类的成员变量 csv_dialect 中的选项：

```
@classmethod
    def reader(cls, file):
        for values in csv.reader(file,**cls._dialect.csv_dialect):
            yield cls(*values)
```

这涵盖了 csv 模块已经知道的选项，但请记住，我们的 Dialect 类允许使用另一个选项来指示文件是否具有标题行。为了在读取器中支持这一功能，我们需要添加一些额外的代码，如果 Dialect 对象表明该行将成为标题，则会跳过第一行：

```
@classmethod
    def reader(cls, file):
        csv_reader = csv.reader(file, **cls._dialect.csv_dialect)

        # Skip the first row if it's a header
        if cls._dialect.has_header_row:
            csv_reader.__next__()
```

```
        for values in csv_reader:
            yield cls(*values)
```

因为读取器需要提供的是一个可迭代的方法，从而为每个对象生成一行，所以这个方法现在完成了自己需要做的一切。然而，这并不具有前瞻性。由于我们正在建立一个框架，它可能需要改进，因此需要未雨绸缪。

与其仅仅依赖于生成器函数，不如创建一个新的可迭代类来完成相同的工作。读取器还需要一个单独的类，因此在构建新的迭代器时将创建一对更容易理解的类。首先，reader()方法将变得更简单：

```
@classmethod
    def reader(cls, file):
        return Reader(cls, file)
```

这会将所有实际工作委托给一个新的 Reader 类，该类必须实现__iter__()和__next__()方法才能用作迭代器。但是，有些内容需要首先存储在__init__()中，包括用于创建每个实例的 Row 类和用于实际读取文件的 csv.reader 对象，代码如下：

```
class Reader:
    def __init__(self, row_cls, file):
        self.row_cls = row_cls
        self.csv_reader = csv.reader(file, **row_cls._dialect.csv_
            dialect)
```

__iter__()方法很容易支持，因为读取器本身就是迭代器。于是，所有需要做的就是返回 self。

```
class Reader:
    def __init__(self, row_cls, file):
        self.row_cls = row_cls
        self.csv_reader = csv.reader(file, **row_cls._dialect.
            csv_dialect)

    def __iter__(self):
        return self
```

因为每次迭代都会调用__next__()方法，所以对于返回单个 Row 对象这一显而易见的任务来说，逻辑可以稍微简单一些。所需要做的就是在 csv.reader 的迭代器上调用__next__()，将值传递给存储在__init__()中的 Row 类：

```
class Reader:
```

```
    def __init__(self, row_cls, file):
        self.row_cls = row_cls
        self.csv_reader = csv.reader(file, **row_cls._dialect.
            csv_dialect)

    def __iter__(self):
        return self

    def __next__(self):
        return self.row_cls(*self.csv_reader.__next__())
```

回顾第 5 章,当手动构建迭代器时,必须小心地抛出 StopIteration 异常,以避免无限循环。在这种情况下,我们不必直接这样做,因为 csv.reader 将会自行完成这项工作。一旦记录用完,我们自己的__next__()方法只需要让 StopIteration 通过而不被捕获即可。

我们要实现的最后一个功能是标题行,标题行稍微复杂一些。在前面显示的生成器函数中,很容易在进入实际循环之前处理标题行。对于手动迭代器,我们必须单独管理它们,因为__next__()方法将在每条记录的开头被调用。

为此,我们需要保留一个布尔类型的成员变量,该布尔型成员变量指示我们是否仍然需要跳过标题行。刚开始时,该布尔型成员变量将与 Dialect 对象的成员变量 has_header_row 相同,但是一旦跳过了标题行,就需要重置该布尔型成员变量,以便在下一次使用__next__()方法时能产生有效记录。

```
class Reader:
    def __init__(self, row_cls, file):
        self.row_cls = row_cls
        self.csv_reader = csv.reader(file, **row_cls._dialect.
            csv_dialect)
        self.skip_header_row = row_cls._dialect.has_header_row
    def __iter__(self):
        return self
    def __next__(self):
        # Skip the first row if it's a header
        if self.skip_header_row:
            self.csv_reader.__next__()
            self.skip_header_row = False
        return self.row_cls(*self.csv_reader.__next__())
```

你可以通过提供一个简单的 CSV 文件并读取它来进行测试。考虑一个包含粗略目录的文件,目录的章节编号为一列,章节标题为另一列。可以按照以下方法编写 Row 对象来表示这个 CSV 文件并解析其内容：

```
>>> import sheets
>>> class Content(sheets.Row):
...     chapter = sheets.IntegerColumn()
...     title = sheets.StringColumn()
...
>>> file = open('contents.csv', newline=")
>>> for entry in Content.reader(file):
...     print('%s: %s' % (entry.chapter, entry.title))
...
1: Principles and Philosophy
2: Advanced Basics
3: Functions
4: Classes
5: Protocols
6: Object Management
7: Strings
8: Documentation
9: Testing
10: Distribution
11: Sheets: A CSV Framework
```

这样就完成了从 CSV 文件中的行到单个 Python 对象的转换。因为每一行都是一个 Content 实例，所以你还可以定义自己喜欢的任意其他方法，并在处理文件中的条目时使用。对于 sheets 框架的另一端，我们需要一个写入器，以将这些对象转换回 CSV 文件。

11.5.4　写入器

与读取器不同，写入器的接口需要一些实例方法，因此实现起来要复杂些。生成器方法这次解决不了这个问题，所以需要在 mix 中添加一个新的类，以便管理文件的写入行为。我们仍然可以依靠 csv 模块自身的行为来完成大部分繁重的工作，因此这个新类只需要管理 sheets 框架的附加功能。

接口的第一部分很简单。为了反映读取器的可用性，要求可以通过 Row 子类中定义的一个方法来访问写入器。这个方法也将接收一个 file 对象，但这一次必须返回一个新对象，而不是立即对文件执行任何操作。这使 writer()方法本身的实现变得简单起来：

```
@classmethod
    def writer(cls, file):
        return Writer(file, cls._dialect)
```

注意 SheetWriter 不能只使用文件, 否则将无法访问任何 Dialect 选项。

然而, 我们显然还没有做任何有用的事情, 因此这里的主要任务是创建并填充 SheetWriter 类。writerow()和 writerows()可以满足写入器的要求。前者负责获取单个对象并向文件中写入一行; 后者则接收一系列对象, 并将每个对象作为文件中的单独一行写入。

在开始使用这两个方法之前, 对 Writer 类需要进行一些基本的初始化。很明显, 要访问的首要信息是该类的字段列表。除此之外, 还需要 CSV 选项, 但这些 CSV 选项仅用于使用 csv 模块本身创建的写入器, 就像读取器所做的那样。最后, 还需要访问一个连 csv 模块自己都不知道的选项: has_header_row。

```
class Writer:
    def __init__(self, file, dialect):
        self.columns = dialect.columns
        self._writer = csv.writer(file, dialect.csv_dialect)
        self.needs_header_row = dialect.has_header_row
```

在继续讨论非常重要的 writerow()方法之前, 请注意, 在将标题行选项分配给类时, 选项实际上被命名为 needs_header_row。这将允许 writerow()方法使用该成员变量作为标志, 以指示是否仍需要写入标题行。如果一开始就不需要任何标题行, 那么标志将以 False 开始, 但如果标志作为 True 传入, 那么一旦标题行实际被写入文件, 标志就会被转换为 False。

要写入标题行本身, 我们还可以使用 csv.writer()。csv 模块并不关心文件的整体结构, 因此我们可以传入一行标题的值, 并与其他所有行一样进行处理。标题行的这些值来自类中每一列的 title 属性, 但我们可以使用字符串的 title()方法使它们变得更友好。

```
class Writer:
    def __init__(self, file, dialect):
        self.columns = dialect.columns
        self._writer = csv.writer(file, dialect.csv_dialect)
        self.needs_header_row = dialect.has_header_row

    def writerow(self, row):
        if self.needs_header_row:
```

```
        values = [column.title.title() for column in self.columns]
        self._writer.writerow(values)
        self.needs_header_row = False
```

有了标题行之后，writerow()就可以继续写入传入方法的实际行。用于支持标题行的代码已经列出了大部分需要做的事情。唯一的区别是，列表解析式需要从传入的 Row 对象中获取相应的值，而不是获取每一列的标题：

```
class Writer:
    def __init__(self, file, dialect):
        self.columns = dialect.columns
        self._writer = csv.writer(file, dialect.csv_dialect)
        self.needs_header_row = dialect.has_header_row

    def writerow(self, row):
        if self.needs_header_row:
            values = [column.title.title() for column in self.columns]
            self._writer.writerow(values)
            self.needs_header_row = False
        values = [getattr(row, column.name) for column in self.columns]
        self._writer.writerow(values)
```

最后，写入器还需要 writerows()方法，该方法可以获取一个对象序列并将其作为单独的行写出来。要做的工作至此已经完成，writerows()所需要做的就是为每个传递到序列中的对象调用 writerow()方法：

```
class Writer:
    def __init__(self, file, dialect):
        self.columns = dialect.columns
        self._writer = csv.writer(file, dialect.csv_dialect)
        self.needs_header_row = dialect.has_header_row

    def writerow(self, row):
        if self.needs_header_row:
            values = [column.title.title() for column in self.columns]
            self._writer.writerow(values)
            self.needs_header_row = False
        values = [getattr(row, column.name) for column in self.columns]
        self._writer.writerow(values)

    def writerows(self, rows):
        for row in rows:
```

```
                self.writerow(row)
```

有了读取器和写入器，sheets 框架就完整了。你可以添加更多的 Column 类来支持其他数据类型，也可以根据更具体的需求添加更多的 Dialect 选项，但总体而言，sheets 框架是完整的。你可以通过读取现有文件并将内容写回新文件来验证所有功能。只要所有的 dialect 参数都与文件的结构相匹配，这两个文件的内容就是相同的。

```
>>> import sheets
>>> class Content(sheets.Row):
...      chapter = sheets.IntegerColumn()
...      title = sheets.StringColumn()
...
>>> input = open('contents.csv', newline='')
>>> reader = Content.reader(input)
>>> output = open('compare.csv', 'w', newline='')
>>> writer = Content.writer(output)
>>> writer.writerows(reader)
>>> input.close()
>>> output.close()
>>> open('contents.csv').read() == open('compare.csv').read()
True
```

11.6 小结

在本章，你已经学习了如何使用 Python 提供的许多工具来规划、构建和定制框架。原本需要重复多次的复杂任务已经被简化为可重用且可扩展的工具。然而，本章展示的只是如何组合使用前面介绍的技术来完成复杂的任务。剩下的具体工作就靠你了。